师 教育部 财政部职业院校教师素质提高计划职教师资培养资源开发项目
通信工程专业职教师资培养资源开发（VTNE027）（负责人：曾翎）

通信工程专业教学法

主　编　曾　翎　万　红
副主编　段景山　陈小东　胥学跃　罗　翔

TONGXIN GONGCHENG ZHUANYE
JIAOXUEFA

电子科技大学出版社
University of Electronic Science and Technology of China Press
·成都·

图书在版编目(CIP)数据

通信工程专业教学法 / 曾翎，万红主编. -- 成都：电子科技大学出版社，2018.8
（教育部财政部职业院校教师素质提高计划成果系列丛书）
ISBN 978-7-5647-5537-9

Ⅰ.①通… Ⅱ.①曾… ②万… Ⅲ.①通信工程－教学法－高等职业教育 Ⅳ.①TN91

中国版本图书馆CIP数据核字（2018）第005060号

内 容 提 要

本书为教育部、财政部职业院校教师素质提高计划成果系列丛书之一。本书以工作过程系统化的行动导向教学理念为指导思想，将职教师资培养的"专业性、职业性、师范性"三性融合。本书分为两个部分：第一部分介绍专业教学特点，主要包括通信专业现状和发展前景、通信类专业的学生特点分析、通信类专业人才培养方案的制订和课程教学设计；第二部分以专业教学法的应用为重点，主要分析了通信类专业教学中几种典型教学方法的应用。本书适用于通信工程专业职教师资本科培养，也可供师范类其他专业教师学生参考使用。

通信工程专业教学法

曾 翎 万 红 主编

策划编辑	郭蜀燕 杨仪玮
责任编辑	杨仪玮

出版发行	电子科技大学出版社 成都市一环路东一段159号电子信息产业大厦九楼　邮编：610051
主　页	www.uestcp.com.cn
服务电话	028-83203399
邮购电话	028-83201495
印　刷	四川煤田地质制图印刷厂
成品尺寸	185mm×260mm
印　张	16.75
字　数	387千字
版　次	2018年8月第一版
印　次	2018年8月第一次印刷
书　号	ISBN 978-7-5647-5537-9
定　价	65.00元

版权所有　侵权必究

教育部　财政部职业院校教师素质提高计划成果系列丛书
通信工程专业职教师资培养资源开发（VTNE027）

项目牵头单位：电子科技大学
项目负责人：曾　翎

项目专家指导委员会

主　任：刘来泉

副主任：王宪成　　郭春鸣

成　员：（按姓氏笔画排列）

刁哲军	王继平	王乐夫	邓泽民
石伟平	卢双盈	汤生玲	米　靖
刘正安	刘君义	孟庆国	沈　希
李仲阳	李栋学	李梦卿	吴全全
张元利	张建荣	周泽扬	姜大源
郭杰忠	夏金星	徐　流	徐　朔
曹　晔	崔世钢	韩亚兰	

出 版 说 明

《国家中长期教育改革和发展规划纲要（2010—2020年）》颁布实施以来，我国职业教育进入加快构建现代职业教育体系、全面提高技能型人才培养质量的新阶段。加快发展现代职业教育，实现职业教育改革发展新跨越，对职业学校"双师型"教师队伍建设提出了更高的要求。为此，教育部明确提出，要以推动教师专业化为引领，以加强"双师型"教师队伍建设为重点，以创新制度和机制为动力，以完善培养培训体系为保障，以实施素质提高计划为抓手，统筹规划，突出重点，改革创新，狠抓落实，切实提升职业院校教师队伍整体素质和建设水平，加快建成一支师德高尚、素质优良、技艺精湛、结构合理、专兼结合的高素质、专业化的"双师型"教师队伍，为建设具有中国特色、世界水平的现代职业教育体系提供强有力的师资保障。

目前，我国共有60余所高校正在开展职教师资培养，但由于教师培养标准的缺失和培养课程资源的匮乏，制约了"双师型"教师培养质量的提高。为完善教师培养标准和课程体系，教育部、财政部在"职业院校教师素质提高计划"框架内专门设置了职教师资培养资源开发项目，中央财政划拨1.5亿元，系统开发用于本科专业职教师资的培养标准、培养方案、核心课程和特色教材等系列资源。其中，包括88个专业项目、12个资格考试制度开发等公共项目。该项目由42家开设职业技术师范专业的高等学校牵头，组织近千家科研院所、职业学校、行业企业共同研发，一大批专家学者、优秀校长、一线教师、企业工程技术人员参与其中。

经过3年的努力，培养资源开发项目取得了丰硕成果。一是开发了中等职业学校88个专业（类）职教师资本科培养资源项目，内容包括专业教师标准、专业教师培养标准、评价方案，以及一系列专业课程大纲、主干课程教材及数字化资源；二是取得了6项公共基础研究成果，内容包括职教师资培养模式、国际职教师资培养、教育理论课程、质量保障体系、教学资源中心建设和学习平台开发等；三是完成了18个专业大类职教师资资格标准及认证考试标准开发。上述成果，形成了共计800多本正式出版物。总体来说，培养资源开发项目实现了高效益：形成了一大批资源，填补了相关标准和资源的空白；凝聚了一支研发队伍，强化了教师培养的"校—企—校"协同；引领了一批高校的教学改革，带动了"双师型"教师的专业化培养。职教师资培养资源开发项目是支撑专业化培养的一项系统化、基础性工程，是加强职教教师培养培训一体化建设的关键环节,也是对职教师资培养培训基地教师专业化培养实践、教师教育研究能力的系统检阅。

  自2013年项目立项开题以来,各项目承担单位、项目负责人及全体开发人员做了大量深入细致的工作,结合职教教师培养实践,研发出很多填补空白、体现科学性和前瞻性的成果,有力推进了"双师型"教师专门化培养向更深层次发展。同时,专家指导委员会的各位专家以及项目管理办公室的各位同志,克服了许多困难,按照两部对项目开发工作的总体要求,为实施项目管理、研发、检查等投入了大量时间和心血,也为各个项目提供了专业的咨询和指导,有力地保障了项目实施和成果质量。在此,我们一并表示衷心的感谢。

编写委员会
2016年3月

前　　言

　　本教材是教育部、财政部职业院校教师素质提高计划成果系列丛书之一，适用于通信工程专业师资本科学生培养。同时，教材中的职业教育相关知识、技能、实例等内容也可供师范类其他专业教师、学生参考使用。

　　近几年国家大力发展职业教育，中高职职业教育得到了前所未有的重视。职业教育的发展，核心之一是建立一支既懂职业教育教学理论与方法，又具有很强的实践能力的职业教育师资队伍。在职业教育师资的培养过程中，专业教学法正起着越来越重要的作用。因此，职业教师既要熟悉职业教育规律和教育方法，在课堂能深入浅出、循循善诱、轻松完成知识传授，又要有较强的专业实践能力和实践经验，熟悉技术、工艺在生产实际中的最新进展及产业对人才的最新要求。即要求每一位专业教师是既懂理论又能实践的"双师型"教师，还要掌握适合本专业职业教学的专业教学法。

　　本书聚焦职业教育教学理论与方法，以职业学校师资能力需求分析为依据，梳理所需要掌握的知识、方法和能力，并结合通信工程类专业案例的分析，让学生对职业教育的教学方法有整体的了解，掌握满足现代职业教育要求的、通信工程专业教学需要的几种典型教学方法，在学习过程中理解相关知识和方法，提升方法能力和职业教育教学方面的课程设计与开发、授课能力等。

　　本书共分为两大部分：第一部分为职业教育教学法原理与方法，第二部分为通信类教学方法应用。

　　结合专业建设和课程建设的需求与特色，本教材数字化资源内容包括课程基本信息、课程导学、教材讲解、课程总结共四个部分的配套数字化资源。

　　本书由曾翎和万红主编，第一部分由万红和陈小东共同执笔，第二部分由陈小东执笔，段景山、杨忠孝对本书两部分的编写给予了大力支持，胥学跃参与第五章编写工作，胥学跃、罗翔、施刚参与了本书部分规范与案例的编写支持工作，谭东对格式规范进行了梳理。全书由陈小东统稿，段景山统审。

在本书的编写过程中，得到了电子科技大学、四川邮电职业技术学院和通信企业很多同志的大力支持。本书的素材来自大量的参考文献和部分院校实践，在此一并表示衷心感谢！

由于作者水平有限，书中难免存在缺点和欠妥之处，敬请读者批评指正。

编 者
2018年5月

目　录

第一部分　职业教育教学法原理与方法

第一章　职业教育的发展
- 1.1 **现代职业教育的发展趋势和目标** ········· 3
  - 1.1.1 国际职业教育发展的趋势 ········· 3
  - 1.1.2 我国职业教育的发展回顾 ········· 7
- 1.2 **教学法的内涵及其特征** ········· 9
  - 1.2.1 教学方法的内涵 ········· 9
  - 1.2.2 教学方法的特征 ········· 10
- 1.3 **教学方法的分类** ········· 10
  - 1.3.1 几种典型的教学方法分类 ········· 10
  - 1.3.2 当代五大新教学方法 ········· 15
  - 1.3.3 教学方法的选择原则 ········· 19
  - 1.3.4 教学方法在教学过程中的地位 ········· 21
- 1.4 **职业教育教学法概述** ········· 21
  - 1.4.1 职业教育教学法内涵 ········· 21
  - 1.4.2 职业教育教学法特点 ········· 22
  - 1.4.3 职业教育中教的方法 ········· 23
  - 1.4.4 职教教育中学的方法 ········· 24
  - 1.4.5 通信类职业教育教学方法比较 ········· 25

第二章　通信类专业教学特点
- 2.1 **通信类专业现状和发展趋势分析** ········· 29
  - 2.1.1 通信类专业技术应用领域 ········· 29
  - 2.1.2 通信技术的发展趋势分析 ········· 31
  - 2.1.3 通信技术走向分析 ········· 32
- 2.2 **通信类专业的职业特点** ········· 40
  - 2.2.1 通信类专业的典型职业工作 ········· 40
  - 2.2.2 通信类专业的典型工作任务 ········· 42
  - 2.2.3 企业的主要岗位群和典型工作任务 ········· 44

  2.2.4 通信行业职业（工种）与企业岗位对应表 ……………… 45
 2.3 **通信类专业的能力要求** …………………………………… 53
 2.4 **通信工程技术领域相关从业资格** ………………………… 55
 2.5 **通信类专业的人才培养方案制订** ………………………… 57
  2.5.1 高职通信类专业的人才培养方案制订 ………………… 57
  2.5.2 中职通信类专业的教学标准制定 ……………………… 60

第三章 通信类专业的学生特点分析
 3.1 **职业学校学生的心理特点** ………………………………… 67
 3.2 **职校学生的学习动机** ……………………………………… 67
 3.3 **职校学生的学习策略** ……………………………………… 68
  3.3.1 认知策略 ………………………………………………… 68
  3.3.2 操练策略 ………………………………………………… 68
 3.4 **教学内容和教材分析** ……………………………………… 69
  3.4.1 典型工作任务分析和教学目标 ………………………… 69
  3.4.2 教学内容的选择 ………………………………………… 71
 3.5 **教学内容的组织** …………………………………………… 73
  3.5.1 教学内容组织的原则 …………………………………… 73
  3.5.2 教学内容的组织方式 …………………………………… 74

第四章 通信类专业的媒体和环境创设
 4.1 **典型教学媒体种类和特点** ………………………………… 78
 4.2 **通信类专业的教学环境创设** ……………………………… 80
  4.2.1 物理环境的创设 ………………………………………… 80
  4.2.2 心理环境的创设 ………………………………………… 84

第五章 专业课程的开发
 5.1 **课程目标及要素** …………………………………………… 87
  5.1.1 制定课程目标 …………………………………………… 87
  5.1.2 描述课程目标 …………………………………………… 88
 5.2 **课程的开发** ………………………………………………… 88
  5.2.1 课程建设内容 …………………………………………… 89
  5.2.2 课程建设的流程 ………………………………………… 89
 5.3 **课程设计** …………………………………………………… 95
  5.3.1 课程标准编写 …………………………………………… 95

5.3.2　学习情境教学设计 …………………………………………… 106
　　5.3.3　学习单元教案设计 …………………………………………… 110

第二部分　通信类专业教学方法应用

第六章　通信类专业任务驱动教学法
6.1　任务驱动教学法分析 ………………………………………………… 136
　　6.1.1　任务驱动教学法概述 ………………………………………… 136
　　6.1.2　任务驱动教学法分析 ………………………………………… 138
　　6.1.3　教学法适用范围及对象 ……………………………………… 141
　　6.1.4　任务驱动教学方法的核心环节 ……………………………… 142
　　6.1.5　任务驱动教学方法的特点 …………………………………… 143
6.2　通信类专业任务驱动教学法应用一 ………………………………… 143
6.3　通信类专业任务驱动教学法应用二 ………………………………… 150
　　6.3.1　应用案例概述 ………………………………………………… 150
　　6.3.2　任务驱动教学法案例设计 …………………………………… 150
6.4　小结 …………………………………………………………………… 165

第七章　通信类专业案例教学法
7.1　案例教学法概述 ……………………………………………………… 166
　　7.1.1　案例教学法的要求 …………………………………………… 167
　　7.1.2　案例选择的方法 ……………………………………………… 167
7.2　通信类专业案例教学法应用一 ……………………………………… 167
　　7.2.1　概述 …………………………………………………………… 167
　　7.2.2　教学案例设计 ………………………………………………… 168
7.3　通信类专业案例教学法应用二 ……………………………………… 171
7.4　小结 …………………………………………………………………… 175

第八章　通信类专业项目教学法
8.1　项目教学法 …………………………………………………………… 176
　　8.1.1　教学方法概述 ………………………………………………… 176
　　8.1.2　教学方法分析 ………………………………………………… 177
8.2　通信类专业项目教学法应用一 ……………………………………… 178
　　8.2.1　概述 …………………………………………………………… 178
　　8.2.2　教学项目的设计 ……………………………………………… 178
8.3　通信类专业项目教学法应用二 ……………………………………… 187

  8.4 小结 ·········· 190

第九章 通信类专业引导文教学法

  9.1 引导文教学法 ·········· 191
    9.1.1 教学方法概述 ·········· 191
    9.1.2 教学方法分析 ·········· 191
  9.2 通信类专业引导文教学法应用一 ·········· 192
  9.3 通信类专业引导文教学法应用二 ·········· 194
  9.4 通信类专业引导文教学法应用三 ·········· 198
    9.4.1 案例概述 ·········· 198
    9.4.2 引导文教学法案例设计 ·········· 198
    9.4.3 案例实施说明 ·········· 203
  9.5 小结 ·········· 204

第十章 通信类专业实习教学

  10.1 实习教学方法的类型 ·········· 205
    10.1.1 讲解法 ·········· 205
    10.1.2 示范操作法 ·········· 205
    10.1.3 指导操作训练法 ·········· 206
    10.1.4 参观法 ·········· 208
    10.1.5 观察法 ·········· 208
    10.1.6 实习日志法 ·········· 209
  10.2 实习教学的环节 ·········· 209
    10.2.1 组织教学 ·········· 209
    10.2.2 入门指导 ·········· 209
    10.2.3 巡回指导 ·········· 210
    10.2.4 指导小结 ·········· 212

附录

  附录1 高职××专业人才培养方案 ·········· 215
  附录2 专业人才需求调研报告 ·········· 232
  附录3 中职××专业物理课程标准 ·········· 238
  附录4 高职××专业核心课程标准 ·········· 246
  附录5 职业学校专业教学标准调研方案及要求 ·········· 254

参考文献 ·········· 256

第一部分

职业教育教学法原理与方法

ZHIYE JIAOYU JIAOXUEFA YUANLI YU FANGFA

第一章　职业教育的发展

1.1　现代职业教育的发展趋势和目标

职业技术教育是现代教育的重要组成部分,是工业化和生产社会化、现代化的重要支柱。各国采取各种措施积极发展职业教育,1997年德国制订了《职业教育改革计划》,对职业培训条例进行了修改和完善,开发新的职业培训领域,鼓励企业积极参与职业教育,着力培养青年人的就业能力、适应能力和创业能力,增强职教吸引力。20世纪90年代,美国通过了《帕金斯职业和应用技术教育法案》和《由学校到就业法案》,对职业教育加大了联邦的专项拨款力度。1998年澳大利亚制定了《通向未来的桥梁——1998—2003年国家职业教育和培训战略》,明确提出进一步加强产教结合,建立适应学生和就业者需要的、为终身技能培训打基础的职业教育和培训制度。同时一些国家加强职业教育法制建设,如芬兰1991年出台了《中等职业和高等职业教育法》,1992年出台了《学徒制培训法》。

1999年4月26日—30日,联合国教科文组织在韩国汉城召开了第二届国际技术与职业教育大会,会议主题为"终身学习与培训——通向未来的桥梁"。会议就以下六个议题进行了深入讨论:21世纪变化中的需求对技术和职业教育的挑战、改进提供终身教育和培训的系统、革新教育和培训过程、全民技术和职业教育、改变政府和其他相关部门在技术与职业教育中的作用、加强技术与职业教育的国际合作,彰显了职业教育的发展特点和趋势。

1.1.1　国际职业教育发展的趋势

1.将终身教育的理念贯穿在教育过程中,将职业教育作为终身教育的重要组成部分,高等教育与中等职业教育相互衔接沟通

在终身教育思想的指导下,学生在职业学校接受的教育被看作是人的一生中所接受教育的一部分,是一个阶段性的教育,而不是全部、终结性教育。因此需要建立职业教育与高一级教育相衔接沟通的机制,不断增强职业教育的吸引力和发展能力。增强职业教育的吸引力和发展的动力最根本的是建立和完善中等职业教育与高等职业教育相互衔接沟通的机制,贯通中等职业教育通向普通高等教育的路径,使中等职业教育从终结性教育变为阶段性的教育,为进入职教领域的学生提供继续接受高一级职业教育或普通教育的机会,进一步拓展中等职业教育出口,改变其入口大、出口小的状况,解决等值承认职教普教学历资格问题,允许中等教育学生报考高等院校。

2. 打通中等职业教育通向普通高等教育的路径

英、法、德等国均注重形成中等职业教育通向普通高等教育的路径，使中等职业教育与普通高等教育相沟通，并为此制定了强有力的措施，给予普通教育和职业教育同等的地位，为职业教育的学生提供受普通高等教育的机会。20世纪70年代以前，法国的中等职业教育是终结性的，学生选择职业教育后没有继续学习的空间和机会。为增强职业教育的吸引力，使中等职业教育从终结性教育变为阶段性的教育，即中等职业教育与普通高等教育能够贯通，法国设立了一种新的学制，中等职业教育毕业生再学习两年，在获得职业高中会考证书的同时，也取得了报考普通高等院校的资格。

英国的普通国家职业资格（GNVQs）分为基础、中级和高级三级，获得GNVQ高级资格的学生可报考大学，但获得了高级国家职业资格（NVQ）的学生很难进入普通高校，因而英国采取措施，承认高级普通国家职业资格（GNVQs）和高级国家职业资格（NVQs）与普通教育高级水平考试（A-levels）具有同等地位，促进这三类学生横向和垂直贯通，使得学生都有资格报考大学。另外，英国考虑实施学分累积和转学分制度，允许学生选择更多的融合了普教和职教的单元制综合课。

德国中等职业教育与普通高等教育长期以来也是相互隔绝，缺乏沟通的。为提供均等的教育机会，增强双元制的吸引力，德国许多州规定，学生若具有中等职业教育和继续职业培训资格的可报考大学，承认普通高中和中等职业教育的毕业生具有报考大学的同等学力和资格，同时还规定在双元制的职业学校学习的毕业生在某些情况下相当于具有普通高中第一阶段教育学历。韩国允许初级职业学院毕业生报考大学，已参加工作的初级职业学院毕业生还可参加开放大学及韩国空中和函授大学的学习。

因普通高等院校注重的是学生的普通教育水平，目前还很难完全实现职业教育和普通教育学历的等值认同。如何实现等值承认普教和职教学历资格还是一个我们有待进一步研究和解决的问题。挪威的做法是，综合高中职业班学生如想报考普通高等院校，需在三年高中后再学习一年普通教育课，以取得报考资格，但这种做法增加了职业教育学生一年的学习时间。无论如何，这也是解决问题的一种办法，或许能给我们一些启示。

3. 大力推进现代学徒制教育

随着经济全球化的发展，各个国家均要面对日益严峻的青年就业形势，许多国家高度重视学徒制教育在增加就业机会中所起的重要作用，学徒制教育在各国得到积极发展。一些国家的实践经验表明现代学徒制教育是实现产教结合的一种好形式，在个别国家它已成为高中阶段职业教育的主流形式。现代学徒制教育是将传统学徒制度与现代职业教育相结合，企业与学校联合招生，师父与教师联合传授技能和知识的一种职业教育，是一种产教融合、企校合作的育人机制。1996年欧洲理事会要求欧洲委员会就"学徒制在增加就业机会中的作用"进行调研，受欧洲委员会委托，1997年荷兰经济研究所提交了题为《学徒制在提高就业能力和增加就业机会中的作用：学徒制教育在劳动力市场中的重要性》的报告，报告的结论是学徒制教育对改善青年人的就业前景起着关键作用。1996年欧洲委员会发表《教与学:迈向学习化社会》白皮书,强调要大力加强企校结合,发展各种形式的学徒制教育,增强学生的就业能力,在欧盟各成员国建立学徒制教育网络中心。

世界上许多国家都积极发展学徒制教育,取得了良好的效果,如大部分欧洲国家和一些亚洲国家,如新加坡、韩国、印度尼西亚,以及不少拉美国家。学徒制教育各国的称谓不同,在德国和奥地利称双元制,在丹麦称交替培训。各国的学徒制培训发展水平也不相同,欧洲一些国家在义务教育阶段后参加学徒制培训学习的学生比例分别是:德国和奥地利42%,丹麦56%,法国和比利时11%,英国34%,荷兰20%,卢森堡13%,西班牙10%,意大利4%,希腊和葡萄牙3%。发达、完备的现代学徒制教育是德、丹、奥三国的低失业率和高经济成就的重要原因,发达、完备的学徒制教育培养了大批高质量的专门人才和劳动者。

学徒制教育在英国有着悠久的传统,第二次世界大战后其规模却不断萎缩,1990年有35.2万人参加学徒制培训,到1994年仅有21.6万人。20世纪初,英国的国力呈现出下降趋势,没有像德国那样重视职业教育是人们认为造成其经济落后的主要原因。1993年英国政府拨出125亿英镑,通过中介组织——工业培训组织,将其用于发展现代学徒制项目,此举受到企业、培训机构和社会的广泛欢迎。

澳大利亚对现有学徒制进行了完善,实施了"新学徒制",特点是在校时学生就可参加学徒制,在传统行业外拓宽学徒行业领域,包括新兴产业,如大众媒体、信息技术、娱乐行业等。接受学徒的企业可得到政府提供的补助,在学徒培训的内容、方法及时间等方面企业享有很大的自主权。结业后学徒资格在全国范围内可得到认可。

4. 依托职业教育实现教育机会均等

联合国教科文组织提出全民教育概念后,第二届国际技术与职业教育大会提出发展全民职业教育概念,并作为大会的6个议题之一。按照《技术和职业教育与培训:21世纪展望——致联合国秘书长的建议书》,全民职业教育概念是指建立全民性职业教育制度,面向全体,满足全体学习者的需要,努力发展面向边缘群体的职业教育,增加妇女受职业教育的机会,同时转变观念,鼓励男性进入以女性为主导的培训和职业领域,培养男女职业教育教师,发展残疾人职业教育事业。

全民教育是指人人都有受教育的权利,通过全民职业教育以拓宽教育的覆盖面,特别是要面向失业者、辍学的学生和失学青年、农村和城市贫民,以及从事有害工作的童工、难民、移民和经历武装冲突的退伍军人等边缘群体、残疾人群体和妇女群体。《建议书》指出:"技术教育是使社区全体成员能面对新的挑战和发挥他们社会生产性成员作用的一种强有力的手段,是实现社会聚合、整合和自尊的有效工具。"《建议书》还指出,实施全民职业教育需要制定完善的政策和措施,增加投入,实现灵活多样的办学形式,大力改善办学条件,促进男女职业教育机会均等,提高职教教师的地位和待遇,加强企业参与。

1994年12月,欧洲理事会通过实施"达芬奇"跨国职业教育和培训行动计划的决定,决定制定了19项目标,其中有5项涉及职业教育和培训机会均等:采取具体措施,向那些由于身体或智力残疾因素,或由于社会经济、地理或民族等因素导致处境不利的人,提供接受职业教育和培训的机会,特别关注那些受各类因素影响可能导致被社会和经济排除的人;向未接受过一定培训的处境不利的青年人,特别是向那些毕了业但未接受一定职业培训的青年人提供职业培训;制定有效的职业培训政策,使欧洲共同体的工人要在整个工作生活中不受歧视地享受继续职业培训的机会;促进男女机会均等并有效参与职业教育,特别是向他们开放新的工作领域,鼓励他们在职业中断后重返工作岗位;促进职业培训向移民工人及其子女和残疾人提供均等及有效参与的机会。

建立和不断完善职业指导和咨询制度。帮助学生正确选择升学和就业方向,使学生有目的地规划自己的未来,向着自己所期望的目标发展。一些国家如澳大利亚制定了一份开展职业指导活动的纲领性文件《职业发展纲要》(Career Development Guidelines),文件对职业成熟程度、职业指导的内容、考试及评估等方面做出了具体规定。开设职业指导和个人发展类的课程,内容主要包括:正确评价自己的能力、潜力、需要和志向,培养自控和自助能力;制订个人未来的职业生涯发展计划,寻找并抓住一切机会,采取有效行动;了解各种职业状况及资格要求、工作待遇和工作环境条件;学会沟通和做决定;学习如何撰写简历、填写申请表和参加面试等求职技巧,并且由经过专业培训的专职教师讲授职业指导课。

开展生计教育(career education)。生计教育的重心在于生计和教育的过程,其目的是使人们获得知识、态度的认知,以及在劳动界中顺利地生活所必须具备的技能。生计教育注重在各个学科和课程教育教学中融入职业和劳动力市场信息,使课程内容与企业实际接轨,与日常生活联系紧密,培养学生的学习能力、研究和思考能力,形成正确的生活态度。设立职业指导中心,开展职业指导,为人们提供职业方面的指导和帮助,可以开展个人和小组咨询,提供各种职业指导服务和劳动力市场信息,开展求职培训。一些大企业也设立了职业指导中心,向员工提供职业指导方面的服务。员工职业指导服务包括岗位咨询、个人职业规划、生活技能培训,以及培养分析问题和解决问题的能力、交流沟通和交际能力、与人合作共事的能力、自我就业的能力等。企业积极鼓励并帮助员工通过多种渠道不断进修学习,提高自身的知识和技能水平,为晋升晋级创造条件。

随着国际互联网的迅速普及,一些发达国家建立了基于互联网的职业指导系统,提供各种职业、升学和就业的信息,通过网络开设职业指导、个人职业规划等方面的课程。此外,网上还提供个人兴趣、个人职业倾向和职业选择目录,以及求职技巧、如何撰写简历和面试等方面的指导。网上指导被称作"自我服务"职业指导。除政府部门在网上提供职业指导信息外,教育机构、企业、专业机构、工会也将升学或就业方面的信息放到网上。一些国家将职业指导员的电子邮件地址放在网上,方便学生联系,有的还在网上举办职业指导公开论坛,有的正在试验通过国际互联网交互式电视会议系统提供职业咨询。欧洲实施了网上跨国职业指导项目,提供4个国家的升学、工作和劳动力市场方面的信息,项目不久将扩大到欧洲14国。在互联网上开展职业指导和咨询正在逐渐普及。

1.1.2 我国职业教育的发展回顾

我国的职业教育在中华人民共和国成立以来经历了从无到有、从弱到强的发展历程,可以大致分为三个阶段。

1. 第一阶段:职业教育的孕育萌芽阶段

教育部职业教育与成人教育司司长王继平在2008年"中国职业教育30年的回顾、思考与展望"研讨会上发表讲话指出:我国现代形式的职业教育发端于19世纪60年代,至今已经走过140多年的发展历史。1951年召开的第一次全国中等技术教育会议提出"培养技术人员是我们国家的根本之图",中华人民共和国的职业教育得以孕育,在1965年形成了第一次高峰。当年,全国各类中等职业学校,包括中专、技校、农业中学、半工半读学校,加起来有6万多所,在校生499.5万人,中等职业学校的在校生占高中阶段在校生的53%。后来"文化大革命"的十年,使职业教育受到了很大破坏,职业学校绝大部分已经停办。到1976年,我国整个高中阶段教育中绝大部分就是普通高中,当时留下的中专学校比例已经很低,教育结构严重失调。

2. 第二阶段:职业教育的调整扩张阶段

1980年教育部批准了国家教育总局《关于中等职业教育改革的报告》,教育部开始着手中等教育的调整工作,原有的中等职业教育得到了恢复和发展。与此同时,我国东南沿海地区和一些中心城市又率先创办了一种新的大学教育——职业大学教育。为了正确引导职业教育的发展,1985年,《中共中央关于教育体制改革的决定》中指出:"要积极发展高等职业技术院校,逐步建立一个从初级到高级、行业配套、结构合理又能与普通教育相互沟通的职业技术教育体系。"职业教育的学历层次又向前迈进了一大步。1996年,《中华人民共和国职业教育法》正式实施,确立了高等职业教育的法律地位。自从,我国的高等职业院校如雨后春笋,在国家相关的政策和教育法律法规的支持下开始蓬勃发展壮大。在世纪之交,我国职业教育经历了一段调整之后,进入一个新的发展阶段。2002年、2004年、2005年,由国务院或经国务院批准连续召开了三次全国职业教育工作会议,出台了两个职业教育专门决定,加大了对职业教育经费的投入,出台了扶持政策,职业教育形成了又一个发展高峰。

3. 第三阶段:职业教育的深化改革阶段

2010年,《国家中长期教育改革和发展规划纲要(2010—2020年)》中进一步明确了要"大力发展职业教育"的方针,明确确立了职业教育发展目标:"到2020年,基本实现教育现代化,基本形成学习型社会,进入人力资源强国行列。"提出了到2020年,形成适应经济发展方式转变和产业结构调整要求、体现终身教育理念、中等和高等职业教育协调发展的现代职业教育体系,满足人民群众接受职业教育的需求,满足经济社会对高素质劳动者和技能型人才的需要。由此可见,建设现代职业教育体系成为今后一个时期职业教育工作的中心任务。我国的职业教育必将翻开崭新的一页。在国家相关政策的指引下,接受职业教育将成为越来越多人员的第一选择。职业教育本身也会发生深刻的变革,不论是在教学课程的设置上,还是在教学方法的选择上,都会按照市场的需求进行调整,使职业教育更贴近社会,更服务社会。

4. 我国职业教育人才培养目标的发展变化

(1)职业教育发展第一阶段对人才培养的定位——有文化基础的技术人员

中华人民共和国成立初期,我国的中等职业教育把人才的培养目标定位于培养中华人民共和国需要的技术人员。由于当时的中国工业相对来说非常落后,懂技术的人员少之又少,为了培养技术人才为国家经济建设打下基础,当时的职业教育机构以技校居多,着重培养学生的一技之能。但由于技校招收的是初中毕业的学生,尤其当时是学习成绩不够好的学生才考虑上技校,文化基础薄弱,再加上当时教学条件有限,在学校基本上也就是理论的传授,学生得等到毕业去企业实习才能接触学习到真正的技术,因此这些学生一般在企业只能评到初级工和中级工。

改革开放为中国的经济发展提供了机会。各行各业都需要既有扎实理论基础又精通专业技能的人才。当时的普通高等教育满足不了社会对人才的需求,因此改革开放后成立的中等职业学校把人才培养的目标定位于培养社会所需要的中等专业人才。在专业的设置上和大学类似,又比大学灵活,符合社会经济发展的需求,与此同时增加了师资力量的投入和实验实训经费的投入,吸引了大批学习成绩优异的学生报考。在这个阶段,中等职业学校的学生在学校里受到了比较正规的职业教育,毕业后既有一定的理论又有一定的技能,非常受用人单位的欢迎。

(2)职业教育发展第二阶段对人才培养的定位——高技能的人才

自高等职业教育发展以来,职业教育对人才的培养定位再一次发生了变化。

由于高等职业教育兼具职业教育和高等教育的双重特点,2003年时任教育部部长的周济在第二次全国高职教育产学研结合经验交流会上指出,高等职业教育的人才培养目标应该定位在高技能的人才培养上。高技能的人才是指高级工、技师和高级技师。这一新的目标在以后的若干年中引领了高等职业教育的发展方向。高职院校在专业建设、课程设置、教学内容与课程改革方面都倾向于对学生的高技能的培养,增加了技能实训课程的比重,聘请了企业的从业人员做兼职教师和指导教师,培养自己的双师型教师,争取让学生在教中学,在学中做,在走出校门之前能掌握专业技能,最大限度地缩短学生上岗的时间。

(3)职业教育发展第三阶段对人才培养的定位——高端技术技能型人才

2010年,《国家中长期教育改革和发展规划纲要(2010—2020年)》(以下简称《教育规划纲要》)中提出各级教育要科学定位、科学分工、科学布局,增强人才培养的针对性、系统性和多样化。中等职业学校应发挥基础作用,重点培养技能型人才;高等职业学校要发挥引领作用,重点培养高端技能型人才;探索本科层次职业教育人才培养途径,重点培养复合型、应用型人才;探索高端技能型专业学位研究生的培养制度,系统提升职业教育服务经济社会发展的能力和支撑国家产业竞争力的能力。培养一支技艺精湛的高端技能型专业人才队伍,实现到 2015 年,我国高技能人才总量达到 3400 万人,2020 年达到 3900 万人。《教育规划纲要》清楚地指出,要建立健全政府主导、行业指导、企业参与的职业教育办学机制,用制度创新和政策创新来丰富职业教育办学机制的内涵。这个政府主导、行业指导、企业参与的职业教育办学机制就是校企合作办学的模式。

1.2 教学法的内涵及其特征

1.2.1 教学方法的内涵

对教学方法的概念,人们有不同的理解。目前在我国有代表性的观点有以下几种。

(1)教学方法是指为了达到教学目的、实现教学内容、运用教学手段而进行的、由教学原则指导的、一整套方式组成的、师生相互作用的活动。

(2)教学方法是为了完成一定的教学任务,师生在共同活动中采用的手段,既包括教师教的方法,也包括学生学的方法。

(3)教学方法是教师组织学生进行学习活动的动作体系。

(4)教学方法是在教学过程中,教师和学生为实现教学目的,完成教学任务而采取的教与学相互作用的活动方式的总称。

这些理解和解释,各有所长,也各有所短,为我们深入理解和把握教学方法的概念奠定了基础和提供了启示。

教学方法的概念由"教学"和"方法"两个概念构成,其中"教学"是关键,"方法"是核心。教学在广义上是指教的人指导学的人以一定文化为对象进行学习的活动;狭义上则专指学校教学,是为达成教学目标,教师组织和引导学生学习掌握专门内容的活动。显然,在教学中,学生的学习是根本,教师组织指导不可少,教学目标是方向,学习对象是特定的。教学活动是教与学的双边活动,包括了教师的讲授和学生的学习,所以教学方法就包含了教法(教授方法)、学法(学习方法)以及教与学的方法。这样,更深入更全面的理解应该为:教学方法是为了达到一定的教学目标,教师组织和引导学生进行专门内容的学习活动所采用的方式、手段和程序的总和,它包含了教师的教法、学生的学法、教与学的方法。教法,是教师为了完成教学任务所采用的方式、手段和程序;学法,是学生在教师指导下获得知识、形成技能、发展能力和发展个性过程中使用的方式;教与学的方法,是指在教学过程中教师为了完成教学任务所采用的工作方式和学生在教师指导下的学习方式。

在教学方法观上,西方教育界在古代比较重视"教法"(teaching method),后来随着学习心理学的兴起,来了一个重大转向,转到比较重视"学法"(learning method)。有人敏锐地看到这两种提法中的态度均是走极端的,十分偏颇,因而主张"教与学的方法"

(methods of teaching and learning)。到了 20 世纪中期,教学是"传授知识经验"的观念被超越,"教学是一种引导过程"的观念开始流行和确立起来。人们更多的是提"教学"(instruction)并对"教"和"学"进行了界定,随之而来的在方法上强调教学中教与学的统一,强调教学中的引导特性,开始提倡和使用教学方法(methods of instruction)。这样的转变,不仅仅是理论上的,而且是实践上的。

在我国,一贯的观念是重视"教授方法"。到 20 世纪,随着欧美进步教育思想在我国的传播,人们开始重视"教学方法"。20 世纪 20 年代,陶行知先生主张把"教授法"改为"教学法"。苏州师范学校带头采用了"教学法"一词,至此逐步通行开来。这种改变是重要的,但是所提出的教学法的实质是以"教"为中心的。到了 20 世纪 80 年代,随着整个国家的改革开放,西方儿童本位的教育教学观念和理论广泛传播,引导人们对传统的教学方法观开展了新的探讨,并在理论上开始重视和提倡以"学"为主的教学方法。

1.2.2 教学方法的特征

1. 以发展学生的智力为出发点,突出了教学的发展性

这是第二次世界大战后教学方法改革的最基本特征。各种新方法的创立都是以发展学生智力、培养学生能力为主旨。教学方法已从传统的重视和强调基础知识和基本技能,转向传授知识、技能和发展学生智力并重,这充分反映了现代社会的飞速发展迫切要求学校教学把发展学生的智力和能力置于首要地位这一需要。

2. 以调动学生学习的积极性和主动性为中心,突出了教学的双边性

传统的教学方法在很大程度上忽视了教学的双边性,把教学变成教师的单一活动,教师是教学活动的主宰,而学生则完全处于被动接受的位置。当代教学方法不仅强调教与学的统一,而且从学生是学习的主体这一角度出发,极为重视研究学生的学习方法,注重培养学生的素质和能力。

3. 以发挥非认知因素的作用为手段,突出了教学的情感性

传统的教学方法往往只强调教师按照固定程序讲授,要求学生认真听讲,只重视学生的智力因素在学习活动中的作用,而忽视了非智力因素所起的作用,使课堂教学变得枯燥无味,加重了学生的负担。现代教学方法则非常注重培养学习兴趣、激发学习动机、形成良好的学习习惯和正确的学习态度,使学生在轻松愉快的情绪体验中掌握知识、发展能力。

1.3 教学方法的分类

1.3.1 几种典型的教学方法分类

1. 依据教学方法的形态分类

根据教学方法的外部形态以及学生认识活动的特点,一般把教学方法分为五类。

(1)以语言传递信息为主的方法

主要是指通过教师运用口头语言向学生传授知识、技能以及学生独立阅读书面语言为主的教学方法,它是和人类教育教学活动一起产生的,先是以口头语言作为主要媒介,文字产生以后又增加了书面语言作为媒介,至今仍是教学活动的主要方法,这类方法主要有讲授法、谈话法、讨论法和读书指导法。

①讲授法　是教师通过语言,系统、连贯地向学生传授知识的方法,分为讲述、讲解和讲演三种,使用要求有:讲授内容要有科学性、系统性和连续性,注意启发学生,讲究语言艺术。

②谈话法　又称问答法,它是教师按照一定的教学要求向学生提出问题,要求学生回答,并通过问答的形式来引导学生获取或巩固知识的方法。谈话法分为复习谈话和启发谈话两种,使用要求是:要准备好问题和谈话计划,要善于提问,要善于启发诱导学生,要做好归纳小结。

③讨论法　是学生在教师引导下为解决某个问题而进行探讨、辨明是非真伪以获取知识的方法。使用要求包括:讨论的问题要有吸引力,要善于在讨论中对学生启发引导,做好讨论小结。

④读书指导法　是教师指导学生通过阅读教科书、参考书以获取知识或巩固知识的方法,包括指导学生预习、复习、阅读参考书、自学材料等。使用要求是:提出明确的目标、要求和思考题,教给学生读书的方法,加强辅导,适当组织学生交流读书心得。

(2)以直接感觉为主的方法

即教师通过实物或直观教具的演示和组织教学性参观,使学生利用各种感官,直接感知客观实物或现象而获得知识,形成技能,发展能力。这类方法主要有演示法、参观法。

演示法是教师通过展示实物、直观教具或实验,使学生获得知识或巩固知识的方法。使用时要求做好演示前的准备,要使学生明确演示的目的、要求与过程,讲究演示的方法。

参观法是教师根据教学目标和教学内容,组织学生对实物或现象的观察和研究而获得知识的方法。使用时要求引导学生有目的、有重点地进行观察并做好观察记录和总结。

(3)以实际训练为主的方法

在教师指导下学生通过练习、实验和实习等实际活动,学习、巩固和完善知识、技能技巧的方法。这类方法以学生的实践活动为基本特征,主要包括练习法、实验法和实习作业法。

练习法是学生在教师指导下运用知识去反复完成一定的操作以形成技能技巧的方法,分为各种口头练习、书面练习、实际操作练习、模仿性练习、独立性练习、创造性练习。使用时要求提高练习的自觉性,循序渐进,逐步提高,严格要求。

实验法是在教师指导下运用一定的仪器设备,进行独立作业,观察事物和过程的发生和变化,探求事物的规律,以获得知识和技能的方法。实验法可以分为感知性实验和试验性实验两种。使用要求是:做好实验前的准备,使学生明确实验的目的、要求和做法,注意试验过程中的指导,并做好实验小结。

实习作业法是学生在教师的指导下进行一定的实际活动以培养学生实际操作能力的方法。使用要求是:做好实习作业的准备,做好实习作业的动员,做好实习作业过程中的指导,做好实习作业的总结。

(4)以欣赏活动为主的方法

这是创设一定的教学情境,或利用特殊内容和艺术形式,使学生通过体验事物的真善美,陶冶性情和培养正确的态度、兴趣、理想和审美能力的方法。这类方法主要特点就是通过各种欣赏,使学生在认识所学习事物的价值以后产生积极的情感反应。使用时要注意引发学生的学习动机和兴趣,激发学生强烈的情感反应,并安置好学生欣赏活动的个别差异。

(5)以引导探究为主的方法

这是指教师组织和引导学生通过独立的探究或研究活动而学习知识,形成技能和发展能力的方法。主要特点在于在探索解决学习任务中,使学生的独立性得到高度发挥,进而学习和巩固知识,培养技能,发展探索和创新意识和能力。这一方法主要是研究法。

研究法是在教师指导下,学生通过独立的探索,创造性地解决问题,以获取知识和发展能力的方法。使用时要求正确选定研究课题,提供必要的条件,让学生独立思考与探索,循序渐进,因材施教。

2.行为主义的分类——拉斯卡的"四种基本教学方法"

美国学者拉斯卡认为教学方法就是发出以及学生接受学习刺激的程序。他强调,按照信息论的观点,只有四种基本的或普通的教学方法,即呈现方法、实践方法、发现方法和强化方法。每一种普通的方法又由许多特定的方法构成,例如呈现方法作为一种普通的方法,包括的特定方法就有讲授、让学生阅读课本、在实验室做示范等。特定方法可视为普通方法的具体运用。

四种基本教学方法中的任何一种都与不同类型的学习刺激有关。学习刺激作为一种手段是与预期学习结果的实现相联系的刺激。依据在实现预期学习结果中的作用,学习刺激可分为四种,可将它们称之为 A、B、C、D 刺激。四种基本教学方法如下。

(1)呈现方法(presentation method)

这是传统的教学方法之一,包括 A 种学习刺激的运用。A 种学习刺激是用确定的形式把将要学习的内容呈现给学生,学生在其中起着比较被动的作用。运用呈现方法时,尽管学生在感知这些刺激,并在编码、组织、储存信息方面明显地积极活动着,但教师却不要求别的,只要求学生注意呈现的学习刺激。

呈现方法依据的假设是,学生刺激被学生接受后(无论是有意的还是无意的),学习就会发生,不需要学生任何特别的学习努力。教师的作用是确定选择合适的学习刺激,并用适当的顺序呈现给学生。具体方法包括:向学生讲授(谈话),演示图片,指定课题让学生阅读,做示范,带学生到校外考察以及要求他们进行观察。

(2)实践方法(practice method)

这个方法同样也是传统的教学方法,它运用的是B种学习刺激。与A种学习刺激相比,B种学习刺激要求学生起积极作用。这种学习刺激将解决问题的形式提供给学生,通过已知程序的运用,提供可模仿的模式或者可操作的特定学习活动等来进行(其中预期的结果已经或可能预先知道)。预期的学习结果是通过学生努力实践来逐步实现的。运用实践方法时,教师的作用是提供目的,组织实践活动,提供适当反馈。实践方法主要有:指导学生学习某确定课题,给学生布置书面作业,就特定题目让学生准备下一次考试,对学生从事某特定活动的监督管理,要求学生模仿某特定的模式,训练学生,学生朗读等。

(3)发现方法(discovery method)

这是又一种传统的教学方法,它运用的是C种学习刺激。这种刺激在要求学生活动方面与B种刺激相似。然而,C种刺激是提供给学生一种情境,在这个情境中希望学生发现预期的学习结果。通过某个新洞察的构成或重新组织预先要求的学习结果之后,"发现"可能"不期而遇","发现"一旦发生,就会显得特别迅捷和突然。

运用发现方法时,学生可能知道他们在努力探讨发现,但他们一定不知道预期的学习结果。教师的作用是组织发现活动,关注发现中的学生。发现方法没有前述两种方法普及,但这种方法也有如下几种:在提问学生中运用苏格拉底的"产婆术",组织学生召开有助于引导新的学习发现的讨论会,要求学生设计实验(以引起学生进入对新学习的发现),等等。

(4)强化方法(reinforcement method)

这是20世纪的教学方法,理论基础是强化学习理论。强化学习运用的是D种学习刺激。A、B、C三种学习刺激,可称"反应前"刺激,因它们是在学生做出任何对预期学习结果的反应前提供给学生的;相反,D种学习刺激可称为"反应后"刺激,这种刺激的功能是"加强"学习效果。根本找不到这种刺激在学习动机方面的积极作用比它的强化功能更明显的例子,所以,强化方法是独立的一类教学方法。

运用强化方法时,教师有目的有系统地向学生提供强化(D种学习刺激),这些学生一定是已表露出对预期学习结果有获得行为的学生。强化方法在要求学生积极活动方面类似发现方法和实践方法。和发现方法一样,强化方法也不如前两种方法普及,因为有目的、有系统地向学生提供强化的教师并不多。两种包含强化方法的教学技巧是行为矫正和程序教学。

在实际教学情境中,教师很少单独地运用一种特定的教学方法。常常是从选用一种方法转向另一种,或者综合选用几种。表1.1是四种方法的特征、区别以及联系的对比分析。

表 1.1　拉斯卡四种基本教学方法比较

方法	学习过程的假设	教师作用	提供学习刺激类型	学生作用	运用的特定方法
呈现	基本上是无意识地学习,不需要学生特别努力,大脑是容器,知识来自外部	选择并用适当顺序呈现学习刺激	A种刺激(前反应)	消极	讲授、图片、校外考察、示范,等等
实践	学生逐步达到预期目的,逐步完成学习任务,需要实践	确定学习题目和组织实践活动	B种刺激(前反应)	积极	朗诵、训练、笔记本作业、模仿,等等
发现	学生经努力探讨突然发现预期学习结果,知识来自内部	组织和参与学生的发现活动	C种刺激(前反应)	积极	苏格拉底法、讨论、实验,等等
强化	学生表现出对学习结果的特定行为后,给以鼓励或强化	提供系统的强化	D种刺激(后反应)	积极	行为矫正、程序教学,等等

3. 教学方法的三层次分类

(1)原理性教学方法层次

这类层次包括诸如启发式教学方法、注入式教学方法、发现教学法、设计教学法等,是为了解决教学规律、教育哲学思想、新教学理论观念与学校教学实践间的连接问题,是教学意识在教学实践中方法化的结果,不具有固定的程序和步骤。程序和步骤是高度抽象化和概括化了的,它们不具有操作性,不能直接运用于学校各科的教学之中,而是通过影响教学主体的思想、观念,渗透到各科具体教学的设计和实施中。它们的最大特点是为具体教学方法提供理论指导,具有原理性,所以被称为原理性教学方法。这一层次的教学方法有四大特点:抽象性、内容的广泛适用性、程序的非特定性和原理指导性。

(2)技术性教学方法层次

这类层次包括诸如讲授法、讲述法、讲解法、讲演法、谈话法、参观法、实验法、实习作业法、练习法、讨论法、读书指导法、图例讲解法等,每一种方法都适用于学校各科目或几个科目的教学。这个层次具有技术性的特点。上接受原理性教学方法的指导,下与学校不同科目的教学内容相结合构成操作性教学方法,发挥着中介作用,因此被称为技术性教学方法。

(3)操作性教学方法层次

这类层次包括诸如劳动技术课的工序教学法、美术课的写生教学法、音乐课中的试唱教学法、标枪课中的小步子教学法、外语课中的听说教学法、语文课的分散识字等,是学校不同科目各自具有的特殊而具体的教学方法。每一种方法只适用于特定的科目教学中,具有与各科目的教学内容相结合、基本固定的程序和方式,教师一旦掌握便可立即操作应用,其基本特点是可操作性。这一层次称为操作性教学方法,是学校不同科目各自独立的具体教学方法的总和。这一层次的教学方法具有四大特点:具体性、与特定内容的不可分割性、程序的固定性和操作性。

三个层次的教学方法,即原理性教学方法、技术性教学方法和操作性教学方法,相互区别又相互联系,把杂乱的各种各样的教学方法梳理出了一个基本秩序,构成了一个有机的教学方法体系。这三个层次教学方法的特点及其比较经归纳如表1.2所示。

表1.2 三个层次教学方法比较

层次	对象问题	特点	举例
原理性	师生的关系和地位,学生与内容的关系,教学价值取向	1.抽象性 2.适用于各种内容和各种形式 3.无固定程序 4.原理性:起指导作用	1.启发式 2.发现式 3.设计式 4.注入式
技术性	师生与不同性质内容的相互关系,媒介问题,教学价值取向	1.抽象与具体相统一 2.适用于相同性质内容 3.有一般性程序 4.技术性:中介作用	1.讲授法 2.谈话法 3.演示法 4.参观法 5.实验法 6.练习法 7.讨论法 8.读书指导法 9.实习作业法
操作性	教学过程与学习过程的相互关系,内容与手段的时间结构问题	1.具体性 2.内容的特定性 3.有固定程序 4.操作性:课堂教学的实用价值	1.语文课的分散识字法 2.美术课的写生教学法 3.音乐课中的试唱教学法 4.标枪课中的小步子教学法 5.外语课中的听说教学法 6.劳动技术课的工序教学法

1.3.2 当代五大新教学方法

随着心理学的发展,以及教育教学改革的需要和教育工作者的努力,教学方法在当代取得了前所未有的发展,国内外创建了许许多多新的教学方法。在这些新方法中,有五种在教育理论和教育实践中取得了比较好的效果和比较大的影响,它们是发现式教学法、学导式教学法、六课型教学法、范例教学法和掌握学习教学法,现简介如下。

1. 范例教学法

范例教学法是运用精选的知识经验以及事实范例作为教学内容,使学生掌握一般的、有普遍意义的知识,形成独立和主动学习的能力以及独立批判、判断能力的教学方法。它是由德国教育家瓦根舍因等创立的。范例教学方法目的在于通过学习精选过的隐含着本质因素、根本因素、基本因素的典型事例,使学生掌握一般的知识、观念,而不是要学生复述式地掌握知识。这是一种"教养性的学习",它能使所学的知识迁移到别的地方,从而进一步发展所学的知识,改变学习者的思想、思维方法和加强解决新问题的能力。

(1)范例教学法由四个阶段构成

①范例的阐述"个"的阶段。通过整体的一个或几个特性来说明整体,也就是通过个别的典型特征来说明整体。如在历史教学中,可以通过一定的历史事件来说明一定的历史时期。在这一阶段,学生可以深刻地了解事物的本质特征并牢固地把握住这些本质特征。②范例的阐述"类"或"属"的阶段,即对上一阶段获得的知识进行归类。如上述历史教学中,从一个个别事件的例子归纳出同类的特征。通过这一阶段的教学,学生可以了解某些事物的特殊性和普遍性,从"个"的学习迁移到"类"的学习。③范例的掌握规律和范畴的阶段。在前两个阶段的学习基础上,进一步探究出规律性的认识来。如在历史教学中,通过了解个人在革命中的作用,认识个人在历史中起作用的规律。④范例性的获得关于世界经验和生活经验的阶段。通过上述三个阶段的教学,进一步把所获得的知识进行加工和应用,从而获得关于世界的经验和生活的经验。通过这一阶段,学生不仅了解了客观世界,也认识了自己,加强了行为的自觉性。该方法适用于文理学科的教学。

(2)教师在使用这一方法时的注意事项

①帮助学生主动学习

要使学生通过学习精选的例子掌握一般的、有普遍意义的知识,培养学生独立学习的能力,教师就必须耐心地帮助学生自己学习,不可赶时间,抢进度,在他们的学习遇到挫折和出现问题时,应当仔细寻找原因所在,帮助他们自己发现和认识所犯错误的真正原因,掌握获得知识的正确途径。

②激发学生的学习动机

在教学中,教师要激发学生对知识的兴趣和学习的动机,使学生感到所学的知识是具体的、能为自己所学到的。为此,所精选的例子必须是与学生本人的经历和心理发展阶段的水平相符合的。

③努力让学生认识知识内部的逻辑结构,掌握范畴性的知识

教学不能只从学科的基本结构着眼,而应更多地考虑学生对结构的看法和兴趣如何。如果学生对现象性的知识材料感兴趣,也可以由此入手归纳所授的科学知识,即通过"范例"这条获取知识的途径,使学生掌握范畴性的知识,即基本概念、基本知识。因此,应进行"范畴"教学,强调按所授知识的内部逻辑联系来一步步引导学生掌握基本知识。

④教师要引导学生发现

范例教学应是发现的或发生的教学,着重于让教授的知识能从内部逻辑关系上一步步显示出来,它要从所观察的现象出发,追溯其发生的原因和道理,而不能从提示现成的结果开始。

2. 掌握学习教学法

掌握学习教学法是通过操作教学时间实施"因学施教",以每个学生掌握教学内容为标志的、使每个学生都得到尽可能发展的教学方法。其代表人物是美国的卡罗尔和布卢姆等。

卡罗尔和布卢姆提出,学习结果的主要变量是学习时间。学习时间分为实际学习时间和必要学习时间。学习程度 = f(实际学习时间/必要学习时间)。实际学习时间是完成指定的学习任务所安排的教学时间,是由教师决定的。必要学习时间是学生完成指定的学习任务所必要的学习时间,对学生来说是因人而异的。从教师角度,要尽可能多地给予学生以足够的实际学习时间;从学生学习角度看,教师要尽可能帮助学生缩短必要的学习时间。学习所花时间是掌握学习的关键,掌握学习教学法就是要找到为每个学生提供他所需要的学习时间的教学方法。

该方法分为教学准备和教学实施两个阶段。

(1) 教学准备阶段的过程结构

①教师首先确定教学内容;②教师把课程分解为一系列学习单元,并制定具体的教学目标;③在新课程之前,对学生进行诊断性评价;④编制各单元简短的"形成性测验"试题,目的是评价学生对该单元内容的掌握情况;⑤依据"形成性测验"试题,预先确定并准备好可供选择的学习材料(如辅导材料、练习手册、学术游戏等)和矫正手段(如小组学习、个别辅导、重新讲授等),供学生遇到学习困难时选择;⑥编制"终结性测验"试题,覆盖所有单元目标,目的是评价学生是否完成了该学科的学习任务。

(2) 教学实施阶段的教学过程结构

①教师首先向学生介绍掌握学习的一般程序,包括:学习→形成性测验→(再学习→形成性测验)……→终结性测试→每个学生都将达到教学目标;②在新课程之前,对学生进行诊断性评价;③在集体教学中给学生以相同的教学内容和教学时间;④在一个单元学习结束时,进行一次"形成性测验",掌握正确率达80%~85%即为通过;⑤通过者进行加深学习,未通过者进行补救学习,这种补救学习可利用可供选择的学习资料(如辅助资料、练习手册、学术游戏等)和矫正手段(如小组学习、个别辅导、重新讲授等);⑥再进行一次平行性的"形成性测验";⑦进行"终结性测验",评定每个学生的学业成绩。该方法适用于文理学科。

(3)教师在使用掌握学习教学法时的注意事项

①诊断学生要准确无误;②激发每个学生的学习动机;③让每个学生充分体验到学习成功的喜悦;④教师要引导学生不断总结和形成自学方法。

3. 学导式教学法

学导式教学法是以发展学生智能为目的的、引导学生自学的教学方法。它把教学的重心从"教"转移到"学"上,是对"教师讲授,学生接受"的传统教学方法的根本改革。它是在20世纪80年代由黑龙江矿业大学的胥长辰教授首先提出,然后经哈尔滨师范大学的刘学浩先生从理论上加以概括、深化和提高,并经过广泛实验验证形成的。

(1)学导式教学法的构成环节

①学生自学:包括课前预习和课堂上的自学阅读;②学生解释:学生讨论、查阅参考资料或工具书,教师个别辅导;③教师精讲:教师针对学生无力弄懂的重大难点、关键点进行精讲;④学生演练:学生彻底弄清不懂的问题,把学习要点和心得记入笔记,并精选习题演练、作业,同学之间相互批改作业,把所学的知识系统化、概括化。

(2)学导式教学法的特点

①实现学生的主体性;②带着问题学,教师适时指点;③学、教有机结合。

(3)教师使用学导式教学法时的注意事项

①了解和把握学习的一般规律,使教师的"导"以及学生的"学"符合规律;②依据不同的教学内容,精心设计教学过程的每一个环节;③深入了解学生,准确确定教学的难点和重点;④坚持反馈调节。

4. 发现式教学法

发现式教学法又称探索法、研究法,是指学生在学习概念和原理时,教师只是给他们一些事例和问题,让学生自己通过阅读、观察、实验、思考、讨论、听讲等途径去独立探究,自行发现并掌握相应的原理和结论的一种方法。它的指导思想是在教师的指导下,以学生为主体,让学生自觉地、主动地探索,掌握认识和解决问题的方法与步骤,研究客观事物的属性,发现事物发展的起因和事物内部的联系,从中找出规律,形成自己的概念。它是由美国著名的心理学家布鲁纳提出的。

(1)发现式教学法的构成环节

①教师创设问题情境。教师深入分析教学内容,向学生提出要解决或研究的课题。②学生提出假设或答案。学生在阅读和学习有关教材、参考书的基础上对教师提出的问题做出各种可能的假设和答案。③检验假设。在教师指导下,学生根据不同的课题性质,通过思辨、实验、演示等,以讨论的形式对假设进行检验。正确的就可以作为结论和结果,错误的再修正假设。④做出结论。在充分讨论和验证假设的基础上,对假设进行

补充、修改和总结,对教师提出的问题做出结论。该方法在数理学科,特别是对其中的概念、理论、现象间的因果关系和其他联系的教学中适用。

(2)教师在使用发现式教学法时的注意事项

①依据教材特点和学生实际,确定探究发现的课题和过程;②严密组织教学,积极引导学生的发现活动;③努力创造一个有利于学生进行探究发现的良好情境。

5. 六课型教学法

六课型教学法又叫异步教学法,是一种以充分发挥学生的主体性、取得最优教学活动效率为目的、形成课外"八环节"与课内"六课型"紧密结合的特殊教学结构的教学方法。它也是把教学的重心从"教"转移到"学"上,是对"教师讲授,学生听授"的传统教学方法的根本改革。它是由湖北大学的黎世法教授创立的。

六课型教学法形成了由教学过程的"八环节"、运用上课的"六课型"和充分调动课内的"六因素"构成的立体教学过程结构,简称"八六六"体系。

(1)组织学生严格完成学习过程的"八环节"

制订计划→课前自学→启发思维→及时复习→独立作业→解决疑难→系统小结→运用创造。

(2)因时制宜在上课中采用"六课型"

自学课→启发课→复习课→作业课→改错课→小结课。这是按照学生认知过程的不同阶段来划分的,每一种课型是由一定的教学任务和完成这种教学任务的具体的教学方法两部分组成的。

(3)充分激活应用"六因素"

自学→启发→复习→作业→改错→小结。

(4)教师在使用时的注意事项

六课型教学法适用于大中小学的各种学科教学,教师在使用时要注意:①制订出切实可行的指导学生实行学习过程"八环节"的制度和方法,并不断修改完善;②指导学生掌握科学的学习方法;③结合教学的具体内容,研制出自学课、启发课、复习课、作业课、改错课和小结课的课堂基本结构和方法,并在实践中不断修改完善;④精心了解学生的水平和特点,对不同的学生因材施教地突出六个因素中的某一个或某几个因素。

1.3.3 教学方法的选择原则

教学有法,但无定法。教学方法的使用是科学性和艺术性的统一,在教学方法中既有科学成分,又有艺术成分。教学方法的科学性是指教学活动有规律性和原则性可循,因此,教学方法的使用要有科学的依据。而教学方法的艺术性是指教学活动中方法使用的灵活性和创造性,在众多的教学方法之中合理选择一定的教学方法来组织教学。因此,使用教学方法,在注重其科学性的同时也要注意灵活性、创造性。从以上两个角度来说,教师都要在具体的教学过程中对教学方法进行选择,而在实际教学中,教师能否正确地选择教学方法,也是影响教学质量的关键问题之一。

1. 依据教学的具体目的和任务

教学方法总是和目的紧密联系的,一定的教学目的总是要通过教学方法来实现,而一定的教学方法也总是为了实现教学的目的。所以,教学目的和任务的达成是教学方法选择的首要依据。比如,具体的教学目的是使学生获取系统知识,讲授法的最主要优点也就在于此,因此,选择讲授法是比较合适的;训练学生的技能技巧,就可以选择演示法、练习法等。然而,一般的教学活动往往有多个教学目的,需要完成多种教学任务,这就需要教师选择多种教学方法。

2. 依据学科特点和知识形态

学科特点和知识形态对选择教学方法往往起到最基本的决定性作用。自然学科往往会用到演示法、实验法,而语文、外语则经常使用讲读法和陶冶法,像体育、音乐等学科更多的是使用练习法。教学内容的知识形态,按照知识的来源可以分为直接知识和间接知识;按照知识的性质,可以分为陈述性知识、程序性知识和策略性知识。陈述性知识是关于"是什么"的知识,程序性知识是关于"怎么做"的知识,而策略性知识则是关于怎样进行思维,怎样进行决策的知识。这些知识形态的分类对教学方法的选择具有重要意义。例如,间接知识的学习主要依赖阅读、理解和记忆;直接知识的获得主要依靠实践;陈述性知识的学习主要是感知、理解记忆;程序性知识的掌握不仅需要理解,而且要加以运用;策略性知识的获得则需要学生的模仿、实践和反省。

3. 依据学生的实际情况

教学的对象是学生,因此,学生的知识、能力、思维、态度、心理生理素质都是影响教学方法选择的最直接因素。而这些因素综合起来,往往就表现为学生独立学习的水平。面对学生的学习独立性水平,教师要恰当选择相应的教学方法。如小学低年级儿童学习独立性差,就应该选择讲授法、谈话法、练习法等指导性比较强的方法;而小学高年级的学生学习独立性有了很大发展,就应该选择像实习作业法、实验法、探究法等对独立学习能力要求比较高的方法,以发展其学习能力。

4. 依据教师的素质和个性

每位教师在知识水平、教育素质、教学经验、语言表达能力、心理素质和个性特征上都有所不同,因此,在选择教学方法时要根据自己的特点,扬长补短,形成自己的教学风格和特色。语言表达能力较强、形象思维水平较高的老师,善于使用生动形象的语言讲解知识,这样就可以多选择以语言传递信息为主的方法。教师的个性和人格特征不同采用的方法也不同,命令式风格的老师倾向于选择指导性比较强的教学方式,如讲授法、谈话法,而交互型风格的教师更倾向于选择有助于学生互动的教学方法,如讨论法。

5. 依据时间条件和物质条件

无论什么教学方法,都需要一定的时间投入,不同的方法需要的时间投入不同,因此,教学方法的选择要既使教学任务能在规定的时间内完成,同时也要努力提高教学效率。另外,教学设施设备材料等物质条件也是制约教学方法选择的重要因素。比如实验法,没有一定的实验仪器和场地,就无法顺利进行,而演示法需要一定的教学道具和教学媒体,这些物质条件都是制约方法选择的重要因素。

6. 依据各种教学方法的职能、适用范围和使用条件

每种教学方法都有各自的适用范围和使用条件,有各自的优点和局限性,因此,教师要熟悉每种教学方法的特点,有针对性地使用。另外,教学方法的使用要随着时代的变化而有所调整和改革,教学过程要探讨新的教学方法。由于教学方法之间是相互联系的,因此,在运用教学方法时要树立整体的观点,注意各种教学方法的有机配合,以最大限度综合、灵活地运用教学方法,取得最优化的教学效果。

1.3.4 教学方法在教学过程中的地位

教学方法是构成教学活动的重要因素之一,在教学过程中具有不可忽视的地位。

1. 教学方法是连接教师"教"和学生"学"的重要纽带

朱熹曾经说过:"事必有法,然后可成,师舍是则无以教,弟子舍是则无以学。"正是通过有效的教学方法将教师"教"的活动和学生"学"的活动有机联系起来,才能最终促成教学目的的实现。

2. 教学方法是完成教学任务的首要条件,也是提高教学质量和教学效率的重要保证

好的方法可以使人免走很多的弯路,并节省在错误方向上浪费的无法计量的时间和劳动。

3. 教学方法影响学生的身心发展

皮亚杰认为良好的方法可以增进学生的效能,乃至加速他们的心理成长而无所损害,而不好的教学方法则可能使学校变成才智的屠宰场。因此,教学方法对于学生的才智发展有很大影响,教师应该注意改革教学方法,促进学术健康发展。

1.4 职业教育教学法概述

1.4.1 职业教育教学法内涵

教学是在教育目的指引下的教师的教与学生的学共同组成的一种双边活动。在这

个活动中,通过教师的引导、指导作用,促使学生提升素质,掌握相关的知识和技能,形成一定的能力、态度。

教学方法是在教学思想和教学原则的指导下,师生为实现教学目标而开展的一切教学活动的总和,是教师与学生的共同活动,是教师"教"与学生"学"的统一。职业教育教学法是教师为培养和提升学生的综合素质和职业能力,在教学过程中所采取的以现代教学思想和技术为基础的步骤和手段。也可以说是教师为达到教学目的而组织和使用教学技术、教材、教具和教学媒体,以促成学生按照专业教学目标和内容的要求学习的方法。

随着职业教育的发展和对职业教育本质的认识越来越深刻,职业教育教学方法不断改革,在一些改革方向上职业教育工作者们逐渐形成了共识。在教学理念上,由以教师为中心的教学理念转向以学生为中心的教学理念,提倡"做中学、学中教","教学做一体",强调培养学生的动手能力和小组合作学习,要求教师做教学的组织者、引导者和协调员,做课堂的导演;在教法与学法上,由重教法向教法与学法相结合方向转变,避免单纯的讲授与灌输,重视教学生如何学,如何获取知识和掌握技能;在方法结构上,由单一的讲授法向重视培养学生综合职业能力的多种方法的综合运用转变,强调教学方法的多样性与灵活性及各种教学方法的相互配合;在教学组织形式上,由以课堂为中心向以实训教学为中心转变,更加重视学生的实践能力;在教学方法体系上,由一般教学方法向职业教育教学方法,特别是对专业教学方法的探索方向发展,尤其是基于工作过程的行动导向教学方法越来越受到重视。由于行动导向教学注重综合职业能力培养,体现以学生为中心的原则,成为我国职业教育教学方法改革的重点。

常用的职业教育教学法有项目教学法、过程演示法、案例分析法、实验教学法、实物展示法、小组讨论法、角色扮演法等。在行动导向教学思想与策略的指导下,职业教育教学法包括项目教学法、案例分析教学法、任务驱动教学法、模拟教学法、实验教学法、引导文教学法、过程演示法、角色扮演法等。

1.4.2 职业教育教学法特点

职业教育要培养职业能力,其在教学中具有以下特点。

1. 教学对象的复杂性

职业学校教学对象复杂性的表现:一是职业教育的教学对象年龄、来源的复杂性,在职业学校就读的有青年学生,有工作多年的成年人;二是教学对象学习、心理状况的复杂性,进入职业学校的学生,有中职学生、高职学生,他们的学习基础、学习目的、学习动机,以及对所学专业的认识,未来发展规划等有着较大的差异,因此存在着各种各样影响学习的消极因素,增加了教学的复杂程度。

2. 教学内容的职业性

以培养技术型、技能型人才为目标的职业教育，旨在培养学生综合素质的同时获得一种能满足某一职业或工作需要的职业能力。因此，其教学内容是对应获得职业能力要求的知识和技能，以程序性知识为主、陈述性知识为辅。程序性知识涉及经验和策略方面的知识，主要回答"怎样做"和"怎样做得更好"的问题。该类知识也称为过程性知识或操作性知识。陈述性知识涉及事实、概念、规律、原理方面的知识，主要用于说明事物"是什么""怎么样"和"为什么"等问题。也就是说，职业教育教学内容以未来工作岗位中实际应用的经验和策略的习得为主，以适度、够用的概念和原理的理解为辅。这就要求职业教育教学在内容的选择上，既要考虑到使学生掌握一定文化基础知识和专业知识，还要注重教学内容的实用性和应用性，以培养学生的实践技能。

3. 教学活动的实践性

实践性是职业教育区别于普通教育的主要特征之一。职业教育的培养目标决定了其教学活动各个环节的展开都要有利于形成学生的实际职业能力，有利于提升学生的综合素质。职业学校的教学过程是引领学生从学习阶段转向社会实践阶段的过渡，是帮助学生将高度抽象的专业理论知识应用于具体实践活动、服务于社会的过程。因此，在职业学校的教学过程中，实习、实践的环节与要素占有的比例高。这就使得职业学校的教学活动，无论是教学方法、教学组织形式的选择，还是教学手段的选用，都呈现出鲜明的实践性特征。

职业教育与专业紧密相连，职业教育中各个专业采用的教学法在职业教育中处于中心地位。

1.4.3 职业教育中教的方法

所谓"教"法，是基于教师"传授"视野的学习组织结构，其目标是建立一种学习安排，使得学生的从动接受式学习更有规律并更加容易。"教"法的上位概念是教学处置，其下位概念包括授课形式、社会形式和教学形式。

1. 宏观的策略

作为上位概念的教学处置，指的是职业教育教学过程中对典型运行阶段实施的实践性的教和学的策略。这些策略是对单一教学方法在时空上的综合运用，具有特定的学习效果和教学范畴。

行动导向的教学处置（特别是对技术类职业）主要有三种。

（1）尝试导向的教学处置

主要指关于技术问题的处置策略，包括三个阶段：①"尝试"的准备，即针对教学内容提出问题及相关假设；②"尝试"的实施，即在独立制定和设计的实验秩序中对假设予以验证；③"尝试"的检查，即对定量和定性的结果予以阐述和探讨。

(2)问题导向的教学处置

主要是关于技术思维的处置策略,包括四个阶段:①提出问题,即通过思考直面问题情境并确定问题;②解释问题,即辨识问题并对解决问题的原则予以阐述;③解决问题,即独立解决问题并对解决问题的方案予以评价;④应用转换,即应用解决问题的方案并在类似情境中予以转换。

(3)项目导向的教学处置

主要是关于技术设计的处置策略,从技术、生态、经济、政治社会和精神规范五个不同视角采取项目教学方式,让学生能在社会技术学的层面,主动参与技术的设计,从而整体地把握技术发展的趋势与结果。

2. 微观的策略

(1)授课形式

指的是授课过程中对学生实施逻辑的思维引导方式,主要有两种:一是认识论的处置,它由一个从属于外部认知过程的规则系统构成,主要指向算法逻辑思维的操作,如分析-综合处置、归纳-演绎处置和历史化处置;二是心理学的处置,它由一个从属于内部认知过程的规则系统构成,主要指向心理决策要素的转换,如抽象性处置、生成性处置和研究性处置。

(2)社会形式

指学习过程中师生或生生合作的物理组织方式,主要有四种:一是正面教学,即传统的教师讲、学生听,教师通过介绍、解释或加工知识元素,让学生接受知识;二是单人工作,即学生个人独立制订、实施和检查工作计划;三是派对工作,即两个学生合作制订、实施和检查工作计划;四是小组工作,即由3~6个学生组成小组,小组成员共同制订、实施和检查工作计划,各组可完成相同任务(可比性),也可完成不同任务(差异性)。

(3)教学形式

指的是教学过程中师生或生生互动的主体定位方式,主要有三种:一是基于报告、示范或指示等描述性教学(教师中心);二是基于引出问题、激发动机或委托任务等行动性教学(教师主导,学生主体);三是基于派对式的生生合作、探究式的以学生为中心或对话式的经验交流等发现性教学(以学生为中心)。教学形式的确定在教师备课中发挥着非常重要的作用。

在"教"的过程中,上述这些形式之间的转换并没有严格的界限,应根据专业能力、方法能力和社会能力培养的需要,采用与之相应的效率高的方式。

1.4.4 职教教育中学的方法

所谓"学"法,是基于学生"习得"视野的学习组织结构,其目标是建立一种学习秩序,使得学生的主动生成性学习更有规律并更有效果。"学"法既要高质量地掌握学习内容,又要高效率地掌握学习方法,它涉及三种重要的学习技术:自学技术,交流技术和创新技术。

1. 自学技术

指能主动性地占有使用信息,包括:一是自主性地获取信息的技术,例如阅读、倾听以及熟悉目录、关键词、文稿、书籍、索引、图书、多媒体和网络等;二是生成性地加工信息的技术,例如记录、摘抄、标示、绘制(墙报、表格、简图、广告等)、音像制作、方案制订等;三是指向性地阐释信息的技术,例如撰写报告、阐述理由、演讲总结、评论展示、公众辩论、评审发言以及进行电话联系、发送电子邮件等。

2. 交流技术

(1)指的是能建构性地多边互动学习,包括:一是沟通的技术,例如即时反思(如 Blitzlicht)、核心讨论(如 Kugellager)、正反方辩论、全员会议(如 Fish-bowling)、分组讨论(如 Binenkorb)、小组专家游戏等;二是合作的技术,例如小组活动、角色扮演、计划演练、项目方法、多重辩论、情景剧等。

3. 创新技术

指的是能构思性地寻求解决方案,包括:一是设计导向的创新技术,例如图像处理、抽象拼贴(collagen)、创意绘画、哑剧编导(pantomime)、创意写作等;二是催化导向的创新技术,例如创意旅行、隐性策划(metapher-Mediration)、暗示启迪(suggestopaedie)等;三是方案导向的创新技术,例如德尔斐法(Delphi-Methode)、趋势分析法、功能分析法(将总任务按功能层次分解获得子任务)、抽象法(从现象中概括本质)、黑箱法(抽象法变种:忽略内部结构,只关注输入和输出)、结构树法(功能分析法的树形图分解)、画廊法(第一阶段为联想阶段:草拟解决方案并以画廊形式展示;第二阶段为形成阶段:相互介绍各种解决方案并予以归纳;第三阶段为评价阶段:采取全员会议评价不同方案并予以优化)、刺激法(通过看似无关的话语借助直觉反应获得解决问题的方案——陌生效应)、635法(头脑风暴法变种:针对一个问题由6名小组成员提出3个方案,时间限制为5分钟)、解构法(Monpologie,借助矩阵将总问题分解为子问题)、逆向思维法(批判性的设疑或否定)等。

1.4.5 通信类职业教育教学方法比较

随着国家经济的高速发展和经济建设的需要,全世界的职业技术教育在近几十年取得了长足的发展,尤其是德国、美国、加拿大、日本、英国的职业技术教育走在了世界的前列,在职业教育理念、理论研究方面取得了丰硕的成果,发展了几十种基于工作过程、任务驱动、以能力为本位的职业教育方法。在这些教学方法中,较流行的有项目教学法、任务驱动教学法、引导文法、技术试验教学法、案例教学法、考察法、角色扮演法、头脑风暴法、卡片展示法、思维导图法、任务驱动教学法、模拟教学法、四步教学法等。

正如前面在引入教学法基本概念时就指出的，教学方法需要与教学目标和教学内容紧密结合。落实到"通信类专业中等职业技术教育"这个范畴时，显然不是所有方法都适用，也不是所有方法都有效，关键是教师要精熟各种教学方法的精妙处，能根据具体情况和教学内容，科学、合理、准确地运用专业教学方法，高效、成功地完成教学——即让求学者成功地获得专业知识、专业技能和职业能力。

目前国内关于在具体专业中应用专业教学法的论著尚不多见。为大力推行职业教育教学法的合理应用，改善教学氛围，提高教学效果，在教育部、财政部开展的"职业院校教师素质提高计划"中，特别提出要开发用于职教师资本科培养的专业教学法教材。基于此，我们组织编写了本教材。在教材的完成过程中，我们得到了姜大源、邓泽民、夏金星、徐肇杰等专家指导和帮助，借鉴了他们的大量研究成果，同时我们也邀请了大量的中职优秀骨干教师参与，形成了一本力图将职业教育教学法深入通信工程专业教学实践的教学法教材。

分析当前通信行业职业岗位群的设置和工作任务对职业能力的需求，中等职业技术学校通信技术专业教学内容内涵大致分为通信终端维修、宽带接入服务、通信工程建设和通信机房维护等几个方面。工作性质主要是维修、安装、巡检、故障修复等。相应的较为适合的行动导向现代职业教育专业教学方法有引导文教学法、任务驱动教学法、模拟教学法、案例教学法、考察教学法和项目教学法等。

本教材主要选择了行动导向教学理念之下的几种相对宏观、结构完整、操作难度较高、专业性较强的职业教育教学方法，进行了较为详细的分析，并尝试与通信工程专业教学内容相结合，得到一些案例，供教师参考。

1. 引导文教学法

引导文教学法是借助一种专门的教学文件（即引导文）引导学生独立学习和工作的教学方法，是一个面向实践操作、全面整体的教学方法。通过此方法，学生可对一个复杂的工作流程进行策划和操作，将分离的知识贯穿起来，融会贯通。该教学法从完成具体的真实的任务出发，引导学生在完成任务的过程中学习相应的知识和技能。

引导文教学法中，教师利用引导文和引导问题可以对学生施加较多的影响，主导作用明显，一般认为它比较适合在低年级、学生尚不适应行动导向教学情境时使用，由教师更多地主导教学过程。

如早期的通信终端维修项目教学时，采用引导文教学法，帮助学生建立收集资料、编写维修计划的习惯和学会相应的方法。在机房维护项目教学的早期阶段，也可用引导文教学法帮助学生制订巡检计划并实施。

2. 任务驱动教学法

任务驱动是建构主义教学理论基础上的教学方法，将以往以传授知识为主的传统教学方法，转变为以解决问题、完成任务为主的教学方法。在任务驱动教学法中，教师以

"任务"方式引领,学生边学边做并完成相应的任务,通过完成任务来掌握相应知识和技能。

任务驱动教学法比较灵活,任务可"大"可"小",关键在于以任务作为"诱因"来激发、强化和维持学习者的成就动机,通过"任务内驱"走向"动机驱动"。

在通信类专业教学中,某个终端故障的维修、一项通信工程中的线路接续工作、一次通信机房的常规维护,都可以作为任务驱动教学法的"任务"选材。

3. 模拟教学法

模拟教学法主要通过在模拟的情境和环境中学习来掌握专业技能。其主要运用于三种情形:一是在模拟工厂进行,适用于技术类专业;二是在模拟办公室、模拟公司等模拟情境或环境中进行,多适用于经济类、服务类专业;三是计算机仿真模拟,适用于建有计算机仿真系统的专业。

中职学校的通信类专业的实验室和实训室可以被看作是"模拟的工厂""模拟的现场"。相比于传统的实验教学、技能训练,模拟教学法更强调让学生直接面对一个贴近实际的情况、动态变化的问题,促使他能够积极主动、自己组织安排以下行为:掌握并训练技能,尝试应用知识,做出决策,解决问题并且在时间压力下进行工作,搜集经验以及有目标地进行实验。

通信类专业中设备故障检修、系统优化等教学内容可以考虑这种方式,由教师设置好模拟的环境和参数,学生自己制订解决方案并实施,在实施过程中观察模拟对象相关参数随模拟流程的变化,理解模拟环境中各参数的逻辑关系。

比较偏重理论、概念的掌握和推理性质的教学内容,可较多地使用模拟教学法,如话务接通率与用户数量、中继资源数量之间的关系,交换原理中的时分交换原理,TST、STS 交换模型等。

此外,一些从事职业教育培训实训室设备和环境建设的公司,为工程师的培训开发制作一些了仿真软件,如为 3G 工程师的培训制作的基站维护的仿真软件,模拟移动基站的现场环境和设备,教师也可利用这些仿真软件来实施模拟教学。

4. 案例教学法

案例教学法是指利用以真实的事件为基础所撰写的案例进行课堂教学的过程。案例教学法主要通过案例分析和研究,培养学生分析问题和解决问题的能力,并且在分析问题和解决问题中建构专业知识。适合于已掌握了一定专业理论知识和有一定知识积累后的教学。

案例教学法的特色是对案例的分析和研讨,分析成败得失,辨析正确的解决方法。在职教应用中,案例教学法仍然要以学生完成实际任务或项目作为案例分析成果的实施载体,即不能只停留在案例的剖析层面,而要以案例分析为先导,最后导入实际的行动中。

通信类专业中大量的维修、维护、规划、设计案例都可以作为案例教学法的选材。

5. 考查教学法

考查教学法是教师组织学生围绕某一教学目的,到现实中去实地观察或调查研究的一种教学方法。它一般是由教师组织学生进行现场考查,然后取样分析、共同研究,最后得出结论。这种教学方法的中心是学生独立搜集和整理各种来源的信息,教师提供咨询和支持。

根据国内职教现状,考查教学法可独立使用,也可以结合常用到的现场教学和学生顶岗实习配合实施,使这两种教学方式的目的性更强,教学过程得到规范,从而取得更好的效果。

6. 项目教学法

项目教学法是围绕职业工作内容将传统的学科体系课程中的知识、内容转化为若干个教学项目,通过项目组织和展开教学,使学生直接参与项目全过程的一种教学方法。几乎所有实践型强的专业和课程均适用这种教学方法,例如电子产品开发、机械设计、软件开发和工科的实训等课程。不少教师认为项目教学法对学生综合能力的要求较高,当然得到的锻炼也比较大,适合在高年级选用,低年级使用小项目进行驱动,其实就和任务驱动法十分接近了。

从严格或者说狭义的角度,项目教学法中的"项目"应具备从无到有的制作过程,其结果应是可视、可测的"产品",如设备、零件、计算机程序等。通信类专业中大比例存在的维修、巡检维护、故障修复"项目"都不属于此列。比如"维修",对象已经存在,而且是要把已"有"故障,变成"没有";"巡检维护",更是要防患于未然,把要出现或扩大的故障,扼杀在"摇篮"里。以此理推断,项目教学法在通信类专业中不会得到广泛的应用。

但在实际的教学中,从事通信类专业教学的教师,从教学内容和目标出发,还是设计了大量项目教学法应用的教学案例,他们把综合故障维修、优化方案设计、工程安装建设等内容都称为"项目",并将"故障得到修复""安装完毕""得到优化方案并实施检验"等作为最终的项目成果,教学过程的设计和评价也都符合或者说尝试符合项目教学的特点。

那么,这些项目教学法在通信类专业应用的案例是不正确的,还是有道理的? 所谓,见仁见智,我们认为,这个问题应交由最终使用教学法的教师和学生来判断。了解和掌握方法不是最重要的,最重要的是,是否应用了正确的方法,是否将行动导向教学的思想、过程和方法正确地贯彻到了职业技术教育教学活动中,是否适应了学生的特点,最终是否产生了"真正"的学习。

基于以上的考虑,我们认为了解和掌握项目教学法,对于通信类专业教师的培训是必要的;对于教师正确选择方法,并正确运用到自身教学工作中,是重要的。

第二章　通信类专业教学特点

2.1　通信类专业现状和发展趋势分析

2.1.1　通信类专业技术应用领域

通信,最简单的理解就是人与人沟通的方法。无论是旗语、电报、电话,还是网络,解决的最基本的问题,实际还是人与人的沟通。所以,通信就是互通信息,从这个意义上来说,通信在远古的时代就已存在。人与人之间的对话是通信,用手势表达情绪也可算是通信,古人用烽火传递战事情况是通信,快马与驿站传送文件当然也是通信。现代通信是随着科技的不断发展,采用最新的技术来不断优化通信的方式,让人与人的沟通变得更为便捷、有效。通信作为传输和交换信息的重要手段,是推动人类社会文明进步与发展的巨大动力。通信技术和通信产业是20世纪80年代以来发展最快的领域之一,不论是在国际还是在国内都是如此,这是人类进入信息社会的重要标志之一。

21世纪已是一个信息社会,信息交流已经成为人们生活的基本需要。随着信息社会发展进程的加快,信息与通信技术领域正面临着世界性变革,我国通信与信息产业的现代化也正处在高速发展时期。技术和信息是企业未来发展的两大重要支柱,可以这样说:谁拥有信息,谁就将拥有更多的机会。通信技术是信息产业的重要基础和支柱之一,它的发展是日新月异的。它的应用广泛,社会各个领域和人们的日常生活已离不开它,并且产业融合日益明显,电信(通信和IT业)与广播电视、互联网服务、传统信息服务、信息技术服务等形成信息服务大行业。价值链和业务模式变化,产业价值链由封闭走向开放,并不断扩展和细分;电信业的商业模式发生显著变化(运营商为主导→用户为主导);提供的业务从以传统的话音业务为主向提供综合信息服务的方向发展,IP多媒体通信成为发展方向;宽带化、移动化、IP化、数字内容成为主要的增长点。

纵观通信的发展,可以分为三个阶段。第一阶段是语言和文字通信阶段。在这一阶段,通信方式简单,内容单一。第二阶段是电通信阶段。1837年,莫尔斯发明电报机,并设计莫尔斯电报码。1876年,贝尔发明电话机,利用电磁波不仅可以传输文字,还可以传输语音,由此大大加快了通信的发展进程。1895年,马可尼发明无线电设备,从而开创了无线电通信发展的道路。第三阶段是电子信息通信阶段。从总体上看,通信技术实际上就是通信系统和通信网的技术。通信系统是指点对点互通所需的全部设施,而通信网是由许多通信系统组成的多点之间能相互通信的全部设施。

现代通信技术主要包括数字通信技术、程控交换技术、信息传输技术、通信网络技术、数据通信与数据网、ISDN 与 ATM 技术、宽带 IP 技术、接入网与接入技术。

数字通信技术是传输数字信号的通信。通过信源发出的模拟信号经过数字终端的信源编码成为数字信号,终端发出的数字信号,经过信道编码变成适合于信道传输的数字信号,然后由调制解调器把信号调制到系统所使用的数字信道上,再传输到对端,对端经过相反的变换后,信息最终传送到信宿。数字通信以其抗干扰能力强,便于存储、处理和交换等特点,已经成为现代通信网中的最主要的通信技术基础,广泛应用于现代通信网的各种通信系统。

程控交换技术是指人们用专门的电子计算机根据需要把预先编好的程序存入计算机后完成通信中的各种数据在信道之间的交换。程控交换最初是由电话交换技术发展而来的,由当初电话交换的人工转接、自动转接和电子转接发展到现在的程控转接技术,到后来,由于通信业务范围的不断扩大,交换的技术已经不仅仅用于电话交换,还能实现传真、数据、图像通信等的交换。程控数字交换机处理速度快、体积小、容量大、灵活性强、服务功能多,便于改变交换机功能,便于建设智能网,向用户提供更多、更方便的电话服务。随着电信业务从以话音为主向以数据为主转移,交换技术也相应地从传统的电路交换技术逐步转向给予分组的数据交换和宽带交换,以及适应下一代网络基于 IP 的业务综合特点的软交换方向发展。

信息传输技术主要包括光纤通信、数字微波通信、卫星通信、移动通信以及图像通信。

光纤是以光波为载频,以光导纤维为传输介质的一种通信方式,其主要特点是:频带宽,比常用微波频率高 104~105 倍;损耗低,中继距离长;具有抗电磁干扰能力;线径细,重量轻;耐腐蚀,不怕高温等。

数字微波中继通信是指利用波长为 1mm~1m 范围内的电磁波通过中继站传输信号的一种通信方式。其信号可以"再生"、便于数字程控交换机的连接、便于采用大规模集成电路、保密性好、数字微波系统占用频带较宽等优点,因此,虽然数字微波通信只有 20 多年的历史,却与光纤通信、卫星通信一起被国际公认为最有发展前途的三大传输手段。

卫星通信简单而言就是地球上的地面站之间利用人造地球卫星做中继站而进行的通信。其主要特点是:通信距离远,而投资费用和通信距离无关;工作频带宽,通信容量大,适用于多种业务的传输;通信线路稳定可靠;通信质量高等。

早期的通信形式属于固定点之间的通信,随着人类社会的发展,信息传递日益频繁,移动通信正是因为具有信息交流灵活、经济效益明显等优势,得到了迅速的发展。所谓移动通信,就是在运动中实现的通信。其最大的优点是可以在移动的时候进行通信,方便灵活。现在的移动通信系统主要有数字移动通信系统(GSM)和码分多址蜂窝移动通信系统(CDMA)。

通信网络技术,主要分为电话网、支撑网和智能网。电话网是进行交互型话音通信,开放电话业务的电信网。一个完整的电信网除了有以传递信息为主的业务网外,还需要有若干个用以保障业务网正常运行、增强网络功能、提高网络服务质量的支撑网络。支撑网主要包括No.7信令网、数字同步网和电信管理网。而智能网是在原有的网络基础上,为快速、方便、经济、灵活地生成和实现各种电信新业务而建立的附加网络。

在通信领域,信息一般可以分为话音、数据和图像三大类型。数据是具有某种含义的数字信号的组合,如字母、数字和符号等。传输时,这些字母、数字和符号用离散的数字信号逐一表达出来。数据通信就是将这样的数据信号加到数据传输信道上传输,到达接收地点后再正确地恢复出原始发送的数据信息的一种通信方式。其主要特点是:人—机或机—机通信,计算机直接参与通信是数据通信的重要特征;传输的准确性和可靠性要求高;传输速率高;通信持续时间差异大等。而数据通信网是一个由分布在各地的数据终端设备、数据交换设备和数据传输链路所构成的网络,在通信协议的支持下完成数据终端之间的数据传输与数据交换。

数据网是计算机技术与近代通信技术相结合的产物,它集信息采集、传送、存储及处理为一体,并朝着更高级的综合体发展。

纵观通信技术的发展,虽然只有短短的一百多年历史,却发生了翻天覆地的变化,可以说是日新月异。交换由当初的人工转接到后来的电路转接,再到现在的程控交换和分组交换,还有可以作为分组化核心网采用的ATM交换机、软交换机等;用户终端由当初只是单一的固定电话到现在的卫星电话、移动电话、可视电话、IP电话、智能终端等繁多的种类;通信业务由最初单一的话音业务,发展到各种由通信和计算机结合的增值业务。随着第三代通信技术的广泛应用,第四代通信技术的蓬勃发展,人类社会已经步入信息化的社会。

2.1.2 通信技术的发展趋势分析

从网络角度看,电信网将完全基于数字传输,并具备以下几个特征:

①宽带化,即网络从传输段到接入段都呈现宽带化;

②单一网络平台支撑多类业务——包括语音、视频及数据业务;

③多平台和传输网络的共存——包括无线网、电力网、有线电视网、DSL网、3G、WLAN、卫星、数字电视。多平台的存在使得竞争更加激烈,但对用户来说选择权则大大增加。

从业务角度看,电信业务与信息服务的界限更加模糊,而且融合的趋势更趋加快。电信业务的提供方式也呈多元化发展,同样是话音业务,可能是PSTN网提供的,也可能是 internet 传送的，还有可能是从有线电视网络上提供的。话音业务也出现了多媒体的特征，使得话音业务的范围发生了变化。具体说来，电信业务发展具有以下几个特点：

①电信业由以电话为主的通信服务向以数据为主的信息通信服务转移，IP 多媒体通信成为发展方向；

②电信服务与信息服务相融合；

③提供服务的信息形态由单一媒体向多媒体转移；

④服务方式向个性化服务转移；

⑤通信的主体从人与人之间的通信，扩展到人与物、物与物之间的通信，渗透到人们日常生活的方方面面；

⑥移动化、宽带化、IP 化、数字内容成为主要的增长引擎。

2.1.3 通信技术走向分析

1. 从网络发展的总体趋势

(1) 在无线接入网方面，第三代移动通信系统是移动通信的发展方向，WiMAX 技术成为宽带接入技术的一个热点，同时无线接入技术均朝着高数据速率、高性能、低比特成本、高移动性、大区域覆盖的方向发展。

(2) 固定接入网的未来发展趋势是通过宽带接入 xDSL 和 PON 技术、宽窄带综合接入技术来实现高带宽、多业务的公共接入平台。

(3) 在传送网中，分别通过自动光交换光网络、超长距离传输系统、超密集波分复用系统、多业务传送平台等技术实现传输网的智能化、长距离、高速率和多业务传送。

(4) 交换网将向着业务与控制相分离、呼叫控制与承载控制相分离的方向发展；分组网的发展趋势是通过 IPv6、MPLS、QoS 等技术实现 IP 承载网的可扩展性、可管理性、服务质量与安全。

2. 接入层关键技术发展趋势

网络的接入层面继续呈现出多种技术共存、新兴技术不断涌现的局面，并呈现出以下特点：

①支持的带宽将继续提高；

②支持的接入距离将继续增大；

③终端移动性进一步增加，无线接入成为发展热点；

④对用户数据安全传送更加关注；

⑤光纤接入将领导固定宽带接入技术潮流；

⑥技术融合趋势加剧。

(1) 移动通信技术

第三代移动通信系统(3G)在我国已经普遍使用，与 2G 和 4G 网络共存。3G 的三大主流标准,包括 WCDMA、CDMA2000 和 TD-SCDMA 在我国移动通信市场占据着重要的地位。

第三代移动通信系统的主要特征是可提供丰富多彩的移动多媒体业务,其传输速率在高速移动环境中支持 144kb/s,慢速移动环境中支持 384kb/s,静止状态下支持 2Mb/s。其目标是为了提供比第二代系统更大的系统容量、更好的通信质量。在市场需求的不断推动下,3G 增强型技术,包括 HSDPA/HSUPA 的成熟,极大提高了 3G 系统的上下行数据承载能力以及系统的数据承载效率。而作为 B3G 的关键技术,包括正交频分复用(OFDM)、多入多出(MIMO)天线系统、自适应调制与编码(AMC)、自适应复合 ARQ 的不断发展,为 B3G 系统走向商用奠定了重要基础。

第四代移动通信技术一般称为 4G,包括两种制式,分别是 TD-LTE 和 FDD-LTE,能够快速传输数据,高质量音频、视频和图像等。4G 能够以 100Mbps 以上的速度下载,比目前的家用宽带 ADSL(4 兆)快 25 倍,并能够满足几乎所有用户对于无线服务的要求。此外,4G 可以在 DSL 和有线电视调制解调器没有覆盖的地方部署,然后再扩展到整个地区。很明显,4G 有着不可比拟的优越性。

第四代移动通信系统的关键技术包括新的调制技术(如多载波正交频分复用调制技术以及单载波自适应均衡技术等调制方式)、高性能的接收机、智能天线技术、MIMO 技术、软件无线电技术、基于 IP 的核心网、多用户检测技术等。

第五代移动通信技术,一般称为 5G,是 4G 之后的延伸,正在研究中,网速可达 5M/s~6M/s。和 4G 相比,5G 的提升是全方位的,按照 3GPP 的定义,5G 具备高性能、低延迟与高容量的特性,而这些优点主要体现在毫米波、小基站、Massive MIMO、全双工以及波束成形这五大技术上。5G 不仅将进一步提升用户的网络体验,同时还将满足未来万物互联的应用需求。

(2)宽带无线接入技术

宽带无线接入技术发展和应用的热点问题主要体现在 WLAN 的安全机制改进、下一代无线局域网标准的提出、适合局域环境的超宽带接入技术 UWB 和适合城域宽带的接入技术 WiMAX 的迅速发展。

WiMAX 基于 IEEE802.16 标准,相对于 WLAN 的不同主要在于:WLAN 解决无线局域网问题,而 WiMAX 主要解决无线城域网问题。WiMAX 的优势主要体现在这一技术集成了 WiFi 无线接入技术的移动性与灵活性以及 xDSL 等基于线缆的传统宽带接入技术的高带宽特性,但与 3G 相比,其无论技术自身角度(广域漫游、安全特性、终端便携能力等移动特性欠缺),还是实时业务和话音业务支持能力、标准成熟度、产业规模以及技术和设备成熟性等都难以与 3G 抗衡。

(3)UWB 等短距离无线技术

超宽带 UWB(Ultra-wideband)是时域数据传输技术,它完全摆脱了一般无线收发中必须采用载波调制的传统手段,成为在时域中直接操作的无线技术,具有高速率、低成本、低功耗的显著特性,也将在无线通信领域占一席之地,主要应用于高速、短距离无线通信,由于其高速、窄覆盖的特点,很适合组建家庭的高速信息网络,对蓝牙技术具有一定冲击,但对当前移动技术、WLAN 冲击不大,甚至可成为其良好的能力补充。

(4) xDSL 技术

数字用户线(xDSL)是美国贝尔通信研究所于 1989 年为推动视频点播(VOD)业务开发出的用户线高速传输技术。随着时间的推移,xDSL 已经为人们所熟悉,它分成 HDSL(高比特率 DSL)、ADSL(非对称 DSL)、RDSL(速率自适应 DSL)、VDSL(甚高速 DSL),特别是 ADSL 技术,不断得到用户和电信运营商的认可。从基于 ATM 的 DSLAM 技术向基于 IP 的 DSLAM 技术演进是当今全球电信市场最重要的发展趋势之一。而视频业务的出现是 ADSL 技术向基于 IP 的 DSLAM 演进的一个关键驱动因素。因此,ADSL 在发展过程中逐步向 VDSL 演进。目前,随着光纤宽带接入网(如 FTTH 技术)的发展,ADSL 已经逐步退出历史舞台,但仍会在一定时期内保留一定的用户。

(5) 宽带 PON 技术

宽带 PON 技术主要包括基于 ATM 的 APON、基于以太网的 EPON 及具有 Gbit/s 传送能力的 GPON。由于 APON 技术较为复杂、速率有限,未来宽带 PON 技术将在 EPON 和 GPON 间抉择。EPON 采用点到多点结构、无源光纤传输方式,下行速率目前可达到 10Gbit/s,上行以突发的以太网包方式发送数据流。EPON 技术相对成熟,成本低,在目前更适于提供光纤接入解决方案。GPON 除了支持更高的速率之外,还以很高的效率支持多种业务,提供丰富的 OAM&P 功能和良好的扩展性,这决定了其在未来光纤接入网中有较好的发展前景。

3. 传送层关键技术发展趋势

(1) 传送网技术

在传送网层面,全光网、智能化是发展趋势。光传送网向着增大容量、支持多业务、增加网络智能、开放网络接口等方向发展,在核心层上,将实现 IP 层与光传送层的融合。从目前市场需求看,未来几年 MSTP 技术将成为城域网的主角,ASON 是未来光骨干网的发展方向,但其应用将是一个渐进的发展过程。

(2) 自动交换光网络技术

自动交换光网络(ASON)是下一代光网络重点发展方向之一。ASON 一直致力于大容量、高带宽、长距离的传输。

在传送平面的线路传输技术方面:OTN、分组传送网、多窗口的 WDM 系统、ROADM 和 OXC 等技术是未来发展的方向。在节点交换技术方面,未来将向 OTN 交换过渡,同时可能出现波长级别的交换。

ASON 在控制平面的发展:GMPLS 协议具有从分组一直到波长和光纤级别的控制

能力,从目前 VC 级别的控制能力逐步延伸和扩展到更大颗粒的波长与更小颗粒的分组。

在管理平面,ASON 提供端到端的网络管理能力,使得资源可控制、可管理和可规划,同时更要进一步提升用户体验。ASON 在光传输网络中引入资源动态管理功能,可实现网络拓扑结构自动发现、点对点电路配置、带宽动态分配等。

(3)城域网技术

MSTP 在传统 SDH 的基础上,通过支持 IP/ATM 等多业务处理,正逐渐成为城域网建设的主流技术。它可以灵活有效地支持分组数据业务,增强业务拓展能力,降低成本,有助于实现从电路交换网向分组网的过渡。新一代 MSTP 技术最明显的特点是引入了 RPR overSDH,甚至引入 MPLS 保证 QoS 和解决接入带宽公平性的问题,最终 MSTP 的演化趋势需要由市场来决定。

应用于城域环境的 WDM 系统,在具有大容量特点的同时,还具有组网灵活、易扩展、低成本和易管理等优点。城域网 WDM 将逐步演进为 OADM 光自愈环,最终引入 OXC 互联大量的光自愈环形成光网状网结构,从而带来网状网结构的大量好处。

城域以太网采用与 IP 一致的以太网帧结构,形成从局域网、接入网、城域网到广域网一致的以太网结构。

(4)波分复用技术

光交叉连接(OXC)和光分插复用(OADM)把交叉连接和分插复用的等级从电信号上升到直接以光信号的形式进行,极大地提高了传送网的交换能力;ULH(超长距离传输)系统不采用电再生中继,大大减少了光/电转换次数,从而降低了网络建设和运营成本,提高了系统的传输质量和业务的可靠性。未来用 ULH+OADM 组网将是主要趋势。

(5)IP 网技术

全 IP 网络是下一代网络的一个主要发展方向,基于 IPv4 的互联网将逐渐向以 IPv6 为基础的下一代互联网演进。

MPLS 作为 IP 领域的一个分支,将在未来数据网络的发展和融合中起关键作用。

IP QoS 问题的解决是网络融合的基础和保证。

IP 网向可运营可管理的电信承载网络发展,逐步引入承载控制层以及服务质量管理和测量技术。

(6)IPv6 技术

IPv6 是一个新版的网络层协议,相对于 IPv4 有地址空间大,支持地址自动配置,在安全、服务质量方面有一定的改进等优点。由于地址空间扩大以及移动性管理的引入,IPv6 可以更好地支持多媒体会话等移动业务。

IPv6 引入的主要推动力来自地址缺乏但整体业务及市场发展快速的国家,如中、日、韩等。从 IPv4 到 IPv6 的演进机制包括双栈技术、隧道技术以及协议转换技术。具体实施过程中需要遵循用户透明、业务驱动、简单易行等原则,并根据具体的网络状况和业务需求采取针对性的过渡方式。可以预见,在未来很长的一段时间内,IP 网络处在 IPv4 和 IPv6 共存的时代,两者的互通和逐步演进将是一个长久的课题。

(7) MPLS 技术

多协议标志交换(MPLS)技术更好地将 IP 与 ATM 的高速交换技术结合了起来,发挥了两者的优势,充分利用了目前 ATM 网络的各种资源,实现了 IP 分组的快速转发交换,对传统的 IP 动态路由进行了一些扩展,基于控制的动态路由实现了 IP 业务流量控制、虚拟专网应用(BGP/MPLS VPN)及 IP 级的服务质量(IP Qos)。多协议标志交换(MPLS)技术在控制平面上由第三层路由协议负责建立路径,而在转发平面上则利用第二层的标记交换通路转发数据分组,综合了三层无连接和二层快速交换的优点。目前 MPLS 的路由控制、MPLS QoS、MPLSTE 以及三层 MPLSVPN 都已经成熟并逐步得到应用。在未来几年,基于网络融合、业务发展等的需要,MPLS 还将在二层 MPLSVPN、MPLS 及其 VPN 上的组播等技术上逐步取得突破,使得自身进一步完善。

(8) QoS 技术

在 IP QoS 体系中,集成服务面向流,基于资源预留,提供端到端服务质量保证,复杂度很高;而区分服务通过适当的流分类和优先级处理来提供相对的服务质量保证,由于其相对简单,具有可扩展性、可操作及可部署能力而成为主流的一种 IP QoS 体系结构。

具体的实施中,各种 QoS 技术(如区分服务、流量工程等)需要协调工作。大致的一个思路是网络层面上,当全局拥塞时通过增加带宽来解决,而局部拥塞则通过流量工程做负载均衡;业务层面上,通过不同的服务对不同的业务进行区分,并提供不同的服务等级;在层间互通和映射上,加强应用层和网络层以及链路层的映射和匹配,注重排队、调度、拥塞、流量控制机制的应用。

结合全 IP 网络的发展趋势,业务的多样化及其重要程度的增加将使得 IP QoS 技术在大规模运营网络中变得不可或缺,可以预见,具体被采用的技术仍将符合简单、可扩展性强的特点。

(9) IP 电信网

在现有 IP 网络基础上,通过增强承载控制功能,补充必要的网络控制信令,实现业务控制层、承载控制层和承载层的信息交互,以保证业务的端到端服务质量。另外还需要加强现有 IP 网络的可运营性和可管理性,增强 IP 网络上业务和网络的性能测量技术,实现单一网络上对多业务的用户管理和业务管理,实现业务的呼叫控制、计费等功能。

IP 电信网是在传统承载网 QoS 技术上的一种扩展和增强,增加了复杂性,但也进一步迎合了运营商对于业务和网络可运营、可管理的需求。其发展趋势将主要取决于业务网络的需求,其突破点在于一些主要提供高质量实时业务、面向高端用户的运营商网络。

4. 控制层关键技术发展趋势

交换网将向着业务与控制相分离、呼叫控制与承载控制相分离的方向发展;网络进行融合,尤其是固定网络和移动网络在承载控制等方面实现融合,体现为控制设备的融合、采用统一控制协议;IMS(IP多媒体子系统)作为网络融合的基础平台,是未来核心网的发展方向。

(1)软交换技术

软交换技术是网络演进以及下一代分组网络的核心技术之一,它独立于传送网络,主要完成呼叫控制、资源分配、协议处理、路由、认证、计费等主要功能,同时可以向用户提供现有电路交换机所能提供的所有业务,并向第三方提供可编程能力。软交换技术具有开放的体系架构,它基于分组传输技术,能够提供多种接入方式,可以提供语音、多媒体等多种实时业务。从技术发展趋势来看,电路交换将向以分组技术为基础的软交换演进。不过,这种演进不会是一蹴而就的,在较长时间内电话交换网仍将与软交换网络共存。

(2)BICC协议

在软交换应用中,BICC协议处于分层体系结构中的呼叫控制层,提供不同软交换之间呼叫接续的支持。采用BICC体系架构时,可以使所有现在的功能保持不变,如号码和路由分析等,仍然使用路由概念。BICC是在ISUP基础上发展起来的,在语音业务支持方面比较成熟,能够支持以前窄带所有的语音业务、补充业务和数据业务等,但BICC协议复杂,可扩展性差。在无线3G应用中,BICC协议处于3GPPR4电路域核心网的Nc接口,提供了对(G)MSCServer之间呼叫接续的支持。

(3)SIP协议

SIP协议(会话初始协议)可用于软交换网络和IMS系统中多媒体会话的建立以及各种会话的控制。在软交换中的宽带域部分,SIP可提供各类多媒体和与internet结合业务的会话建立与控制。由于SIP的简单性、可扩展性和可用性,IMS也使用SIP协议来完成语音和多媒体呼叫。相对而言,SIP协议在语音业务方面没有BICC成熟,但它能支持较强的多媒体业务,扩展性好,根据不同的应用,可对其进行相应的扩展。

随着网络融合的逐步演进,SIP协议将发挥日益重要的作用:可应用于移动、固定等多种网络环境,适用于语音、数据、视频、多媒体等多种会话类型,适合于多种交互模式,易于开发业务和第三方开放。

(4)用户数据集中管理技术

解决用户和业务融合的关键在于,在任一网络中接入用户,都可以即时得到该用户的签约数据,从而当前网络可为用户提供相应的业务和服务。目前对该问题的解决有以下方式。

①分布式解决方案：各网络有各自的用户数据存储实体。由于各网络数据存储实体的接口协议不同，而且某些网络中用户数据分散存储，给网络之间的互通造成了很多的困难。

②综合智能网/综合业务平台方案：在原有智能网的基础上引入综合业务控制点和综合业务交换点，为多个网络（PSTN/GSM/WCDMA）的用户提供综合、统一的业务。综合业务平台采用 OSA 开放业务结构来实现，较适用于新型多媒体业务和第三方业务的提供。本方案可以解决跨网络融合业务的问题，如综合 VPN。

③综合 HLR 方案：在融合网络中需要类似移动 HLR 的功能实体，以提供用户位置的寄存和访问能力，同时提供漫游用户的签约信息和业务信息，供网络判断该用户呼叫的下一步处理和接续方式。

在上述方案中，分布式方案未能体现网络融合的特点和优势，可在网络建设初期暂时采用。综合智能网/综合业务平台实现了业务的融合，综合 HLR 实现了用户的融合，两者可互相结合，在不同层面上发挥其功能。

(5) IMS 技术

IMS 技术即 IP 多媒体子系统技术。IMS 通过基于 IP 的网络来控制语音、多媒体的呼叫和会话以及与其他网络（如 PSTN、UMTS）的互联，从而支持多媒体业务。IMS 的目的是建立与接入无关、能被移动网络与固定网络共用的融合核心网。其概念最早是在移动网中提出，但实际也与固网宽带软交换功能相对应，成为未来核心网的发展方向。

IMS 目前还存在如下问题：IMS 需要考虑到各种固定和移动接入网络的特征，同时避免和现网的机制发生冲突；在业务融合方面，IMS 仍不是完备的分组业务网技术体系。另，由于涉及承载层、QOS、安全、地址不够、用户管理、业务管理、监管合法监听都是需要进一步考虑的问题。未来固网软交换与 IMS 的融合发展有如下趋势：现阶段仍以同时具备宽窄带功能的固定软交换网络为主，未来宽带软交换功能逐步为 IMS 所替代，窄带软交换功能逐渐弱化消失；在向下一代网络的演进过程中，IMS 与窄带软交换将长期共存。

(6) SDN 技术

软件定义网络（Software Defined Network，SDN）改变了传统网络架构的控制模式，将网络分为控制层（Control Plane）和数据层（Data Plane）。网络的管理权限交给了控制层的控制器软件，通过 OpenFlow 传输通道，统一下达命令给数据层设备。数据层设备仅依靠控制层的命令转发数据包。由于 SDN 的开放性，第三方也可以开发相应的应用置于控制层内，使得网络资源的调配更加灵活。网管人员只需通过控制器下达命令至数据层设备即可，无须一一登录设备，节省了人力成本，提高了效率。SDN 技术极大地推动了网络虚拟化的发展进程。

SDN 有三种主流实现方式，分别是 OpenFlow 组织主导的开源软件（包括 Google，

IBM、Citrix 等公司支持)、思科主导的应用中心基础设施(Application CentricInfrastructure,ACI),以及 VMware 主导的 NSX。

5. 应用层关键技术发展趋势

未来几年,业务将向多媒体化、个性化、多元化和智能化方向发展;未来几年,业务体系将呈现分布式控制、开放式控制、业务提供和网络运营分离、支持网络业务的融合、完善的安全保护等特征。

(1)OSA 业务架构

开放的架构是未来业务提供的基本特征,OSA 业务体系架构是未来网络业务架构的发展目标,它是采取一种开放、标准、统一的编程接口,用于快速部署业务的开放业务平台,不但包括业务接口,还包括体系结构及 Parlay 至移动网络协议的映射,成为实现固定和移动 NGN 应用层融合的技术基础,它也将成为未来主流的业务架构体系。

(2)P2P 的分布式技术

随着 IP 互联网的普及应用,传统客户机/服务器的业务模式受到挑战,已逐渐将客户机/服务器模式推向边缘。未来几年,服务器/客户机之间的主/从通信将越来越向着分布式的 P2P 对等方式发展,这将对传统电信运营商产生巨大挑战。

(3)通用移动性

VHE 提供跨网络、跨终端的用户业务一致性,定义了"个人业务环境"(PSE)的概念,允许 PSE 在网络之间及终端之间具有可移动性,即在任何位置、任何网络、使用任何终端的情况下,都能向用户呈现相同的业务特征、用户接口和业务。PSE 是一系列签约业务、业务参数选择和终端接口参数选择的集合。根据 VHE 的概念,业务提供和网络运营可以分离,允许业务由不提供归属网络呼叫处理能力的网络来提供。

(4)移动互联网

移动互联网(MobileInternet,简称 MI)是一种通过智能移动终端,采用移动无线通信方式获取业务和服务的新兴业务。移动互联网支持多种无线接入方式,根据覆盖范围的不同,可分无线个域网(WPAN)接入、无线局域网(WLAN)接入、无线城域网(WMAN)接入和无线广域网(WWAN)接入,各种技术客观上存在部分功能重叠以及相互补充、相互促进的关系,具有不同的市场定位。WPAN 主要用于家庭网络等个人区域网场合;WLAN 主要用于商务休闲和企业、校园等网络环境;WMAN 是一种适合于城域接入的技术;WWAN 是利用现有移动通信网络实现互联网接入,具有网络覆盖范围广、支持高速移动性、用户接入方便等优点。

6. 支撑层关键技术发展趋势

(1)网管系统

网管系统朝着集中性的维护管理和面向用户的可管理系统发展,朝着跨专业的综合化网络管理方向发展,朝着面向业务和运维流程的网络管理发展。

(2)计费系统

计费系统已从被动的后台系统发展成为在提供服务、获得收益以及降低成本方面占据更主动地位的角色,在未来的几年里,发展趋势如下:

随着"内容增值服务"对运营商日益重要,"内容计费"领域渐成热点;采用具有分散采集预处理体系结构的平台,以减少业务综合性带来的计费信息采集和处理的数据量;电信营业账务系统向综合业务平台方向发展,以适应电信业务的集成化和多关联性特点;借鉴移动预付费话音业务的成功,将后付费模式引入数据业务中。

7. 终端和用户卡发展趋势

终端呈现出了综合化、智能化和多媒体化的发展趋势。人与人的通信将扩展到人与机器、机器与机器的通信。终端概念也在逐步扩展,除传统的通信终端外,智能家电等也将成为一种新的通信终端。终端将是多种功能和技术的集合:电话、照相机、摄像机、电视机、MP3、CD、信用卡、RFID……从未来发展趋势看,用户卡向大容量、高安全性、综合性发展,卡内能存储更多的用户信息,为电子商务的开展提供了基础条件。

2.2 通信类专业的职业特点

2.2.1 通信类专业的典型职业工作

通信产业链包括通信设备制造商、通信建设施工商、通信运营商、通信设备供应商、内容提供商、通信代维服务商、终端供应商和消费用户。随着计算机网络、通信网络的不断融合,整个产业链还在不断地进行细分,产业分工更加细化,新的相关主体不断涌现,形成了包括支撑技术提供商、网络设备制造商、应用开发/提供商、应用聚集商、内容开发/提供商、内容聚集商、虚拟运营商、应用平台提供商、IP网络运营商和接入网络运营商等众多的主体。这些主体之间的关系也由传统的简单上下游供应关系,逐步演变为平等的伙伴关系,特别是内容提供商与通信运营商,他们是共同面对终端用户。

在整个通信产业链上,在不同的岗位对人才提出了不同的需求。总的来说,通信运营企业的前端、管控和后端对人才的需求整体呈现倒金字塔型,需求大量一线从事操作、维护和服务的人员。通信类专业中等职业、高等职业人才在通信产业链中均可找到属于自己的位置。

1. 按照技术分类,通信类专业职业人才能够从事的典型职业工作

(1)移动通信系统中基站的建设与维护

在移动通信系统方面,中国联通、中国移动公司的网络覆盖已经达到了很高的程度,中国联通公司号称其网络覆盖率已经达到98%,中国移动公司更称在塔克拉玛干核心地带、珠穆朗玛峰都有移动信号覆盖。这说明2G和2.5G的GSM基站、CDMA基站除

了少数的地带没有覆盖以外,移动信号基本覆盖了全国。在 GSM、CDMA 基站的建设已经基本完成的情况下,基站的日常管理和维护就变得十分重要,它是移动通信系统稳定工作的基础,是移动通信运营商为用户提供优质移动业务的前提。通信类专业职业院校的学生具备从事基站日常巡查维护工作的能力。

同时随着 4G 业务的推广应用,新成立的铁塔公司已经在大规模地进行 4G 基站的建设。移动通信基站建设方面,通信类专业的职业人才能够从事基站天馈系统、基站电源设备的安装工作。

(2)光纤通信线路施工与维护

由于中国电信、移动和联通等运营商每年有大量的基础建设投入,特别是光纤到户、光纤进大楼,以及智能化楼宇的推广,光纤通信施工与维护工作不可或缺。通信类专业职业人才能够从事光纤施工和基本维护工作。

(3)宽带安装与服务

通信网络从传输段到接入段都呈现宽带化,为用户提供了更快的传输速度、更大的传输量,进一步缩短了与世界的距离。随着宽带业务需求量的日益增长,宽带安装与服务成了通信业务拓展和质量中的重要部分。通信类专业职业人才具备从事宽带安装与服务工作的能力。

(4)通信动力设备安装与维护

通信类专业职业人才可以从事通信系统供电设备、空调设备的安装、调测、检修、维护以及障碍处理等工作。

(5)通信工程设计与监理

在通信工程设计方面,从事通信线路及相关有线通信工程、动力及配套专业的机房、基站建设工程、室内分布系统,以及移动通信、WLAN 及相关无线通信工程的勘察和设计工作,完成通信工程的概预算编制,工程建设资料收集整理。

通信工程监理方面负责监督、管理承建单位按图施工,办理工程变更及洽商,负责按规范对工程进行验收,完成监理日志、监理月报编制,做好进场材料、设备、构配件的原始凭证、检测报告等核查,完成工程计量等质量工作。

(6)通信网运维

从事无线网络维护监控,主要对地区无线网络进行日常监控,对无线网络的网管系统维护和故障处理;从事传输网络监控,对地区传输网络的日常监控,传输网络的网管系统的维护和故障处理,以及数据网络维护和故障排除工作。移动通信网核心交换网设备调测、维护及系统升级,网络数据配置、运行环境安全检查。

(7)网络优化工作

从事网络日常优化,主要围绕完善网络覆盖、均衡网络容量、提升网络质量的目标,进行网络性能分析、网络性能监控、日常生产测试、测试问题点分析处理等。对无线网络进行规划,编制无线网络优化方案,实施无线网络优化。

2. 按照通信企业分类,通信类专业职业院校学生可以从事的典型职业

(1)在通信设备制造商,如手机制造企业、各类通信设备制造企业等,在生产一线承担具体的生产操作工作,以及生产现场的技术管理。

(2)在通信建设施工企业,如通信建设公司从事线路设计、施工监理、监理或综合布线系统施工等工作。

(3)在通信运营商,如中国电信、中国移动、中国联通等通信运营企业,从事机房值守、宽窄带的装移维、通信终端的维护和营业厅营业,以及社区经理、政企客户经理等工作。

(4)在通信代维服务商,如各类通信代维企业从事基站巡查维护、光纤和线路维护等工作。

3. 按照前端营销服务类岗位分,通信类专业职业人才能够从事的典型职业工作

(1)市场营销工作

主要从事柜面各项电信业务受理、宣传和推广;现场办理各类电信业务,现场接受用户的咨询;电信业务和产品的体验式、主动营销;政企客户产品的设计与研发,制订试点方案和实施计划,试点组织和跟踪,制定新产品新业务的运营维护流程。

(2)客户服务类岗位

呼叫中心客户服务人员,针对客户进行个人电话外呼,完成客户资料核实、业务活动通知、产品续订、新产品推广与产品营销、客户回访等;为客户提供电信障碍受理、处理等电话在线指导服务工作;电信产品和业务推介、咨询受理、异议处理等。

2.2.2　通信类专业的典型工作任务

根据通信类专业的职业岗位分析,分析其典型工作任务

1. 客户服务方面的典型工作任务

(1)电话查询、酒店预订、医院挂号等多种综合业务为主的话务服务;

(2)业务障碍受理、处理等电话在线指导服务;

(3)产品和业务推介、咨询受理、异议处理等;

(4)服务质量管理,客户满意度的管理。

2. 营销服务方面的典型工作任务

(1)办理各类电信业务;

(2)接受用户的业务咨询;

(3)报表的统计、上报工作;

(4)电信业务和产品的营销;

(5)政企客户营销策略和营销方案制定;

(6)政企客户产品的设计与研发;

(7)新产品、新业务的运营维护流程。

3. 设备制造与维修方面的典型工作任务

(1)板件生产、组装、调试;

(2)通信设备(手机、交换机等)的生产;

(3)固定电话的维修；

(4)移动电话的维修。

4. 光缆线路施工与维护方面的典型工作任务

(1)光缆选型、配盘；

(2)光缆敷设；

(3)光缆接续；

(4)光缆线路测试；

(5)光缆线路故障处理。

5. 宽带安装与服务方面的典型工作任务

(1)宽带安装

①网线制作、测试；

②用户线路测试；

③宽带的安装。

(2)宽带的维护

①宽带的故障处理；

②网络操作系统安装与配置；

③使用管理系统进行数据查询和统计；

④网络性能分析和质量评估；

⑤网络数据采集汇总、处理，形成数据库；

⑥网络设备进行日常维护、测试、查找、判断和排除故障；

⑦交换机系统的操作和维护。

6. 无线基站建设与维护方面的典型工作任务

(1)移动基站建设施工；

(2)移动基站测试；

(3)移动基站的巡查；

(4)移动基站故障处理；

(5)天馈系统的安装；

(6)天馈系统的测试；

(7)工程文件的识读；

(8)通信工程资料整理和管理；

(9)传输设备安装与调试。

7. 通信工程设计方面的典型工作任务

(1)通信线路及相关有线通信工程勘察、设计；

(2)移动通信、WLAN 及相关无线通信工程勘察设计；

(3)动力及配套专业的机房勘察设计；

(4)基站建设工程勘察设计；

(5)编制工程概预算。

8. 通信工程监理方面的典型工作任务
(1)监督、管理承建单位按图施工,办理工程变更及洽商;
(2)按规范对工程进行验收;
(3)编制监理日志、监理月报;
(4)核查进场材料、设备、构配件的原始凭证、检测报告等质量证明文件;
(5)工程计量。

9. 通信运维方面的典型工作任务
(1)对地区无线网络的日常监控;
(2)无线网络的网管系统维护和故障处理;
(3)对地区传输网络的日常监控;
(4)传输网络的网管系统的维护和故障处理;
(5)数据网络维护。

10. 网络优化方面的典型工作任务
(1)对无线网络进行规划;
(2)编制无线网络优化方案;
(3)实施无线网络优化;
(4)移动通信网核心交换网设备调测、维护及系统升级;
(5)网络数据配置,运行环境安全检查。

2.2.3 企业的主要岗位群和典型工作任务

对于不同层次的学校的毕业生,毕业后从事的工作有很大的不同。

1. 职教师资本科学生
(1)中职教师:可以担任通信工程、电子信息和电子技术等相关专业的专业课程和实训课程的教学工作。
(2)研发人员:可以到通信、电子和通信产品等行业、企业的研发机构,从事研发电子通信设备、电子信息产品。比如通信基站设备、手机、电脑等电子信息产品的研发。
(3)高端产品售前售后:比如华为的基站维护。

2. 普通本科学生
(1)研发人员:可以到各研发机构研发电子通信设备,比如手机、电脑等。
(2)高端产品售前售后:比如华为的基站维护。

3. 高职专科学生
(1)网络建设领域:主要对通信网络进行规划、设计、施工等方面的具体要求予以实施,主要包含的岗位群为网络规划与设计类岗位群、网络施工类岗位群、工程管理与监理类岗位群等。
(2)网络维护领域:主要针对通信承载网络(包括传输网络与管线、数据网络等)、接入网络(无线接入网络、有线接入网络)、网络能源与动力配套、客户端装维等方面进行生产活动,主要包含的岗位群为客户端装维类岗位群、承载网维护类岗位群、接入网维护类岗位群、动力配套类维护岗位群等。

(3)无线网络优化领域:作为较特殊的一个领域,主要从事移动无线网络优化方面的工作,主要包括路测类和分析类两大岗位群。

(4)建设类岗位群:设计类,施工类,监理类。

(5)运维类岗位群:无线接入网维护类岗位群,有线宽带接入网维护类岗位群,承载网络维护类岗位群。

(6)网络优化类岗位群:无线网络优化类岗位群。

4. 中职学生

(1)产品营销:主要是消费类电子产品,比如手机、Pad、电脑等。

(2)产品生产:主要是在生产线上,但通常不是纯体力劳动。

(3)产品检测:利用仪器对产品的合规性进行检查。

(4)产品维修:主要是消费类电子产品,比如手机、Pad、电脑等。

(5)通信服务:话务员。

(6)信息服务。

2.2.4 通信行业职业(工种)与企业岗位对应

通信行业的职业可以按照工种进行划分,通信企业根据公司的实际设置岗位,一般情况下可将通信行业职业(工种)与企业岗位按照表2.1进行对应。

表2.1 通信行业职业(工种)与企业岗位对照表

职业名称	工种名称	工种定义	主要从事工作内容	企业对应岗位	备注
电信营业员	电信业务营业员	在电信业务窗口直接面对客户从事电信业务咨询、受理、投诉、账务处理、营销服务、客户体验、新业务宣传和企业形象展示等工作的服务人员	1.受理固定电话用户的安装、过户、拆迁等业务 2.受理移动通信用户业务申请、业务变更等业务 3.受理各种数据通信业务申请、业务变更等业务 4.电信营业账务处理和费用结算 5.受理各种电信业务咨询 6.开展营业厅业务演示 7.处理电信用户投诉 8.合作营业厅运营督导 9.网上营业厅运营分析等	营业厅业务咨询、业务演示、业务管理、营业代表、营业稽核、营业销售代表、欠费催缴	运营企业实行全业务经营,电信业务营业员与移动通信营业员两个工种合并统称电信营业员
	移动通信营业员				并入电信营业员

（续表）

职业名称	工种名称	工种定义	主要从事工作内容	企业对应岗位	备注
电信业务员	电信客户业务经理	从事市场分析与预算、营销策划和业务管理的人员	1.进行市场调研和开发，预测市场需求 2.确定营销策略，选择目标市场 3.经营分析 4.制订业务推广计划 5.营销渠道规划和管理 6.服务质量监督管理	经营分析与预算、营销策划、品牌管理、流程管理、服务管理、渠道管理	因电信工种分类目前无法改动，针对企业实际，电信业务员主要从事三方面的工作，分别是：1.市场策划；2.业务营销；3.业务支撑。故对电信业务员按三个模块考核，可在证书上按照上面三个模块做标注
		从事电信业务宣传推广、业务促销和揽收受理的人员	1.进行业务宣传推广，开展业务促销 2.拜访与接待客户，提供咨询服务 3.进行业务演示，指导客户合理使用各类电信服务 4.进行业务揽收及受理 5.客户关系管理	行业经理、客户经理、销售经理、VIP客户服务经理、农村信息服务员、商务拓展经理、项目经理、商务经理	
		从事电信业务技术支撑和服务的人员	1.分析各行业的通信需求特点，制订行业整体解决方案 2.了解用户通信需求，制订客户个性化技术解决方案 3.对各类营销政策、促销活动等涉及客户服务工作的相关信息分类管理并动态维护业务知识库	售前支持、客户工程师、销售服务支撑、服务知识库管理、业务培训支撑、销售服务支撑	
	电信大客户业务管理员				并入电信客户业务经理
	电信客户服务经理				并入电信客户业务经理
	移动电话业务员				并入电信客户业务经理
	固定电话业务员				并入电信客户业务经理

（续表）

职业名称	工种名称	工种定义	主要从事工作内容	企业对应岗位	备注
话务员	话务员	通过电话呼叫平台为客户提供电话号码查询、电信业务咨询、业务受理、客户投诉、客户回访、电话营销服务工作的人员	1.为客户提供单位电话号码查询服务 2.通过电话受理客户电信资费、新业务、产品使用方法、办理业务流程、服务质量标准、优惠促销活动、客户服务网点等电信业务咨询工作 3.通过电话为客户办理电信业务，增加、变更或取消产品服务，客户信息修改等工作 4.通过电话受理客户使用电信业务查询工作，如客户费用信息、话费通知、欠费提醒、余额不足提醒等 5.受理并处理客户在使用电信业务过程中对有关通信费用、服务质量、通信质量等方面的投诉或建议 6.定期完成客户回访工作 7.通过主动联系客户，及时准确将电信产品、服务、促销等信息传递给客户，并促成客户订购，有计划地开展电话营销工作等	信息客服代表、服务质量监督、客户投诉管理、在线服务工程师	
	查号话务员				并入话务员
	电信服务话务员	通过电话从事信息服务工作的人员	1.为用户提供信息业务咨询并办理信息服务业务 2.开展主动性营销 3.收集和反馈客户信息 4.服务质量监听分析并提出持续改进计划 5.开展客户回访并进行服务质量评估	呼叫中心	

（续表）

职业名称	工种名称	工种定义	主要从事工作内容	企业对应岗位	备注
电报业务员	报务员				鉴定人员极少，新的标准修订未对此职业进行修订
	国际报务员				
	电报投递员				
电信机务员	卫星地球站机务员				并入移动通信机务员
	移动通信机务员	从事移动、卫星、小灵通通信设备的安装、维护、值机、调测、检修、障碍处理等工作的人员	1.维护移动、卫星、小灵通通信网络中的设备，进行规程规定的年、季、月、日维护工作 2.开通测试业务电路 3.判明障碍段落，修复障碍，抢通链、电路 4.根据话务量分析进行移动网络优化 5.运用监控系统统计、分析改善移动通信网络质量 6.进行天馈线系统日常维护和优化	移动交换机务、基站维护机务、移动网优机务，专业管理（无线网络维护管理、应急通信管理），技术支撑（无线系统网优）、远程维护（无线常规网优）、现场维护（设备现场维护、无线现场网优）	电信机务员主要从事传输、交换、数据、无线四方面工作内容，由于现有工种分类无法修改，故在鉴定过程中对已有的13个工种进行整合
	光通信机务员	从事光通信传输设备安装、维护、值机、调测、检修、障碍处理等工作的人员	1.维护光通信网络中的传输设备，进行规程规定的年、季、月、日维护工作 2.按期开通测试传输链、电路 3.判明障碍段落，修复障碍，抢通链、电路 4.定期测试传输线路、各类接口 5.实时进行业务电路数据配置修改 6.维护及运用监控系统进行统计、分析传输质量	光传输设备维护、专业管理（网络组织技术管理、承载网络维护管理、接入网络维护管理），技术支撑（网络组织技术支撑、承载网络维护支撑、接入网络维护支撑、客户服务技术支撑）、远程维护（数据配置）	归入电信机务员传输专业

(续表)

职业名称	工种名称	工种定义	主要从事工作内容	企业对应岗位	备注
电信机务员	数据通信机务员	从事IP数据通信、电报自动交换、分组交换、传真交换等设备安装、维护、值机、调测、检修、障碍处理等工作的人员	1. 维护通信IP网络中的设备，包括数据通信的分组交换、传真交换设备，进行规程规定的年、季、月、日维护工作 2. 开通测试中继链、电路 3. 判明障碍段落，修复障碍，抢通链、电路 4. 定期测试设备性能及各类接口 5. 维护及运用监控系统统计、分析IP网、数据网络质量 6. 进行互联网网络安全管理	数据设备维护、设备值守，专业管理（业务网络维护管理）、技术支撑（业务网络技术支撑）、远程维护（数据配置）	归入电信机务员数据专业
	数据信息服务机务员	从事增值电信业务的宣传推广、市场研究、营销策划，增值电信应用系统的开发、测试、运行、维护等工作的人员	短信、彩铃、彩信、WAP、IVR等增值业务	电信增值业务的技术支撑人员	归入电信机务员增值业务专业
	网络通信安全管理员	从事通信网信息安全管理及网络设备安装、调测、检修、维护及障碍处理的工作的人员	1. 网络服务器管理 2. 网络用户管理 3. 网络文件和目录管理 4. IP地址管理 5. 网络安全管理 6. 关键网络设备安全运行管理 7. 网站信息安全管理 8. 增值业务信息安全管理		

（续表）

职业名称	工种名称	工种定义	主要从事工作内容	企业对应岗位	备注
电信机务员	长途机务员	从事电信交换设备安装、调测、检修、维护及障碍处理的工作的人员	1.按照维护规程要求对交换设备进行定期维护 2.分析忙时对接通率、可用率、计费准确率、障碍率、障碍历时等指标 3.查找设备障碍，修复障碍 4.进行局数据和用户数据修改 5.计费管理 6.话务分析 7.维护及运用监控系统 8.网络优化分析 9.协调工程施工与割接	交换设备维护，专业管理（业务平台维护管理、业务网络维护管理、产品运营保障管理），技术支撑（业务平台维护支撑、业务网络技术支撑、产品运营技术支撑），远程维护（网络运行分析、数据配置）	
	市话机务员				
	无线市话机务员				并入移动通信机务员
线务员	长途线务员	从事电信传输线路敷设、维护、障碍处理和工程施工等工作的人员	1.进行杆线线路、管道线路的年、季、月和日常维护工作 2.掌握光、电缆线路路由、程式，进行路面巡视，对线路异常情况及时处理 3.做好护线宣传，与市政施工协作配合 4.按照线路割接、抢修操作程序和要求，排除线路障碍，并为确保线路质量进行线路大修、改道工程 5.进行节假日前和台、汛、雷雨季节前线路检查和必要看护 6.进行电信线路工程施工	电缆、光缆、杆线、管道维护，电信线路工程施工，专业管理（承载网络维护管理），技术支撑（承载网络技术支撑、客户服务技术支撑），现场维护（线路维护）	统一以职业名称线务员进行鉴定
	电缆线务员				
	市话线务员				
	机线员				
	光缆线务员				

第一部分　职业教育教学法原理与方法

（续表）

职业名称	工种名称	工种定义	主要从事工作内容	企业对应岗位	备注
线务员	天线线务员	从事微波、短波、移动通信天馈线架（敷）设和障碍处理工作的人员	1. 天线及馈线的安装、敷设、调测 2. 配合无线网优调整天线 3. 天线定期维护和障碍检修		
	综合布线管理员	从事智能大楼综合布线设计、施工和维护工作的人员	1. 智能建筑综合布线系统设计 2. 室内光电缆敷设 3. 智能网络设备安装调试 4. 综合布线系统工程管理	主要是非运营企业员工从事此项工作	
	宽带接入管理员	从事用户通信终端设备安装、室内线路敷设、维修和业务开通、障碍处理等工作的人员	1. 按照装机工单准确地进行线路连接、室内布线、终端调测 2. 测试、调整终端设备主要技术指标 3. 测试终端设备性能运用状况 4. 进行相应宽窄带业务终端以及配套设备的日常维护、保养及安装、开通 5. 进行用户端网络视讯业务的终端安装调测	电信宽带设备接入、用户室内布线，客户终端维护（客户服务保障管理、客户网络支撑、客户网络维护工程师、在线服务工程师）	
用户通信终端维修员	固定电话机维修员	用户通信终端设备进行障碍测量和维修工作的人员	1. 维修电话机、手机、用户传真机等用户终端设备 2. 测试、调整终端设备主要技术指标 3. 测试终端设备性能运用状况 4. 进行公用电话机日常维护、保养及安装、开通 5. 进行移动手机编程、读号取相 6. 调测、安装用户传真机	主要是非运营企业员工从事此项工作	
	移动电话机维修员				
	用户传真机维修员				

（续表）

职业名称	工种名称	工种定义	主要从事工作内容	企业对应岗位	备注
通信电力机务员	电力机务员	从事通信系统供电设备、空调设备的安装、调测、检修、维护以及障碍处理等工作的人员	1.对通信系统供电、空调设备按周期进行设备检修、维修 2.定时记录设备电压和电流数值，发现异常查找原因 3.进行设备倒换使用、开机、关机及工作状态转换 4.对设备出现的异常、红色事故告警，采取应急措施，确保供电正常 5.定期维护和检查高、低压配电和接地系统、蓄电池、油机 6.定时巡视机房及设备使用点电源、空调使用情况	动力、电源设备维护、值守、技术支持，专业管理（动力环境技术支撑）、远程维护（网络监控维护）、现场维护（设备现场维护）	
市话测量员	市话测量员	从事受理用户故障申告、通信系统故障测试、办理派修、配合工程割接以及装、拆、移机、调整改线等工作的人员	1.受理用户对电话等通信系统障碍的申报，对本局区范围的申报障碍进行机、线设备的检查、测试，判断障碍性质、部位 2.按维修规程和生产组织进行派修，并配合维修 3.在专线及ADSL、ISDN的业务装、拆、移机和调整改线工程中配合工程要求，进行跳线的布放、割接、测试 4.对测量和告警设备、仪器仪表进行周期维护 5.进行相关工作的记录、统计和报表工作	本地网综合值守、测量台管理、测量室管理、设备现场维护、现场维护督导	

(续表)

职业名称	工种名称	工种定义	主要从事工作内容	企业对应岗位	备注
通信网络管理员	通信网络管理员	从事通信网络管理、配置管理、性能管理和故障管理的人员	1.使用管理系统进行数据查询和统计 2.对网络进行性能分析、质量评估，数据采集汇总、处理，并形成数据库 3.使用网管系统对告警进行监视，收集故障信息 4.对网络设备进行日常维护、测试、查找、判断和排除故障	网络调度、网络分析、网络监控、专业管理（网络组织管理、业务平台维护管理）、技术支撑（网络组织支撑、网络资源调度、业务平台维护支撑、业务网络技术支撑）、远程维护（网络监控维护、网络运行分析、数据配置）	

2.3 通信类专业的能力要求

通信类专业涉及的企业简单地可以划分为两大部分，其一是通信设备生产制造企业，其二是使用通信终端、设备和系统的个人、企业和单位。

通信设备在生产型企业中多归属于电子产品生产。从业人员除要求具备主要的电子电路检测、安装技能外，还要求对光、电信号的采集、传输和处理也有一定认识。相比之下企业更看重学生电子电路方面的技能，甚至有本行业职教专家认为根据企业的需要，中职学校可开设通信专业，但不一定单独开设多少通信专业的课程。开设通信专业的原因是企业在选留人才时，容易找到对口的专业。而不必开设过多的通信专业课程的理由是：一方面通信类课程的基础是电子类课程，中职学校学生的培养计划很难在通信技术专业上走到足够的深度；另一方面在通信产品的生产和维修中，学生的电子电路技能仍是主要的。

通信终端及产品的维修也多归属于电子产品维修，如电视机的维修等。但一直以来并没有严格区分通信终端和电子产品的维修。近年来，随着手机和数字电话、机顶盒等通信类消费电子产品逐渐走进千家万户，对维修人员的需求也在逐渐增大。这些终端的特点是集语音、图像、通信、嵌入式系统于一身，要求从业人员具备多方面的综合能力，而且相较之下，企业仍然对学生的电子电路技能更为看重。

在通信设备应用领域中,除用户终端(如固定电话、手机等)设备外,主要是通信运营企业,如中国电信、中国联通、中国移动公司等几大通信运营公司,以及通信服务企业,如中国通信服务公司。在这些通信运营和服务企业,通信类职业院校学生主要是从事通信设备安装、监测、操作和基站的管理工作,也有部分学生从事通信服务工作,还有部分学生从事通信网络核心设备的使用和管理工作。

通信设备和系统的维修一般都已从过去的运营商自己维护过渡到由设备生产企业或专门的公司代理维护或生产企业直接对通信运营企业进行设备维护,其维护要求技术性较高。

要根据通信企业对通信类专业学生的岗位要求情况,明确其培养目标与业务范围,明确对通信类专业学生的素质和技能要求。

1. 培养目标

通信类专业培养的是与我国社会主义现代化建设要求相适应,德、智、体、美等方面全面发展,掌握必需的文化科学知识和通信技术专业知识,具有在通信设备的安装、调试与维修及其相关领域从业的综合职业能力,在生产、服务、技术和管理第一线工作的高素质的通信类技术技能型人才。

2. 业务范围

通信类专业毕业生主要面向电信、广播电视、铁路、电力与交通运输等部门的通信控制中心及通信设备生产、经销等单位,从事通信设备的维护、运转与检测,一般通信设备的安装、调试与维修,以及通信产品的经营销售等工作。

3. 通信类专业职业院校学生的素质和技能要求

(1)素质要求方面

企业对通信技术专业中职学生的综合素质很重视,包括团队合作精神、个人的责任心、吃苦的精神、协调能力和语言表达能力。

(2)知识和技能方面

针对通信类专业职业院校学生从事的具体岗位,需要掌握的基本知识和专业技能应有以下几方面。

①基本知识

√掌握礼仪知识,举止适度,用语规范。

√掌握应用文写作知识。

√了解通信法规。

√掌握计算机基本应用知识,掌握计算机办公的日常操作。

√掌握英语应用知识,掌握基本的日常用语,以及涉及通信业务和知识的简单专业用语。

②专业知识

√掌握电工基础、电子线路的基本知识。

√掌握数字通信技术的基本知识。

✓掌握相应通信传输技术、通信传输网络的基本知识。
✓掌握用户通信终端的基本知识。
✓掌握相应通信设备、通信系统的基本知识。
✓掌握通信线路和光缆线路的基本知识。
✓掌握电子产品、通信设备的常用元器件与材料的基本知识。
✓掌握市场营销的基本知识。
✓掌握档案资料整理、保管的知识。

③专业技能

✓具有计算机操作应用能力。
✓具有网线、水晶头制作能力。
✓具有操作和使用常用工具、常用测试仪器、仪表的能力。
✓具有相应通信设备的安装、维护、测试、运转、维修与管理的能力。
✓具有相应通信传输网络维护的能力。
✓具有移动通信基站安装、测试、维护的能力。
✓具有用户终端(固定电话机、移动电话机)维修的能力。
✓具有宽带、窄带装机、维护的能力。
✓具有自主学习新知识、新技术和新业务的能力。

2.4　通信工程技术领域相关从业资格

1. 通信专业技术人员职业水平证书

2006年年初,国家人社部和信息产业部共同推出《通信专业技术人员职业水平评价暂行规定和考试实施办法》,将通信专业技术人员职业水平评价纳入全国专业技术人员职业资格证书制度。信息产业部负责制定考试科目、考试大纲和组织命题,建立考试试题库,实施考试考务等有关工作。

(1)适合人群:从事通信工作的专业技术人员。

(2)证书等级:分为初级、中级和高级三个级别层次。

(3)考试内容:初级、中级职业水平考试均设通信专业综合能力和通信专业实务两科,高级职业水平实行考试与评审相结合的方式评价。其中,中级考试的通信专业实务科目分为交换技术、传输与接入技术、终端与业务、互联网技术和设备环境5个专业类别,考生根据工作需要选择其一。

(4)颁证部门:人社部与信息产业部联合颁发。

2. 国家3G移动通信职业认证证书

该认证是国家信息产业部开发的第三代移动通信技术(3G)水平培训证书项目,该系列证书现已与全球相关认证实施互认。该认证主要是针对移动通信领域的3G人员,由国家信息产业部通信行业职业技能鉴定中心主办。

(1)适合人群:移动通信营运与制造企业、电信设计研究院的技术管理人员,维护、设计、开发人员,工程技术人员。

(2)证书等级:助理工程师、工程师、高级工程师三个等级。

(3)考试内容:3G 业务和软件应用(多媒体业务和应用、MBMS、BCMCS 等),3G 网络结构和通信流程,3G 室内覆盖(包括 3G 室内分布系统建设原则,3G 室内分布系统容量、功率等规划),TD-SCDMA 网络设备及测试,3G 业务平台实例分析。

(4)颁证部门:劳动和社会保障部、信息产业部联合颁发。

3. 移动通信软件工程师(IC-MSP)认证证书

该认证是国家信息产业部、教育部与中国软件行业协会携手,共同启动移动通信紧缺人才培养工程的项目之一。该证书是国内首张面向 3G 和三网融合的"移动通信软件工程师(IC-MSP)"职业资格证书。

(1)适合人群:业内从业人员,高等职业技术学校和高职高专学生。

(2)证书等级:移动通信初级软件工程师、移动通信中级软件工程师和移动通信高级软件工程师。

(3)考试内容:包括嵌入式软件开发技术、移动通信技术理论、移动增值业务的开发等,分为笔试与机考两种形式。

(4)颁证部门:该证书由教育部教育管理信息中心、劳动和社会保障部职业技能鉴定中心、信产部通信行业职业技能鉴定指导中心以及中国软件行业协会联合颁发。

4. 全国移动商务应用能力证书(CMCP)

全国移动商务应用能力考试(简称 CMCP)项目由国有资产监督管理委员会和国家信息产业部推出并主管,中国商业联合会商业职业技能鉴定指导中心负责实施具体考试工作。该项考试已纳入信息产业部全国信息化工程师考试体系。

(1)适合人群:从事移动商务工作或相关工作三年以上的人员均可报名。

(2)证书等级:助理移动商务师(三级)、移动商务师(二级)、高级移动商务师(一级)。

(3)考试内容:移动商务理论与实务、项目管理理论与实务。

(4)颁证部门:中国商业联合会、信息产业部电子人才交流中心。

5. OSTA-C&G 通信工程职业资格证书

该证书是英国伦敦城市行业协会(C&G)根据世界通用的职业标准,制定并实施的通信工程职业资格专项证书,目前获得英国、英联邦、北美以及欧盟等 100 多个国家、地区和机构的承认。

(1)适合人群:通信行业的初级技术人员和有志投身通信行业的学员,以及通信工程相关专业的中职学校在校生。

(2)考试内容:安全原理、数学、计算机技术应用、信息传送、简章通信工程、无线电原理等,以及现场实际操作水平。

(3)颁证部门:中国劳动和社会保障部职业技能鉴定中心与英国伦敦城市行业协会。

2.5 通信类专业的人才培养方案制订

鉴于职教师资本科学生今后主要从事高等职业教育教学工作或中等职业教育教学工作，需要对高等职业教育和中等职业教育的人才培养有充分的了解和认识，并且在深入认识和理解中等职业学校人才培养计划的基础上，能够有效地实施相关教学计划，因此本节主要介绍高职院校的专业人才培养方案和中等职业学校教学标准制订。

2.5.1 高职通信类专业的人才培养方案制订

高等职业教育应是培养适应社会主义市场经济建设需要，德、智、体全面发展，具有较为宽广的基础理论及较强的实践动手能力的，在生产、建设、管理与服务第一线的高素质技术技能型人才。高职通信类专业的人才培养目标是培养具有明确职业价值取向和职业特征的高等教育人才。与现有本科教育的最大区别，在于它有明确的职业价值取向和职业特征，与中职教育的最大区别应是它的高等教育属性。

高职教育人才培养目标应该满足以下要求：

(1) 满足将就业岗位(群)的技术能力(技能)与职业素质作为职业教育的特征体现，应成为培养学生就业谋生的必需；

(2) 满足合格的高等教育属性应是使学生具备一生职业发展与迁移所必需的相对完整的某一专业技术领域的知识、能力与素质结构；

(3) 满足合格的高等教育属性应尽可能在人文素质、思维方法及终身学习能力等方面，为学生成就其人生的事业打好一定的基础。

高职人才培养方案制订的指导思想是全面深入贯彻落实《教育部关于推进高等职业教育改革创新引领职业教育科学发展的若干意见》(教职成〔2011〕12 号)、《教育部关于全面提高高等教育质量的若干意见》(教高〔2012〕4 号)文件精神，以区域产业发展对人才的需求为依据，提升学校专业服务产业发展的能力，参照教育部公布的高职学校专业教学标准，明晰人才培养目标，深化工学结合、校企合作、顶岗实习的人才培养模式改革，注重专业与产业对接、课程内容与职业标准对接、教学过程与生产过程对接、学历证书与职业资格证书对接，及时应用高等职业教育的最新理念和改革创新成果，紧紧围绕区域经济社会发展的需要，加大改革创新力度，科学合理地构建课程内容和课程体系，着力培养学生的职业道德、职业技能及就业创业能力，不断提高人才培养工作水平和教育教学质量，满足社会对高素质技术技能型人才的需求。

1. 人才培养方案制订的原则

在制订高职通信类专业人才培养方案时，在坚持育人为本、德育为先，促进学生全面发展的基础上，注重有利于人才培养目标的实现、有利于提高专业建设质量和有利于提高教学管理效率，体现一个公共技术平台与多个专业方向；本着能反映专业人才培养目标和规格要求,反映专业特色建设要求和职业资格证书要求,设置能体现知识、能力和素质的模块化课程;本着课程教学实验教学合一、产学结合落实校内实训和校企合作落实校外(顶岗)实习,构建交融互补的理论和实践教学体系;本着必修选修课相结合有利于学生个性化发展、方案制订的规范化和标准化有利于教学管理,构建以弹性学制和学分互换为核心的学分制模式下的培养计划。

2. 人才培养方案制订的程序

高职通信类专业人才培养方案制订有以下步骤:专业调研、调研分析、职业与工作任务分析、课程体系构建、课程标准编制和人才培养方案编制。具体每个步骤要做的工作如下。

(1)专业调研

通过对行业、企业的调研,确定本专业就业的岗位或岗位群。收集行业经济技术发展的基础数据,从宏观上把握行业的人才需求和发展趋势,分析人员的数量和分布结构;选择有代表性的企业、单位进行调研,了解本专业的人才需求情况,以及面向的职业和岗位、对应岗位的工作职责,以及与该专业相适应的职业资格证书。

(2)调研分析

根据调研结果,确定专业的培养目标和人才培养规格,形成专业需求与专业调研报告。

(3)职业与工作任务分析

通过对职业与工作任务分析,确定职业领域的典型工作任务,分析岗位及岗位群的工作任务,归纳出典型工作任务的框架。

对典型工作任务进行分析,确定完成这些典型工作任务所需的知识、素质和能力。

(4)课程体系构建

根据典型工作任务进行课程设置、安排,构建基于工作过程的课程体系。依据典型工作任务分析的结果进行教学分析,转换成学习领域。在转换为学习领域的过程中,原则上是一一对应的关系,可以按照相关性、同级性原则将多个典型工作任务整合为一门学习领域课程。以遵循职业成长规律和教学规律为原则,以从完成简单工作任务到完成复杂工作任务的能力发展过程作为学习领域课程排序的依据。

(5)课程标准编制

依据典型工作任务分析结果,按照工作过程、工作对象、工具、工作方式方法、劳动组织形式、对工作的要求等,进一步梳理工作过程所需的知识和技能,明确学习内容,选择课程载体,进行课程设计,编制课程标准。

(6)人才培养方案编制

按照人才培养目标,根据人才培养方案制订的原则和规范,以及基于工作过程的课程体系编制人才培养方案。人才培养方案主要包括培养目标、培养规格、课程设置、教学进度安排、课程标准、师资配备、条件配备和管理制度等内容。

3. 人才培养方案的框架

高职通信类专业的人才培养方案的内容和结构,包含专业人才培养标准与要求、人才培养的实施条件与保障以及附件。

人才培养方案中课程体系结构应由三部分组成。

(1)公共基础课程模块。这一课程模块应使学生尽可能在人文素质、职业素质、思想道德、数理基础、外语交流及学习能力等方面打好一定的基础。

(2)公共技术平台课程模块。该模块应能为各专业方向学生构筑一个基础理论较为宽广、核心技术(能)要求明确,能为学生今后的职业发展与迁移提供良好的知识、能力和素质结构的综合性核心课程及核心技术(能)实训模块。其中核心技术(能)实训模块的教学应通过产学结合办学模式,采用工学结合的人才培养机制加以实现。

(3)各专业方向课程模块。这是具有明确职业价值取向,以能力本位和就业导向为目标的教育教学内容。它是具有"准订单"性质、灵活开放的课程和实训实习模块。它直接反映了高职教育的职业特征。各专业方向课程模块设置应紧密贴合市场与企业需求,依托专业教学指导委员会,根据对应岗位(群)应具备的综合职业能力所需具备的知识和技能要素和要求,构建方向课程模块,并通过校企合作,采用学工结合和顶岗实习方式完成相应方向的技能培训模式。

示例 1

×××专业人才培养方案

第一部分　××专业人才培养标准与要求

一、专业名称与代码

二、教育类型与学历层次

三、招生对象与学制

四、人才培养目标与规格

五、职业岗位与职业规格

六、职业岗位(群)能力分析(见表2.2)

表2.2　职业岗位能力分析表

工作岗位	主要职责	具体任务	工作流程	工作对象	工作方法	使用工具	劳动组织方式	与其他任务的关系	所需知识、能力和职业素质	
									知识	
									能力	
									职业素质	

七、课程结构与内容(见表2.3)

表 2.3　课程结构与内容表

序号	课程名称	主要教学内容和要求	参考学时

八、教学进度安排

九、考核与毕业要求

第二部分　人才培养的实施条件与保障

一、人才培养模式

二、人才培养的实施条件

三、教学的方法与手段

四、教学质量的管理

(一)建立教学质量管理制度

(二)建立教学常规管理机制

第三部分　附件

附件1:××技术专业人才需求调研报告

附件2:专业核心课程标准

4. 高职××专业人才培养方案参考案例

见附录1。

5. 高职专业人才需求调研报告案例

见附录2。

2.5.2　中职通信类专业的教学标准制定

专业教学标准是指导和管理中等职业学校教学工作的主要依据,是保证教育教学质量和人才培养规格的纲领性教学文件。

中职院校专业人才目标是培养与我国社会主义现代化建设要求相适应,德、智、体、美全面发展,其具有综合职业能力,在生产、服务一线工作的高素质劳动者和技能型人才。其具有基本的科学文化素养、继续学习的能力和创新精神;具有良好的职业道德,掌握必要的文化基础知识、专业知识和比较熟练的职业技能,具有较强的就业能力和一定的创业能力;具有健康的身体和心理;具有基本的欣赏美和创造美的能力;具有相应的岗位综合职业能力。

1. 专业教学标准制定的原则

根据人才培养目标，教育部在《关于制定中等职业学校专业教学标准的意见》中明确了中等职业学校专业教学标准的制定原则为"五个"坚持。

一是坚持德育为先，能力为重，把社会主义核心价值体系融入教育教学全过程，着力培养学生的职业道德、职业技能和就业创业能力。

二是坚持教育与产业、学校与企业、专业设置与职业岗位、课程教材内容与职业标准、教学过程与生产过程的深度对接。以职业资格标准为制定专业教学标准的重要依据，努力满足行业科技进步、劳动组织优化、经营管理方式转变和产业文化对技能型人才的新要求。

三是坚持工学结合、校企合作、顶岗实习的人才培养模式，注重"做中学、做中教"，重视理论实践一体化教学，强调实训和实习等教学环节，突出职教特色。

四是坚持整体规划、系统培养，促进学生的终身学习和全面发展。正确处理公共基础课程与专业技能课程之间的关系，合理确定学时比例，严格教学评价，注重中高职课程衔接。

五是坚持先进性和可行性，遵循专业建设规律。注重吸收职业教育专业建设、课程教学改革优秀成果，借鉴国外先进经验，兼顾行业发展实际和职业教育现状。

2. 专业教学标准的课程设置与要求

中等职业专业课程设置分为公共基础课程和专业技能课程两类，专业技能课包括专业核心课和专业（技能）方向课。

公共基础课程包括德育课、文化课、体育与健康课、艺术课及其他选修公共课程。课程设置和教学应与培养目标相适应，注重对学生能力的培养，加强与学生生活、专业和社会实践的紧密联系。

德育课，语文、数学、外语（英语等）、计算机应用基础课，体育与健康课，艺术（或音乐、美术）课为必修课，学生应达到国家规定的基本要求。物理、化学等其他自然科学和人文科学类课程，可作为公共基础课程列为必修课或选修课，也可以多种形式融入专业课程中。不同专业还应根据需要，开设关于安全教育、节能减排、环境保护、人口资源、现代科学技术、管理以及人文素养等方面的选修课程或专题讲座（活动）。公共基础课程必修课的教学大纲由国家统一制定。

专业技能课程按照相应职业岗位（群）的能力要求，采用专业核心课程加专业（技能）方向课程的课程结构。课程内容要紧密联系生产劳动实际和社会实践，突出应用性和实践性，并注意与相关职业资格考核要求相结合。专业技能课程教学应根据培养目标、教学内容和学生的学习特点，采取灵活多样的教学方法。部分基础性强、规范性要求高、覆盖专业面广的专业核心课程的教学大纲由国家统一制定。

实训实习是专业技能课程教学的重要内容，是培养学生良好的职业道德，强化学生实践能力和职业技能,提高综合职业能力的重要环节。实训实习包含校内实训、校外实训和顶岗实习等多种实训实习形式。实训实习应明确校内实训实习室和校外实训实习基地及其必备设备等实训实习环境要求,保证学生顶岗实习的岗位与其所学专业面向的岗位群基本一致。

3. 专业教学标准的主要内容

中职通信类专业教学标准的主要内容包括:专业名称、入学要求、基本学制、培养目标、职业范围、人才规格、主要接续专业、课程结构、课程设置及要求、教学时间安排、教学实施、教学评价、实训实习环境、专业师资等。

示例 2

中职通信类专业教学标准框架

一、专业名称(专业代码)

二、入学要求

初中毕业生或具有同等学力者。

三、基本学制

3 年

四、培养目标

本专业主要面向××××等行业企业,从事××××等工作的××××的高素质劳动者和技能型人才。

五、职业范围(见表 2.4)

表 2.4　职业范围

序号	对应职业(岗位)	职业资格证书举例	专业(技能)方向
1			
2			
……	……	……	……

六、人才规格

本专业毕业生应具有以下职业素养(职业道德和产业文化素养)、专业知识和技能。

(一)职业素养

(二)专业知识和技能

专业(技能)方向1

专业(技能)方向2

七、主要接续专业

高职:××××专业

本科:××××专业

八、课程结构(见图2.1)

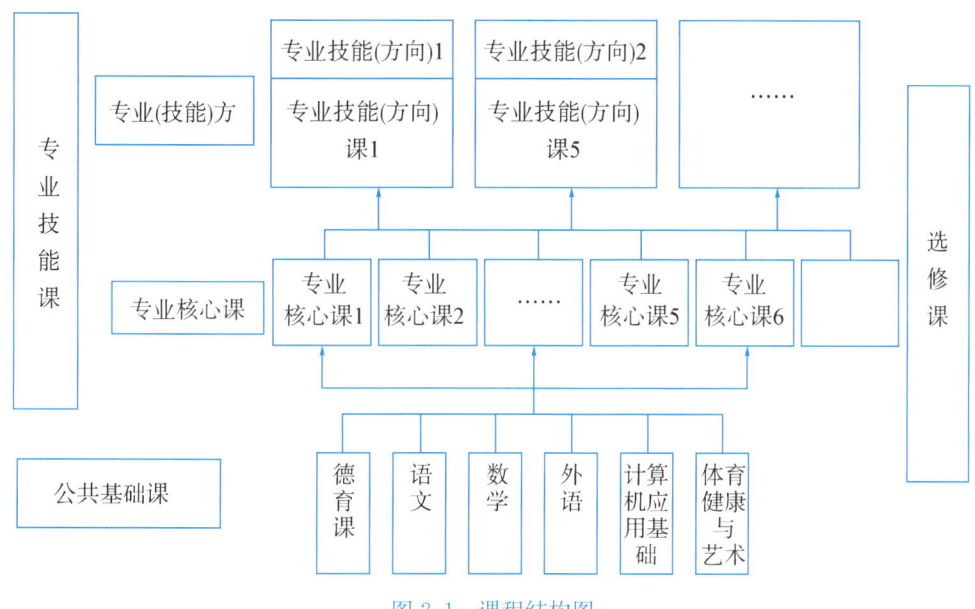

图 2.1　课程结构图

九、课程设置及要求

本专业课程设置分为公共基础课和专业技能课。

公共基础课包括德育课、文化课、体育与健康、艺术(或音乐、美术)以及其他自然科学和人文科学类基础课。

专业技能课包括专业核心课和专业(技能)方向课。实习实训是专业技能课教学的重要内容,含校内外实训、顶岗实习等多种形式。

(一)公共基础课(见表2.5)

表2.5　公共基础课

序号	课程名称	主要教学内容和要求	参考学时
1	职业生涯规划	依据《中等职业学校职业生涯规划教学大纲》开设,并注重培养学生……在本专业中的应用能力	32～36
……	……	……	……
6	语文	依据《中等职业学校语文教学大纲》开设,并注重培养学生……在本专业中的应用能力	192～216
……	……	……	……

(二)专业技能课

1.专业核心课(见表2.6)

表2.6　专业核心课

序号	课程名称	主要教学内容和要求	参考学时
1	×××	了解××,掌握××,能××,会××,……	
……	……	……	

2.专业(技能)方向课

(1)专业技能方向1(见表2.7)

表2.7　专业技能方向1

序号	课程名称	主要教学内容和要求	参考学时
1	×××	了解××,掌握××,能××,会××,……	
……	……	……	

(2)专业技能方向2(见表2.8)

表2.8　专业技能方向2

序号	课程名称	主要教学内容和要求	参考学时
1	×××	了解××,掌握××,能××,会××,……	
……	……	……	

3.综合实训

4.顶岗实习

十、教学时间安排

(一)基本要求

(二)教学安排建议(见表2.9)

表2.9　教学安排建议

课程类别	课程名称	学分	总学时	各学期周数、学时分配					
				1	2	3	4	5	6
公共基础课	职业生涯规划								
	职业道德与法律								
	经济政治与社会								
	哲学与人生								
	语文								
	数学								
	英语								
	计算机应用基础								
	体育与健康								
	艺术(或音乐、美术)								
	……								
	公共基础选修课1								
	……								

(续表)

课程类别		课程名称	学分	总学时	各学期周数、学时分配					
					1	2	3	4	5	6
专业技能课	专业核心课	专业核心课1								
		专业核心课2								
		……								
	专业（技能）方向1	专业（技能）方向课1								
		专业（技能）方向课2								
		……								
	专业（技能）方向2	专业（技能）方向课5								
		专业（技能）方向课6								
		专业（技能）方向课7								
		……								
	专业选修课	专业选修课1								
		……								
	综合实训	……								
	顶岗实习	……								

十一、教学实施

（一）教学要求

1. 公共基础课

2. 专业技能课

（二）教学管理

十二、教学评价

十三、实训实习环境

本专业应配备校内实训实习室和校外实训基地。

校内实训实习必须具备×××、×××等实训室，主要设施设备及数量见表2.10。

表 2.10　主要设施设备

序号	实训室名称	主要工具和设施设备	
		名称	数量(生均台套)
1			
2			
……			

校外实训基地……

十四、专业师资

十五、其他

4. 中职课程标准参考案例

见附录 3。

第三章　通信类专业的学生特点分析

3.1　职业学校学生的心理特点

职业学校学生的心理与普通中学的学生相比具有其特殊性,具有如下的一些特点。

1. 独立意识强,行为依赖性也强

随着年龄的增长、生理的发育、知识的扩展以及远离家庭等因素的影响,很多职业学校的学生对家长、对教师的崇拜开始逐渐减退,转而注意自己的言行和情感体验,对家长、老师的言行存在主观判断与取舍,对过多的提醒或教诲甚至产生反感情绪。但这些并不说明他们已具备了完全独立的准备和能力,相反,他们对家庭、学校和社会的依附性依然很强,在学习、生活和思想等方面遇到问题时,仍希望得到他人的指导与帮助,对家长、老师的依赖心理仍然强烈。

2. 参与意识强,行为能力参差不齐

职业学校的学生,其心理发展阶段一般正处于青年初期,他们对未来充满理想,敢说敢干,意志的坚强性与行动的自觉性有了较大的发展,只要有适宜的环境条件,他们就会积极地投身其中,充分地展示自我。但职业学校中许多学生来自农村,受周围环境与人员的影响,综合素质偏低,性格内向,即使存在某方面的特长或优势,也因为对自己信心不足,在各种活动中缩手缩脚、优柔寡断,严重影响自身能力的发挥和才智的展露,给人一种低能的印象。

3. 自尊与自卑同在

职业学校学生,很多是升高中或重点高中落选的,而且很多来自农村或贫困家庭,再加上人们的传统观念,普遍认为就读职业学校前途不佳,从而使之感到自卑和缺乏自信,无论在学校还是在社会上都自我感觉低人一等。但这样的学生自尊心一般都比较强,他们特别看中别人对自己的评价,强烈希望通过各种途径获得别人的注意和尊重。

4. 有厌学情绪

在应试教育的体制下,在中小学阶段,相当部分教师只重视书本知识的传授,对于那些眼前用不上、今后也不知有什么作用的"教条",也要求学生死记硬背,造成学生学习兴趣索然,且这部分学生在应试教育中始终没有成功的体验。长此以往,这些学生逐步形成了厌学情绪。

3.2　职校学生的学习动机

学习动机是指与学习有关的某种需要所引起的一种心理倾向,是激励和推动学生进

行学习,以达到一定学习目的的内驱力。学习动机可分为深层动机、表层动机和成就动机。表层动机是指为了应付检查、考试或教师、家长和学校的要求而进行学习;深层动机是指对学习有内在兴趣,为掌握知识掌握技能或发展能力而进行学习;成就动机是为获得好的学习成绩,得到表扬,求得某种地位或为将来的工作而学习。

在职校学生的学习中,学习动机产生于对学习的需要。对于学生来说,这种需要是社会、家庭和学校教育对学生学习的客观要求在学生头脑中的反映。学习动机与学习的目的、行为密切相关。

总的来说,职业学校的学生由于自身的文化素质不高,自我约束力不强,学生比较缺乏明确的学习目标和积极的学习态度,对专业和职业的认知比较模糊,学习动机不强。

3.3 职校学生的学习策略

学习策略是指学习者为了提高学习的效果和效率,有目的、有意识地制订的有关学习过程的复杂方案。职业学校的学生的学习策略主要有以下几种。

3.3.1 认知策略

在学习通信专业的职业技能前,先要让学生学习了解技能操作的全过程以及相关知识,了解技能的操作要求、操作方法、安全操作注意事项以及操作过程中如何自检和故障分析与处理等。例如,学生进行程控交换机实训操作时,就应先了解程控交换机的主要结构,以及每个模块的作用,了解程控交换机的操作命令、维护流程、故障处理方法等。职业技能相关知识的认知学习是实际操作的基础,在教师示范操作、言语描述分析下,学生要认真观察思考。一方面,教师要严格按操作规程分步骤示范,每一个动作都必须准确无误,同时一边示范一边讲解;另一方面,学生在教师示范讲解时,要集中注意力仔细观察,认真倾听,既要了解职业技能操作的各部分子技能,同时运用已学过的知识来理解操作过程中的因果关系以及子技能之间的相互联系,又要知道为什么要这样操作。

3.3.2 操练策略

在初步掌握相关职业技能知识基础上,通过反复操练,才能把静态的技能知识转化为动态的动作操作。先从模仿教师的示范动作开始,最初学生头脑中的职业技能知识是零散的,操作技能的练习可能比较笨拙、忙乱,容易出错,掌握的也只是局部动作。随着练习次数的增加以及对职业技能动作的揣摩、领悟,学生头脑中零散的职业技能知识逐渐系统化,局部的动作技能慢慢熟练,通过反复操作练习,各个动作交替过渡,在各个工序的职业操作技能形成的基础上,局部动作慢慢衔接、连贯,逐步消除动作间的干扰,职业技能的操作速度不断加快,协调性、灵活性、稳定性也渐渐形成。

苏霍姆林斯基这样说过:"没有也不可能有抽象的学生,教育教学的技巧在于使每一个儿童的力量和可能性发挥出来,使他享受到成功的快乐!"针对职业学校的教育,在充分认识和掌握了学生的心理和认知特点、学习动机后,我们也相信"没有教不好的学生",相信在阳光的普照下每一位职校的学子都会健康快乐地成长。

3.4 教学内容和教材分析

3.4.1 典型工作任务分析和教学目标

1. 典型工作任务的概念与分析

职业教育的重要目标是帮助学生学会"从事符合现代技术、经济和社会发展要求以及自身职业和能力发展需求的、高质量的工作",因此职业教育课程的核心学习内容是"工作"。这里的工作不是一个抽象的概念,如我们常说的团队精神、质量意识那样,而是一系列可以操作、学习和传授的具体的工作行为,其载体是通过系统、科学的职业资格研究得到的典型工作任务。确定和描述一个职业(或专业,下同)的典型工作任务,是职业教育专业设置和课程开发的基础性工作。

典型工作任务(Professional tasks)是用完整的、有代表性的职业行动描述的一个职业的具体工作领域,也称为职业行动领域。典型工作任务是工作过程结构完整的综合性工作任务,反映了该职业典型的工作内容和工作方式,完成任务的方式方法和工作的结果多具有开放性,完成典型工作任务的过程同时也能促进从业者的职业能力发展。典型工作任务是针对职业而言的,它来源于企业实践,但不一定是实际生产中出现频率最多的岗位工作任务,如会计的"点钞"、电子技术专业的"产品包装"等,而是要求较高的综合性任务,如"采购过程的计划、控制与监督"和"电子系统的设计与制作"。

典型工作任务是通过整体化的职业和工作分析得到的,其过程分为两步。

(1)实践专家研讨会

即通过参与式(participative)研讨会,请实践专家(如技师、班组长和基层部门负责人等)共同回忆和陈述自己的职业成长历程,划分职业发展阶段,找出各阶段有代表性和挑战性的工作任务,并归纳出典型工作任务的框架。

(2)典型工作任务分析与描述。

由教师和实践专家组成工作小组,共同确定和描述典型工作任务的详细内容,包括工作与经营过程、工作对象、工具、工作方法、劳动组织和对工作的要求等。

典型工作任务分析应当在能体现该任务的一个或多个岗位上进行,一般不针对特定的生产任务(如批量生产某一产品)。分析可借助经典的工作分析方法,如观察、访谈(包括行动导向的访谈)、DACUM、职务问卷分析(PAQ)、工作要素分析(JEM)、工作日写实、工作抽样和关键事件分析(CIT)等,并利用图纸和程序文件等加以补充。经验证明,一些在其他社会科学领域不受欢迎的研究方法,却对课程开发有着重要的意义。如人们无法用观察法准确鉴定社会现实,却可以用它来分析具体的职业行为,帮助破译不同生产环境条件下完成任务的工作实践(J. R. Bergmann)。目前,随着职业科学(vocational discipline)研究的深入,科学家正在完善典型工作任务分析的方法和工具,这不但综合了量的研究(如技能点量化评估)和质的研究(如实践专家访谈会)方法,而且也在开始考虑人的主观能动性的影响。有人甚至开始尝试利用信息化手段开发计算机辅助的能力编辑器(Competence editor)。

在职业教育任务引领式学习深入人心的今天,区分典型工作任务、企业的实际岗位任务和职业院校的学习任务具有重要的意义,因为不同质量的任务引领下的学习,学习效果可能会完全不一样。

典型工作任务是针对一个职业而言的，它是职业院校设计学习任务的基础，但不一定是企业真实岗位工作任务的忠实再现；岗位任务随企业劳动组织方式不同而不同，在不同的企业，相同岗位的任务内容可能不同，不同岗位的任务内容也可能相同，因此岗位任务不便直接用于学校教育，而只用于针对性较强的岗位培训；学习任务是对典型工作任务进行"教学化"处理的结果，它既不是岗位任务，更不是简单的知识学习和技能训练任务。如机械装置的制作是数控技术应用专业的典型工作任务，在这一框架内，学校根据实际情况设计了汽车模型制作学习任务，它们都不是企业的真实岗位任务，但完成此学习任务后，学生可以到企业从事多个岗位的工作。

学习任务是由教师在典型工作任务的基础上，根据本校教学资源、教师状况和学生接受能力的实际设计的。至于一个典型工作任务设计几个学习任务、如何设计学习任务，这不但取决于典型工作任务所对应的岗位、产品、工艺、流程或服务对象，与学校的教学条件也有关系。在北京职业院校教师素质提高工程中，人们尝试用职业行动能力、设计能力、教学设计和促进校企合作等4个指标从任务设计和教学效果两个纬度对学习任务的质量进行评价。

2.确定典型工作任务实例（见表3.1）

表 3.1 典型工作任务表

典型工作任务名称	基于 B/S 模式系统的设计与开发
典型工作任务描述	1.工作任务简述 根据系统的详细设计说明书，开发出基于 B/S 模式的系统 2.工作任务情形 (1)工作任务说明 根据详细设计文档中提出的需求规范，使用编程工具进行程序的开发和调试。严格遵循编码规范；必须具备软件工程基本理论知识，软件编码规范的基本知识，能运用程序设计语言和开发工具；同时了解软件调试的基本技能 (2)涉及的业务领域 信息管理、电子商务、电子政务 (3)企业性质 根据软件开发企业的规模大小，基于 B/S 模式系统的设计与开发的方式会有不同，小型企业一般采用简单的动态网页技术和 model1 开发，大中型企业一般采用 model1 和 model2 模式开发 (4)其他说明 软件的开发必须以充分理解详细设计文档为前提，开发的程序必须符合详细设计的需求
工作过程及方法	资讯：正确理解企业电子商务系统详细说明书 计划：根据系统详细说明书，制订项目完成计划，确定项目总负责人，项目模块的负责人，完成的内容、要求、时间 决策：分析计划的可行性，适当修改计划 实施：以项目组为单位分工合作，按计划完成项目的编码 检查：检查模块是否按要求、进度完成，是否符合系统详细设计书的要求 评价：根据企业软件项目评价标准对软件项目进行评价

（续表）

典型工作任务名称	基于B/S模式系统的设计与开发
对象	1. 软件项目 2. 软件编码人员
工具	1. 软件编码规范文件 2. 计算机及相关设备与软件 3. 系统详细设计说明书 4. 软件项目评价标准 5. 软件开发参考资料（CSDN、API）
劳动组织	1. 项目组成员之间的沟通（项目完成计划、项目实施） 2. 单独作业、团队合作
要求	1. 软件项目符合系统详细设计说明书 2. 软件项目对设备的要求不超过用户提供的设备 3. 软件界面操作简单、人性化

3.4.2　教学内容的选择

教学内容广义是指一切在教学过程中被传授和被认知的知识技能，包括教材、有关辅助材料和教师的阐释。教学内容也是学生应该掌握的知识与技能，应获得的思想、观点、态度，以及良好行为习惯形成的总和。职业技术教育不同于普通的文化教育。文化教育的内容相对稳定，而职业教育由于科技进步较快等因素，以及受教育者将直接进行社会实践等原因，其教学内容相对要求变化较快。职业教育的教学内容的选择是在能力和素质基础的内涵的研究基础上进行的。为实现学生知识、技能和态度等有效的迁移和整合，教学内容的选择和编排就十分重要。

教学内容在选择时，应遵循科学性、发展性、可接受性、时代性和多功能性的原则。科学性即教学内容的观点必须准确、论据确实、表述规范；发展性即教学内容蕴涵了培养学生能力的显著成分与价值，通过教学能显著地促进学生发展；可接受性是指立足于培养目标，把高难度和量力性有机结合起来，使教学内容的难度在学生通过努力可以达到的程度上；时代性指教学内容不仅要包含本专业成熟的知识体系和技术设备，也要包含本专业发展的最新成果，体现现代社会甚至未来社会所要求的知识，具有鲜明的时代特点；多功能性指同一教学内容尽可能地可以达到多种教学目标，培养学生的知识、技能以及认知策略和态度。

教学内容选择的具体方法：

（1）根据能力培养目标，针对某一单项素质或单项能力进行分析，列出其操作的步骤、活动内容、所需相关知识、能力；

（2）根据素质和能力表确定必需的教学内容；

（3）根据教学的需要，筛选各种示例，示例一般选用实例。

在职业教育中教学内容的选择应强调"行动知识",即掌握那些对于职业行动重要的应用知识,这是教学内容的首选。

如在光传输系统运维与管理课程中,教学内容应围绕职业岗位工作选择,其分析选择的步骤是:首先明确的是光传输系统运维与管理中需要完成哪些工作任务;其次是完成这些工作任务需要应用哪些策略,有哪些方法;最后是完成这些工作任务中应用的策略和方法应具备哪些知识和技能——这些知识和技能是应选择的教学内容。由此确定光传输系统运维与管理课程中的教学内容(见图3.1)。

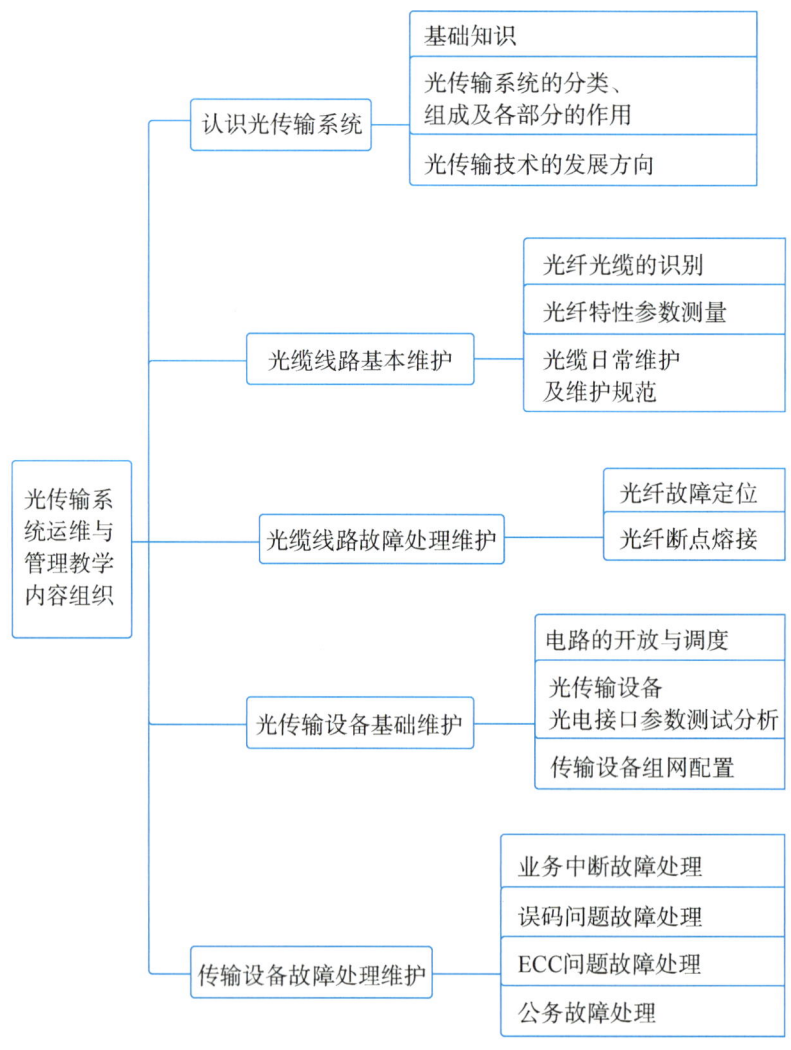

图3.1 光传输系统运维与管理教学内容

3.5 教学内容的组织

职业教育各个专业课程的教学内容确定后,教学内容组织的科学性、合理性将是教学目标实现的关键。

教学内容的组织作为教学工作的重要环节,它直接影响学生的学习兴趣与学习效果。教学内容的组织,要根据职业素质和能力分析的结果,按照课程内容组织,要符合学生的学习心理特点、学习动机和能力发展规律的原则,将专业知识、技能组织起来,完成教学内容的组织。

3.5.1 教学内容组织的原则

职业教育通信类专业的教学内容在组织时,要注重以下原则。

1. 知识序和认知序相结合,以人的认知序和工作任务序结合组织教学内容

从人的学习来看,人的认知有内在的程序性和连贯性。如从已知到未知、从感知到理解、从巩固到应用、从具体到抽象、从易到难、由简到繁、由近及远、由普通推至特殊或由特殊推至普通等,这是学习者的认知的"序"。职业岗位的实际工作任务的完成也有一个序,按照工作的序完成每一阶段的工作,由此完成这项工作。

职业教育的通信类专业培养的是技术应用型人才,因此教学内容的组织既应考虑工作的序,又必须遵循学生认知的序。只有通过对教学内容的合理组织,把知识结构、学生的认知结构和工作序很好地结合起来,才会有利于学生快速有效地掌握知识和技能。如可以以任务为导向组织教学内容,在教学内容安排上以从简到繁、由近及远、由具体到抽象、由简单技能到复杂技能来组织教学内容,结合学生毕业后所从事职业的真实典型任务设计,使得学生内心产生真实的需求,这种需求容易促进其产生学习的内在动力。

2. 一体化与网络化结合组织教学内容

知识之间是纵横联系交错,相互沟通,因此在教学内容的组织时要遵循一体化与网络化结合的原则。从纵的方面看,知识脉络要清楚,上下位联系应环环相扣,符合人的认知序。对重难点内容要前有铺垫,后有延伸、发展。从横的方面看,本门课程理论知识和技能融合,本专业的各门课程层次清晰、相互补充、相互联系、贯通与渗透,形成整体。

3. 最优化地组织教学内容

"最优化"指通过教学内容的合理、最佳组织,注重激发学生的学习兴趣,促使学生能在最短的学习时间内获得最佳的学习效果。学习受多种因素制约,教学内容的组织也应有多种不同方式。虽然不同的组织均可达到同一教学目标,但其效能却大不一样。因此,我们在进行教学内容组织时,除考虑各部分外,既要充分考虑各种制约因素的协调,又要把握各部分内容上下左右的衔接,才能达到整体最优化的效果。通信类专业的教学中,可以通过以工作过程为导向重构课程,按照学生的认知规律和课程教学目标设置恰当的课程学习目标,创设职业情景,激发学生的好奇心和求知欲,提高学生的学习兴趣,让学生在"生疑—思疑—释疑"的往复中,不断拓展思维的广度和深度,学会发现问题、解决问题的方法。

3.5.2 教学内容的组织方式

职业教育倡导教学做一体化。从工作过程系统化的实践来看,工作过程系统化课程在学习方式上的特点,明确地表达了它对教学组织的要求,即"做中教"。这种学生在"做"中学、老师在"做"中教的教学模式,就是教学做一体化教学模式。这也是工作过程系统化课程教学组织的要求。

工作系统化课程要求教学组织要实施教学做一体化教学模式,是由工作过程系统化课程的特点决定的,更是高职教育的要求。传统的学科型课程教学是以教师为中心的。教师讲、学生听是传统教学模式的主要特征。这种模式适合逻辑思维能力较强的学生学习。在这种模式中,教师是主动的施教者、知识的传授者;学生在教学中处于被支配地位,被动地接受外界刺激,成为知识灌输的对象;理论知识是教师向学生灌输的内容;讲授、板书是教师向学生传授知识的主要方法和手段;听讲、背诵、做题,则是学生学习的主要方式。

传统的教学模式不适应高职教育,主要表现在两个方面。一是传统的教学模式与高职学生的学习能力不相适应。我国现行招生制度是先本科后高职。我国的基础教育采用的都是传统教育模式,老师讲学生听,靠学生的逻辑思维和理解能力掌握知识。高职学生都是低分考生,是传统教学模式的失败者。如果高职继续采用传统教学模式,只能导致学生越来越厌学。二是传统的教学模式与高职教育的要求不相适应。高职教育的目标是培养高素质技能型人才。技能与知识不同,它是经验的积累,必须在工作中才能体会,在长期的工作中练熟,不是理解和记忆就能掌握的。职业素养的养成,也必须在一定的职业环境中,通过一定的工作才能深刻体会和养成。传统的教学模式培养不了高技能,更培养不了高素质,无法实现高职教育的人才培养目标。

要想培养适应职业岗位需要的高素质技能型专门人才,必须改革传统的教学模式。在教学中引入工作任务、工作过程,让学生在做中学,让教师在做中教,即实施教学做一体化的教学模式。这种模式以"做"为中心。所谓"做"就是以具体工作任务为载体,让学生通过分析、操作等一系列工作行为,完成工作任务。这个工作任务可以是企业真实的工作任务,也可以是模拟企业实际的工作任务。教师通过分析做的要求、演示做的过程、指导做的结果、总结做的方法,完成教的义务。学生通过分析做的要求、探寻做的方法、实施做的过程、评价做的结果,完成知识的学习、技能的训练和素质的培养。"做"是教与学的前提,教与学的全过程始终是围绕"做"进行的。

"教学做一体化"教学模式遵循"实践—理论"的认知规律,符合建构优先原则教育学理论,强调在行动中学习,通过体验探索,让学生构建自身的知识和能力体系。实践证明,评测有利于学生构建自身知识体系,有利于学生培养自身专业技能,有利于学生养成良好职业态度,有利于学生持续发展。

1. 工作过程系统化是课程内容组织的关键

教学做一体化的教学模式中,"做"是关键。它是教的载体,也是学的载体,是联系教与学的纽带,是教学效果的决定因素。工作过程系统课程的教学设计养分是设计好"做"。设计好"做"需要明确做的目的、做的内容。

首先,教学做一体化教学模式中"做"的目的是对知识技能的探索、体验和强化。在教学做一体化的教学模式中,"做"不是目的,只是教学的手段与载体。

因此在实施教学做一体化的教学模式中,不能为做而做!做的目的是探索、体验、强化。通过做不仅要训练技能,还要学习知识,更要培养综合职业能力,达到"会做、能懂、有发展"的目的。在这里技能不仅指操作机器的动作技能,还包括分析解决问题的思维技能。知识不仅包括关于事实、概念和原理性的陈述性知识(显性知识),更应该包括关于经验以及策略的过程性知识(隐性知识)。综合职业能力是对个人职业生涯发展起着关键作用的方法能力和社会能力。其中,方法能力包含独立思考能力、分析判断能力、信息获取能力、利用信息的能力、掌握理解新技术的能力等。社会能力则包含组织协调能力、交往合作能力、适应转换能力、自我反思与批评能力、口头与书面表达能力、心理承受能力和社会责任感等。这些能力超越一般的专业技能,劳动者只要具备这些能力,就能适应职业变更。

显然,随意的"做"无法承担如此重要的教学功能,必须对"做"进行科学的设计。这一设计就是要明确做的内容、做的方式、做的环境、做的要求、做的结果。这也是工作过程系统化课程设计的内容。

其次,教学做一体化的教学模式中"做"的是典型工作任务。

教学做一体化教学模式中,"做"的是事,不是做题!长期的学科教育,使许多老师养成了做题的习惯。在工作过程系统化的课程中,我们根据典型工作任务设计了教学情境。一个教学情境就是一个工作任务,这个任务一般包含若干个子任务。在课堂上,我们经常听到师生们说"这道题……",这是很错误的。在教学做合一的教学模式中,"做"承担着培养学生专业能力和综合职业能力的重任。做题目承担不了这一重任,必须是做工作。只有长期地说"这项工作……""这个任务……",才可能培养学生的职业岗位意识,让学生进入工作状态。角色不同,感受不同。只有让学生进入角色,才可能去体会工作过程中的许多不可言表的经验知识。

做的不是做简化的工作,而是做接近现实的工作!学科体系课程之所以成为学科,是它在大量事实的基础上进行了总结提炼,概括成为系统性的学科知识。这一提炼概括过程中必然去除表象,省略很多细节。高职学生学习这样的知识,结果是两种:一是由于逻辑推理能力的不足,导致其不可能真正理解那么多原理,学不懂;二是由于只知原理,不知其实际表象,无法将理论与实际联系起来,用不了。只有做接近实际的工作,才能够让理论与实践融为一体,才能够扫除从学校到实际工作的障碍。这要求我们在设计工作任务时,尽可能原汁原味,不要省略细节。在这样接近实际的工作任务中,不仅能够培养学生的专业操作技能,还能培养学生面对复杂环境的观察能力、分析能力。

2. 工作过程系统化的教学组织形式

教学组织形式就是教学活动中师生相互作用的组织结构形式,是学校教学活动在人员、程序、时空关系上的组合形式。教学组织形式包括课堂教学组织形式和课外教学组织形式。课堂是教学的主阵地,对规范性的要求很高。本文仅讨论课堂教学组织形式。教学组织形式要解决的是师生的配比关系、教学的空间布局和教学的时间安排等问题。工作过程系统化课程要求采用教学做一体化的教学模式。这一模式对师生之间的组织形式、空间布局和时间安排上都有独特的要求。

首先,班级形式——小班与分组教学。

从师生之间的组织形式来看,工作系统化课程需要小班和分组教学。工作过程系统化课程采用教学做合一的教学模式,在做中学、做中教,在工作中完成教学过程。很多人认为这一模式就是要师傅带徒弟,实施个别教学。个别教学可能是一个教师带一个学生,也可能是一个老师带几个学生,但都不现代教学的组织形式,早已被抛弃。

现代教学组织形式是班级教学制。班级教学制效率高,但难以照顾到学生的个性需求。许多学校在教育成本的制约下,往往无限地扩大班级规模,动辄100名学生一起听课。教师在这样的课堂上只负责把知识讲清楚就行了,学生反应如何、效果怎样就无暇顾及了。教学做合一强调的是在做的过程中通过师生互动达到教学目的,但在大班级无法实现这一要求。也就是说工作过程系统化课程和教学做合一的教学模式必须是小班教学。班级小到什么程度才合适?总结教学经验,小班应该是40人左右比较合适,不宜超过50人。

在小班教学的前提下,还应该建立学习小组。老师在课堂上将学生分成学习小组,学习小组应该由学习成绩好且具有一定组织能力的同学担任组长,规模在5人左右。通过学习小组的活动,可以培养学生的团队协作精神,可以在学生中形成合作竞争的学习生态,可以激励学生探索知识、总结技能。

其次,空间布局——一体化教室。

工作过程系统化课程要求教学做合一,因此教学不再是广播式的讲授。它要求教学场所要能够实施做的操作过程,以具备讲授研习的条件,这就是"一体化教室"。

一体化教室是具有企业文化,按企业生产和管理配备相关设备和工具,能让学生进行实践操作,同时能够集中研讨和授课的教学场所。场所占地面积既比一般的教室大,也比同等生产规模的车间大,但班级规模不能太大,学生工作组别不能过多。一体化教室的先进性在于营造了一个与企业真实生产环境基本一致的教学环境。这一环境的设施设备摆放与企业的车间(部门)基本一致,管理制度与企业的生产管理一致,让学生随时体会到企业的生产管理要求。如天津中德职业技术学院,该校采用小班制的授课形式,教室就设在车间,教室里一半是桌椅,一半是设备,学生听老师讲课之后,马上上机操作。

在我国当前的社会环境和经济条件下,像中德职业技术学院这样的一体化教室并不难做到。笔者认为,教学中的生产过程既可以是完全真实的,也可以是模拟的。因此,这些工作设施设备可以是完全真实的工作所需设施设备,也可以是仿真、模拟的设施设备。

再次,时间安排——先做后讲。

教学的时间安排从宏观上讲是指学制,即取得一定学历的学习时间要求;从中观上讲是教学的进程安排,即在学制时间内各门课程和教学活动如何安排;从微观上讲是一次课或一个教学单元的各种教学活动在时间上如何安排。本文仅讨论微观上的教学时间安排。教学做一体化的教学模式中,学生的学在做和听的过程中完成,教师的教是在讲和指导做的过程中完成的。何时做,即指在一次教学过程中,用多长时间做,什么时间做,其实质是如何处理讲与做的关系。教师讲,学生被动地接受知识;学生做,学生主动探究知识。两者必须相辅相成、科学配合,才能达到良好的学习效果。现实中,何时做有多种模式。

一是只做不讲。这种模式的主要特征是,老师布置任务后,由学生通过讨论、阅读等方式找出解决问题的方案并实施操作。操作完后,通过学生相互评价、老师发布正确结果等方式,纠正操作偏差。一般情况下,学生能够照葫芦画瓢,校正结果。但这样的教学必然是做得糊涂,学得肤浅。

二是先讲后做。这种模式的主要特征是,老师布置任务后,引导学生分析任务,同时讲授解决任务所需知识和注意事项,学生按老师讲解操作解决问题。教学实践表明学生比较喜欢这种模式,学习轻松,进度也较快,但缺乏探究与总结过程,学生对知识和技能的印象难以深刻,学习能力没有得到很好的培养。

三是先做后讲。这种模式的主要特征是,老师布置任务后,引导学生分析任务,然后由学生通过讨论、咨询、查阅文献等方式寻求解决方案,实施操作。在工作过程中老师不轻易向学生系统讲解知识,但在评审方案、评审作品过程中适时引导学生总结经验,归纳知识。这种模式能有效地培养学生的学习能力,学生对知识、技能概念印象深刻,耗时较多,有利于培养学生综合职业素质。但这种模式打破了学生长期的学习习惯,需要有较长的适应过程。

总之,教学设计与教学组织形式是提高教学效果的关键因素。工作过程系统化课程的教学改革必须抓住这两个关键环节,在教学设计上真正明确"做"的目标和内容,在教学组织形式上利用好一体化教室等教学设施,实施小班分组教学,坚持先做后讲,必然能够有效提高教学效率,促进学生职业能力的全面提升。

第四章　通信类专业的媒体和环境创设

职业素养和职业能力的培养有赖于让学生置身于"真实"的职业环境。在通信类专业的教学过程中，媒体的使用和职业环境的创设，对学生职业素养和职业能力的培养起着十分重要的保障作用。

4.1　典型教学媒体种类和特点

教学离不开教学信息的传输，而教学信息传输的数量和质量取决于传播教学信息的载体。教学媒体是指在教学过程中呈现信息的手段和工具。在教学过程中，教师运用媒体把教学内容的信息传输给学生，学生则通过媒体接受教学内容的信息。

教学媒体有许多不同类型。《美国大百科全书》将教学媒体分为：印刷材料，如书本、杂志等；图示媒介，如地图或投影显示等；照片媒介，如照片、幻灯片、电影等；电子媒介，包括录音、录像设备等。有人则将媒体分为实物和人、投影视觉材料、听觉材料、印刷材料、演示材料。

媒体在教学中起着以下的作用：
(1) 展现事实，形成表象；
(2) 创设情景，提供经验；
(3) 提供示范，利于模仿；
(4) 呈现过程，解释原理；
(5) 设疑思辨，解决问题。

教学媒体的选择要从其表现力、重现力、接触面、参与性和受控性等几个方面进行考虑。

通信类专业在教学中运用的典型的教学媒体有以下几类。

1. 非投影类的视觉辅助媒体

这类教学媒体包括实物、图表资料以及用于视觉呈现的设施——黑板及其改进后的呈现板（如白板、磁力板）。

黑板是日常教学中最常使用的媒体。在教师授课过程中，它可以用于支持语言交流活动，非常适合用于描述教学的内容。但它最大的缺点就是需要使用者花费大量的时间去书写，这样必然会减少课堂教学的信息量，且当教师背对学生书写时，容易失去对学生应有的控制，且无法看到学生对板书内容的反应，影响教学效果。

实物能够将要学习的东西活生生地呈现在学生面前，直观生动，可以帮助学生理解，加深学生的印象。通信类专业中所介绍的各类通信典型设备,如程控交换机、高频开关电源、移动通信基站、光纤熔接机等,可利用实物进行现场教学或模拟教学,对学生的职业意识和职业能力培养作用巨大。由于通信设备和仪器的技术进步快,更新换代的速度也快,同时其造价相对高昂,要获得通信专业的实物往往需要花费很大的代价。

图表资料是一种经过特殊设计的二维的非照片类的教学媒体,它的特点是可以将所要传达的信息及其相互关系以简明扼要的方式呈现出来,有助于学生把握结构,加深理解,增进记忆。但是图表资料只能表达相互有关联的一些机构、数据量之间的关系,应用的范围较窄。

2. 投影类视觉辅助媒体

投影仪是通过光和各种放大设备将信息投射到一个平面上以便于学习者观察学习的教学辅助设施。

投影仪是目前课堂教学中最为广泛使用的视觉辅助设备之一。它的优点是:教师可以事先把许多重要的内容写在透明胶片上,因而可以大大节省上课时板书的时间;教师使用投影仪时,可以始终面对学生,保持相互之间的交流;投影仪可以投射各种类型的透明胶片,并且可以在胶片上加上各种强调记号,便于教师进行教学;投影器操作简便,投影胶片容易制作,便于贮存。但是投影无法对印刷资料和其他的非投影材料进行投影,有时使用起来不太方便。它最大特点是能以静止的方式表现事物的特性,让学生详细地观察放大的清晰图像或事物的细节。

3. 多媒体辅助系统

多媒体系统是各种媒体结合起来使用,综合两个以上媒体而形成的教学辅助设备。它既可能是由传统的视听媒体组成的多媒体装备,也可以是综合了文本、图像、声音、录像等的电脑多媒体系统。电脑多媒体系统除了可以为学习者参与学习提供丰富的视听信息、刺激外,还可以为学习者提供更好的个人控制学习系统,使学习过程变得富有个性,在实现教学活动个性化方面拥有明显的优势。计算机辅助教学软件具有高速、准确、储藏量大,能模拟逼真的现场、事物发生的进程,且动静结合、表现力强等特性。它的不足之处是软硬件花费比较昂贵,并且开发与通信类专业相适应的教学、学习软件或课件需要大量的投入,这在很大程度上阻碍了它在教学中的使用。

4. 辅助教学光盘

即为通信类专业的各门课程摄制的示范教学的光盘,供辅助教学之用。在不具备相应的教学条件的情况下,教学光盘具有形象、生动和直观的特点,能够让学生清楚地看到,并了解通信企业以及相应的通信设备。这类教学光盘尤其适用于教学条件较差、通信类设备缺乏的地区。光盘的教学内容可以是动画、电影、视频、课件等形式,展现工作现场,昂贵的仪器、设备,有害的,工作中难以遇见无法再现的故障,特殊情形等教学内容,是低成本、具有很好教学效果、大容量的、易于收藏和保存的媒体。但教学光盘不具备让学生实践动手的条件,缺乏可操作性。

4.2　通信类专业的教学环境创设

教学环境是教学活动赖以进行的存在系统,不同的教学环境会影响甚至决定教学的性质和成果。职业教育实施过程中,教学环境创设对其培养效果起着促进作用。通信类专业职业教育教学中的环境创设要以学生为中心,遵循学生学习动机发展和职业能力形成的规律,营造职业氛围。通信类专业的教学环境创设要从物理环境和心理环境两个方面入手。

4.2.1　物理环境的创设

物理环境是指师生所处的课堂教学的微观物理环境,从其自身特点来看,它属于一种有形的硬环境,如教室布置、洁净状况、空气光线、周边噪音程度等。如苏联著名教育家苏霍姆林斯基所说的:"孩子在他周围——在走廊的墙壁上、在教室里、在活动室里——经常看到的一切,对他精神面貌的形成具有重大的意义。"

职业教育中物理环境的创设对学生职业素养的培养、职业能力的形成具有十分重要的意义。通过模拟的职业教学环境的创设能够激发学生的学习兴趣、探索精神,培养学生的职业能力,使学生形成明确的职业意识,培养合作与共事的能力,使学生熟练掌握通信职业要求的主要知识、技能、态度和关键能力。

在通信类专业要注重建立"仿真"的模拟化的职业环境,通过在仿真模拟化的职业环境中实施教学,培养学生的职业素养和职业能力。

1. 实践教学环境的创设

通过建设通信工程实验实训室,创设良好的实践教学环境。通信工程实验实训室建设是基于通信工程专业人才培养的要求,依据通信工程专业核心课程培养结构需要进行规划建设的。实验实训室要满足通信工程专业核心课程的教学需要。

通信工程实验实训室建设要求。依据通信企业的机房布局建立仿真的实验实训教学环境,通信设备尽可能采用通信企业在网运行设备;通信设备的布局、走线架的架设、线路的走向和设备的连接等,均按照通信企业建设标准建设;在实验实训室中将通信企业的相关操作流程和规范、职业规范等布置上墙,营造企业真实的工作场景。

通信工程实验实训室建设内容。按照通信工程专业核心课程培养结构(见图4.1),通信工程实验实训室可以分为模拟与数字系统设计、微处理器与系统设计、信号系统与信号处理、通信与电子综合设计、网络工程、通信和电子系统设计六个模块。其中模拟与数字系统设计、微处理器与系统设计、信号系统与信号处理、网络工程四个模块的实验实训室可以与计算机类、电子工程类专业共建共用。

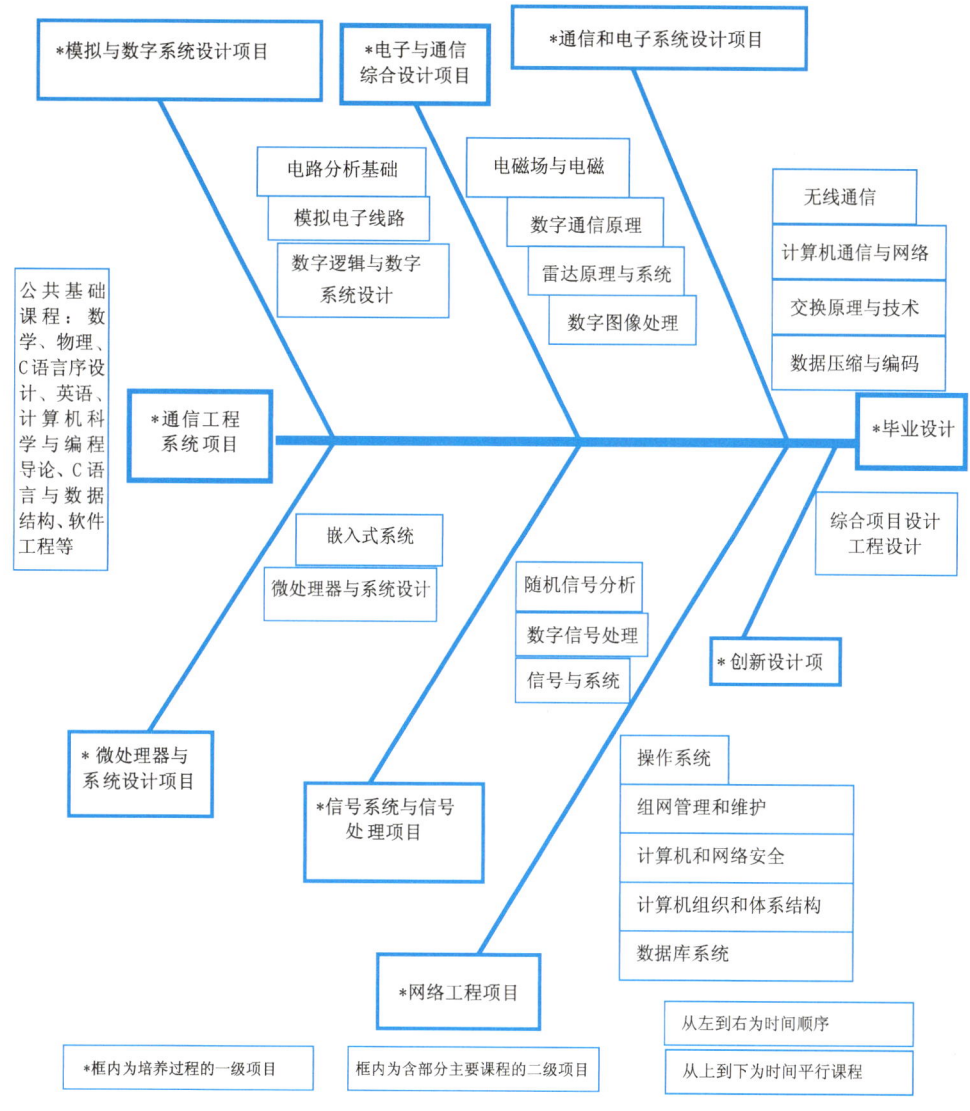

图 4.1　通信工程专业核心课程培养结构示意图

通信和电子系统设计模块按照宽带接入网、承载网络、无线网络、通信工程建设与监理四个方面建设实验实训室。宽带接入网方面建设接入网、WLAN、FTTx、IPRAN 等实验实训室，承载网络方面建设数字通信、软交换、三网融合、DWDM、通信电源、动力环境监控等实验实训室，无线网络方面建设 4G/5G、无线网络优化、应急通信、基站维护等实验实训室，通信工程建设与监理方面建设通信线路、光纤通信、通信工程设计与概预算、综合布线等实验实训室。

通信工程实验实训室建设流程。通信工程实验实训室按照以下流程进行建设：企业调研—编制建设方案—论证完善建设方案—建设项目招标—项目实施建设—建设项目初验—建设项目完善后终验—投入教学。

其中编制实验实训室建设方案是一个重点。首先根据人才培养目标要求和典型岗位的工作任务,确定通信工程实验实训室需要开设的实验实训项目;其次依据实验实训室应开设的实验实训项目,确定实验实训室应配置的仪器和设备;再次依据场地具体情况,布局安排仪器设备;最后形成通信工程实验实训室建设的建设方案。编制建设方案时要配置足够的仪器设备,仪器和设备的台套数最好能够满足一个班级学生的实践教学需要。

实验室建设方案一般分为实验室概况、行业(企业)调研情况、项目建设团队、实验室可开设实验实习项目、实验室设备购置清单及预算费用、实验室选址及设备布局、实验室土建改造要求、建设进度、实验室验收要求等几个部分。

实验室概况要说明实验室名称、实验室的地点和面积、实验室服务面向的专业、实验设备组数和可容纳的学生人数以及实验室投资预算。

行业(企业)调研情况主要说明经过行业(企业)调研,实验室建设的必要性,设备选型的依据等。

实验室可开设实验实习项目主要说明实验室建设完成后能够开设的实验项目和实习项目,项目对应的课程,服务面向的专业。

实验室设备购置清单及预算费用最好采用列表形式,需要有仪器设备名称、规格型号、数量、单价、金额(元)等。其中仪器设备的规格型号是关键,必须说明实验室设备的技术参数。按照容纳的学生数配足设备的台套数。注意在购置设备中要将实验室配套的桌椅一并计入,根据设备的单价计算实验室设备购置的预算。

实验室选址及设备布局主要根据实验室选址场地,对设备摆放的位置进行安排布局。设备布局要考虑有利于学生操作,利于教师对学生实践操作的指导,同时要对实验室水电改造提出具体要求。通信工程类实验室特别要注意对实验室强电和弱电的改造。

实验室验收要求要说明对实验室设备、建设资料等建设完成后的验收要求。

示例1

×××学院实验室建设方案

实验室名称:

实验室建设方式:□新建 □扩建 □改建 □更新

申请单位:

项目负责人:

联系电话(手机):

部门负责人签字:

填报时间:

说明

1.请按此表要求填写,不要更改文本和表格格式。填写时,预留填写位置不足时,可以增加行数和页数。

2. 专业建设项目负责人为相关实验实训室建设项目负责人,由项目负责人填写联系电话。

3. 实验室建设方案完稿前,实验实训室建设团队一定要对同类院校同类实验实训室进行调研。

4. 实验仪器设备购置清单要包括所有实验设备和所需的配套设备(桌、椅、白板、投影仪、空调等),单台设备金额不能确定时,单价和金额可以缓填。"实验室建设合计金额"为必填项目,实验室建设的所有费用原则上不能超过实验室投资预算总经费。

5. 实验室建设前,项目负责人要明确实验室选址、所需面积、所有设备的用电功率,同时绘制设备布局图、电路布线图。

6. 实验室若是要做一些配套家具或特殊的示教板等物件,需要绘制实验室家具图或其他配套装置图,图中要详细标示尺寸。

实验室建设方案

项目负责人:

一、实验室概况

实验室中文名称			
实验室地点		实验室面积	
实验室面向专业			
实验设备组数		容纳学生数	
实验室投资预算			

二、调研情况

主要是行业(企业)相关技术应用、岗位要求等调研,开设相似专业的高校调研。

三、项目建设团队

序号	姓名	承担工作任务
1		
2		
3		
……		

四、实验室可开设实验项目

序号	实验(实习)项目	学时数
1		
2		
3		

五、仪器设备购置清单及相关技术指标要求

1. 采购设备清单及预算价格

序号	设备名称	型号	数量	单位	单价(元)	总价(元)	性能参数
1							设备性能参数详见采购设备技术指标
2							
3							
项目总价预算(元)							

2. 采购设备技术指标

以下技术指标中加★项为实验室设备重点技术指标。

序号	设备名称	数量	技术指标
1			★(1)…… ★(2)……
2			★(1)…… ★(2)……
3			

3. 实验室施工要求

4. 售后服务要求

六、实验室实验设备布局图

1. 实验设备布局图

2. 实验室水电要求和水电安装图

七、土建改造要求

八、建设进度

九、验收要求

2. 编写实验实训指导书

根据专业课程教学要求,依托实验实训室开发相应的实训项目,编写实验实训指导书。实验实训指导书要与实验室设备相配套。

3. 课堂教学环境的创设

主要是在通信类专业的教学班级的教室布置方面,将相关通信企业的理念、愿景等上墙,如中国电信的"用户至上、用心服务",中国移动的"正德厚生、臻于至善",让学生能够在学习过程中受到企业文化潜移默化的影响,认同企业的理念,进一步促进职业意识的培养和形成。

4.2.2 心理环境的创设

人生活在极其广阔的空间中,周围现实的各种要素,在形成人的心理品质上都起着特殊的作用。客观环境中的各种事物不以人的意志为转移而客观存在,但只有在它们为人所感受和体验时,才能对人的心理与行为产生影响。这些对人的心理产生了实际影响的环境因素,即被反映到心理世界中来,在人的头脑中形成的环境映象,称之为"心理环境"。它是指对人的心理发挥着实际影响的社会生活环境,包括对人产生影响的一切人、事、物。心理环境是一种无形的软环境,主要以社会各种心理气氛和人际关系表现出来。教学环境的设计应是包括了教师的自我变革在内的"人的情境"——"对话场"或"关系场"的设计。在这里,"学"是学生能动地形成经验而发现意义的过程;"教"则是教师帮助学生发现、理解教材的意义,并付诸行动的技术过程。从这个意义上说,教师应算是最重要的教育环境。教师必须承担起为学生提供安全心理环境的责任,真正让课堂焕发生命活力,充溢人文气息与关怀,促进学生职业素养的形成。

1. 教学心理环境营造的原则

(1) 快乐性原则

营造良好的教学心理环境,其目的是要使学生享受到积极、愉快的情绪体验,因此,在营造教学环境时,应该突出教学心理环境的快乐性原则。学生的认识过程是一个伴有情绪反应的过程,情绪对认知有一定的组织和瓦解作用。现代心理学的研究表明,不愉快的事情往往不经意地就被知觉所抵制。室内安逸舒适、气氛热烈活跃、情境生动感人、教师教学富有创造性和艺术性等是快乐原则的一般要求。

(2) 统一性原则

这里主要指的是教学心理环境在内容和形式上的统一性。良好的教学心理环境的作用发挥要依靠外在形式将实质性的内容表现出来。因此,在保证内涵作用的前提下,可以根据需要选择多种形式。但是,教学心理环境作用的发挥主要是通过心理环境气氛的营造而对主体的心理产生影响,因此,心理环境的内容才是营造的重点。形式必须要为内容服务,要避免只重形式而忽略了更为重要的内容,应该将两者结合起来考虑。

2. 教师营造良好心理环境的方法

教师是教学心理环境的创设者和调控者,对良好的教学心理环境的营造起主导作用。教师可以从以下几个方面入手。

(1) 要为学生营造一个安全、民主的课堂氛围。所谓安全、民主的课堂氛围,首先是教师在课堂上表现出来的对每个学生的尊重和真诚的关爱。"教学是情感活动过程,如果能形成真实、尊重、理解的教学气氛,那么,由情感推动着的'教学参与'活动,会导致奇迹般的教学效果发生。"教学并不仅在于知识的传授,而是以心理气氛的形成为准绳。每一个学生都应从教师身上感受到对自己的理解、信任与尊重。真正的教育是不求索取的全身心的投入,能打动人心的只有人心。教师面带微笑,亲切和蔼地与学生交流,师生之间没有心理距离,教学就先成功了一半。温暖而有鼓励性的教学气氛能在心理上给学

生一种安全感,把教室变成一个相互尊重、共同提高的场所。

(2)是创设和谐平等的师生关系。师生关系是教育中最基本的关系之一,其和谐与否,直接关系到教育的现实绩效。学生是能动主体,在教师指导下发展自己的认知、情感、能力与个性。教学环境的创设要求教师与学生建立一种"你—我"对话的平等关系,师生之间相互尊重信任,共享知识,变原来单纯进行知识授受的课堂教育,为一种师生自主发展的精神建构领地。让学生主体性突显必然要求师生角色关系的转变,教师要由独奏者角色过渡到伴奏者的角色,不再把主要责任理解为传授知识而是帮助学生去发现、组织和管理知识,要构建一种新型的平等对话关系,营造师生间的积极情感关系和良好氛围。

(3)教师还要着力建立一种团结合作的群体环境,形成合作共事的职业氛围,让学生融入群体之中。教学气氛主要还取决于班集体的人格。教师仅有知识是远远不够的,想完成高质量的课堂教学,培养学生的职业素养,形成良好的态度和品质,教师还必须有一颗真诚热爱教育事业和敏锐感受学生心理需要的心,能产生一种人格上的号召力,以普遍的友爱和与人为善的精神,感染学生中的每一个人,组成一个具有凝聚力、创造活力、充满爱意的班集体,真正让课堂成为师生共同的"阳光""空气"和"水"。在教师人格感召的前提下,又要把创造群体个性的任务交给学生,让他们自己用心和行动去创造。

(4)重视对学习活动的肯定性评价。多采用肯定性评价,产生成功体验,树立学习自信心是营造良好教学心理环境的重要保证。因为肯定性评价能为教学心理环境提供安全性。学习活动的评价是教师对学生的学习行为、学习习惯、学业成绩等依据一定的标准做出的评价。对学习活动的评价是师生之间相互沟通的重要桥梁。它可以是口头的表扬、鼓励或批评,也可以是书面的评分、评语。通过评定,一方面,教师可以了解学生的学习情况和自己教学的情况,为进一步的教学提供依据;另一方面,学生可以从教师的评定中了解到教师对自己的看法、态度,找到行为的依据。学生对学习的兴趣、自信心在很大程度上取决于教师的评价。他们可能因为教师的某次肯定性评价而喜欢该教师,进而喜欢该教师所教的课程。

第五章 专业课程的开发

专业课程的开发建设是由课程的目标、内容、实施和评价所构成。目标是课程所要达到的各类教学目标,按照布鲁姆教学目标分类法,包括认知、情感态度、运动技能三类。在我国的课程标准中,把课程目标划分为三类,即知识与技能、过程与方法、情感态度与价值观。内容是课程教学过程中所采用的具体内容与辅助资源,可以包括教材、电子光盘、教学课件、教学挂图、教学模型、配套手册等。实施是课程具体的实施过程,涉及课程活动、课程任务、课程设计、课程工具等。评价是在课程实施各环节中所开展的各类评价,它能够有效保障课程的实施效果。

5.1 课程目标及要素

课程目标是专业课程对学生在知识与技能、过程与方法、情感态度与价值观等方面的培养上期望达到的程度或标准,也就是说课程教学结束后学生应达到的预期水平。

在课程开发中,课程目标具有提纲挈领的作用。课程目标是整个课程开发中最为关键的准则,确定课程目标,不仅有助于明确课程与教育目标的衔接关系,从而明确课程开发的方向,而且有助于课程内容的选择和组织,并可作为课程实施的依据和课程评价的标准。

5.1.1 制定课程目标

1. 课程目标构成

一个完整的课程目标包括行为主体、行为动词、行为条件和执行标准四个要素,简称ABCD形式。

A(Actor):行为主体,即学生。人们判断课程有没有效益的直接依据是学生有没有获得具体的进步,而不是教师有没有完成任务。一般在写课程目标的时候行为主体可以省略,但格式必须注意,如一般可以采取以下的表达:"通过……学习,能完成……""通过……学习,能分析归纳……",而不是"使学生掌握……""教会学生……"等表述方式。

B(Behavior):行为动词,即执行的行为。行为动词必须是具体可测量、可评价的,如知道、归纳、列举、感受、参加等。

C(Condition):执行的前提条件。影响学生学习结果的特定的限制或范围,如"通过收集资料""通过观看影片……""通过训练……"等。

D(Degree):表现程度,即用可测定的执行标准。指学生学习之后产生的行为变化的最低表现水平,用以评价学习表现或学习结果达到的程度。比如通过学习(行为条件),能够完成(行为动词)通信工程概预算编制(表现程度),了解(行为动词)编制概预算的注意事项(表现程度)。

2. 制定课程目标的原则

课程目标是指教学结束时或结束后一段时间内,组织机构可以观察到的并以一定方式能够衡量到的具体的、合理的行为表现。它关注的是学生学到了什么,学生能够做什么,而不是教师教授了什么。

因此在制定课程目标时应遵循 SMART 原则,即目标必须是具体的(Specific)、目标必须是可以衡量的(Measurable)、目标必须是可以达到的(Attainable)、目标必须和其他目标具有相关性(Relevant)、目标必须具有明确的截止期限(Time-based)。

5.1.2 描述课程目标

1. 行为目标、展开性目标和表现性目标

根据目标生成的时间划分,课程目标可分为行为目标、展开性目标和表现性目标。

(1)行为目标

行为目标是一种具体的、可观察的学习目标,即学生通过学习以后能做什么的一种明确、具体的表述,或者具备什么样的职业能力。它以行为描述课程目标,把课程目标分为具体的学习行为,把学习行为分解为更细的学习任务。

(2)开展性目标

开展性目标是根据课程的实际进展提出的相应目标,而不是事先设定的目标。它主要考虑的是学习活动的过程,而不像行为目标那样重视结果;它关注的是学生的兴趣、能力的差异,强调目标的适应性、生成性。

(3)表现性目标

表现性目标强调的是教师和学生在课堂中的自主性、创造性,是唤起性的,不是规定性的,它主要强调的是学生的创新精神、批判思维,适合以学生活动为主的课程。

2. 知识目标、能力目标和情感目标

根据课程内容可以将课程目标划分为知识目标、能力目标和情感目标。

(1)知识目标

知识目标重点体现的是通过课程学习,对课程相关知识点应达到的标准,通常用了解、熟悉、理解、领会、掌握等词语表述。

(2)能力目标

能力目标重点体现的是通过课程学习,对课程相关专业能力、职业能力应达到的要求,通常用完成、开展、设计、编制、制作等词语表述。

(3)情感目标

情感目标重点体现的是情感、意识、态度、价值观等素质范畴的内容,通常是通过一个过程,在科学态度、学习兴趣、学习态度、合作意识、团队精神、爱国热情、责任心、诚信度等方面达到的变化。

5.2 课程的开发

课程建设是指通过需求分析确定课程目标,再根据这一目标对课程的教学内容及相

关教学活动进行计划、组织、实施、评价、修订,以最终达到课程目标的整个工作过程。课程建设包括课程目标、课程内容、课程实施和课程评价四个环节,见图5.1。

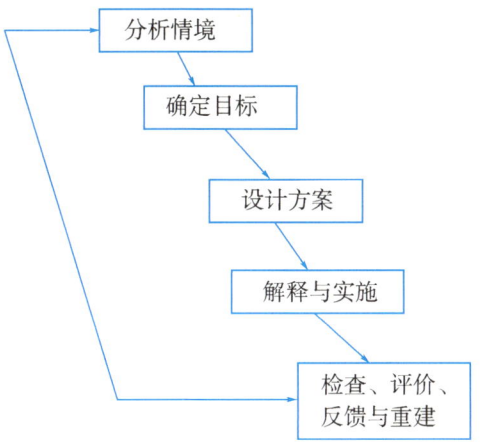

图5.1 课程建设各环节

课程设计是课程建设的基础工作,贯穿于课程建设的全过程,主要是针对课程目标、课程内容、课程实施的研究设计,包括课程标准、课程情境、课程教案、课程评价等。

5.2.1 课程建设内容

课程建设的主要内容就是课程模式和教学模式建设。

1. 课程模式建设

课程模式建设,主要研究教什么的问题,确立课程教学目标。具体包括三方面内容:

一是按照职业教育的思想和理论开发课程,目前比较先进的课程开发思想和理论就是"基于工作过程";

二是考虑专业特性和学生特点,按照能力培养循序渐进的原则序化课程结构;

三是编制课程目标、课程内容等框架计划,即建立课程标准。

2. 教学模式建设

教学模式建设主要研究怎样教才能实现培养目标等问题,是指在一定的教学目标及教学理论指导下,依据学生的身心发展特点,对教学目标、教学内容、教学结构、教学手段方法、教学评价等因素进行简约概括,而形成的相对稳定的指导教学实践的教学行为系统,即设计课程情境与教案、教学实施与评价。

5.2.2 课程建设的流程

1. 课程建设的基本程序

(1)分析职业岗位

加强校企、校政、校校合作,组织专业教师和企业专家深入行业、企业、政府主管机构,以及其他职业院校进行调查研究,开展职业分析,确定专业面向的职业岗位(群),分析职业岗位(群)工作任务。

(2)归纳典型工作任务

根据职业岗位(群)工作任务对人的职业成长是否起到关键作用,是否属于该职业岗位的核心工作,在职业发展的不同阶段是否经常出现,筛选出典型工作任务。

(3)构建行动领域

按照工作性质相同、行动纬度一致性原则,结合国家相关职业标准,将相互关联的典型工作任务整合为一个行动领域。

(4)转换学习领域

就是由行动领域(在工作时需要做什么)来确定岗位能力并转化成学习领域的能力,即工作中需要的能力,怎样在学校中学习。再按照教学论、方法论要求,依据能力复杂程度,结合学生认知及职业成长规律进行排序,一般一个或多个行动领域可转换成一个学习领域(即课程)。

(5)设计学习情境和教案

按照职业岗位的实际工作任务及其工作过程,将学习领域(即课程)中的能力目标和学习内容分解为若干个学习情境(相对独立、完整的工作过程或项目),并根据学习情境的要求,融入教学方法、教学手段、教学艺术,按照行动导向的工学理念,针对教学内容设计实施性授课教案,进而实现课程教学目标。

2. 课程体系建设的步骤

(1)市场调研

①参与:课程建设团队、教学教研人员、专业教师、企业人员。

②目标:了解专业与职业之间的差异点,了解专业市场和人才市场,了解行业需求、企业需求、职业需求和岗位需求。

③要求:写出调查报告、职业岗位工作人员访谈记录,列出本专业面向的职业岗位(群),并对接国家职业标准的工作内容和岗位要求。专业职业岗位(群)分析见表5.1。

表5.1 专业职业岗位(群)分析表

序号	专业面向的职业岗位及描述	技能证书/职业资格证书	备注
1			
2			
3			
4			

示例 1

光纤通信专业职业岗位群分析表(见表5.2)。

表5.2 光纤通信专业职业岗位群分析表

序号	就业面向的职业岗位及描述	技能证书/职业资格证书	备注
1	传输维护工程师: 负责光传输设备(SDH/MSTP/ASON/DWDM)的日常维护,负责光传输设备的故障处理,负责光传输设备的数据配置	(1)光通信机务员(工信部) (2)传输工程师(华为认证)	选考

(续表)

序号	就业面向的职业岗位及描述	技能证书/职业资格证书	备注
2	咨询设计师： 无线、传输、管线专业的现场查勘和方案的制作以及后期的设计图纸、预算和说明的编制	(1)设计咨询师资格认证 (2)通信线务员(工信部)	选考
3	项目经理： 组织人员施工，工程结束时组织所属项目的竣工结算和内外审计	(1)通信工程概预算资格证(工信部) (2)计算机辅助设计CAD操作技能合格证 (3)建造师资格证	选考
4	业务主管： 完成外包合同管理和外包预算的审核，外包业务的技术支撑及工程现场勘察	(1)通信线务员(工信部) (2)通信工程概预算资格证(工信部) (3)计算机辅助设计CAD操作技能合格证	选考
5	业务经理： 负责项目投标、竞标；核算拟投标项目的成本总额，制作投标文件；对承揽工程的总体利润指标负责	(1)计算机辅助设计CAD操作技能合格证 (2)通信工程概预算资格证(工信部) (3)通信线务员(工信部)	选考
6	综合布线与安防工程施工技术员： 按方案进行综合布线施工，进行监控(智能小区、楼宇)设备的安装、配置、调试，综合布线测试与验收，监控系统测试与验收	(1)综合布线工程师认证 (2)计算机辅助设计CAD操作技能合格证 (3)通信工程概预算资格证(工信部) (4)通信线务员(工信部)	选考

(2)岗位(群)工作任务分析

①参与：行业技术专家、企业领导、岗位能手、专业教师。

②目标：对人才需求、专业定位、岗位群进行论证；分析职业工作过程，确定工作岗位，职责，任务，流程，对象，方法，所需知识、能力、职业素养等，能力应包含本专业基本技能、专项能力、综合能力、素质拓展能力等。

③要求：列出专业岗位(群)工作(任务)分析表，见表5.3。

表5.3 专业岗位(群)工作分析表

工作岗位	主要职责	具体任务	工作流程	工作对象	工作方法	使用工具	劳动组织方式	与其他任务的关系	所需的知识能力和职业素养	
									知识	
									能力	
									职业素养	

(续表)

工作岗位	主要职责	具体任务	工作流程	工作对象	工作方法	使用工具	劳动组织方式	与其他任务的关系	所需的知识能力和职业素养	
									知识	
									能力	
									职业素养	
									知识	
									能力	
									职业素养	
									知识	
									能力	
									职业素养	

示例 2

光纤通信专业工作分析表见表5.4。

表5.4　光纤通信专业工作分析表

工作岗位	主要职责	具体任务	工作流程	工作对象	工作方法	使用工具	劳动组织方式	与其他任务的关系	所需的知识能力和职业素养	
传输维护工程师	①负责传输设备日常维护；②负责同步网的日常维护；③负责综合网管的日常维护；④负责传输设备和网络结构的扩容工作；⑤负责传输设备的故障处理；⑥根据业务响应的需求，快速完成电路的开通和测试工作	①传输设备的日常维护；②传输设备日常测试；③传输网管监控；④传输设备及网络故障处理；⑤业务的开通和测试	监控设备硬件和网管、故障处理、业务开通	有线传输设备及其配套设备和配套网管、DDF/ODF、仪器仪表、综合网管系统	监控、处理	①传输网管系统②误码仪③光功率计	团队协作	核心任务	知识	①通信系统构成知识；②光传输设备的硬件结构及软硬件安装知识
									能力	①具备熟练使用传输网管软件的能力；②具备识图、软硬件调测、业务开通、传输设备故障处理能力
									职业素养	①沟通协作能力；②自主学习能力；③创新能力

(3)典型工作任务分析

①参与:教学研究人员、双师型专业教师。

②目标:疏理、归类、整合职业岗位工作任务;选择合适载体,凝练出典型工作;确定典型工作的任务。

③要求:归纳出本专业典型工作任务,列出本专业典型工作任务分析表(见表5.5)。

表5.5 专业典型工作(任务)分析表

岗位名称	具体工作任务	职业行动能力	典型工作任务
×××岗位	××任务	1.具备×××能力 2.具备×××能力	1.××工作任务 2.××工作任务
	××任务		
	××任务		
	××任务		
×××岗位	××任务		
	××任务		
	××任务		
×××岗位	××任务		
	××任务		
	××任务		
×××岗位	××任务		
	××任务		
	××任务		

(4)专业课程开发

①参与:教学研究人员、专业教师。

②目标:将相互关联的典型工作任务整合为一个行动领域,分析学生基本情况、培养能力所需的知识和技能等,将行动领域转换为课程,并按照工作任务的逻辑关系设计、序化课程。

③要求:进行本专业课程开发分析(见表5.6),实现典型工作向课程转换(见表5.7),初步确定本专业教学标准,包括人才培养目标、人才培养规格要求等。

表 5.6　专业课程开发分析表

典型工作	典型工作任务	职业行动能力	职业素养	学习者已有基础情况	拟学习的知识	拟训练的项目	备注

表 5.7　将典型工作转换为课程

素质能力	能力(技能)要素		具体要求	对应的课程
基本素质与能力	基本素质			
	外语能力			
专业素质与能力				
岗位能力				

(5)专家论证,形成专业教学标准

①参与:企业技术专家、一线技术人员、兄弟院校专家、专业教师。

②目标:确认职业行动领域与岗位群的工作实际的符合度,提出专业教学标准和课程标准建议。

③要求:专业课程开发专家评价意见表(见表5.8),完善并形成本专业教学标准(即专业人才培养方案)。

表5.8　专业课程开发专家评价意见表

时间：

一、专业

二、评价内容

三、专家意见：

专家组成员(签名)：

专家组组长(签名)：

5.3　课程设计

课程设计具体划分为三个阶段:课程标准编制、学习情境教学设计、学习单元教案设计。在各阶段设计过程中,遵循工学结合的行动导向,坚持以学生为主体、能力为本位的设计思想,从简单到复杂,由个体到整体,逐步提升学生的自主性学习程度。

5.3.1　课程标准编写

按照实际工作任务、工作过程和工作情境组织课程,以任务、项目、案例、产品等为载体构建课程学习情境(见表5.9),编写新课程标准(见表5.10～表5.12),从而明确课程的定位与目标。

表5.9 专业课程学习情境的设计方案

课程 \ 学习情境	学习情境1	学习情境2	学习情境3	学习情境4	学习情境5	学习情境6

（每个情境就是一个完整的工作任务，采用动宾结构）

表5.10　×××课程标准简表

总学时	开课学期/学时	教材名称与编者
教学目标： （以能力描述的目标） 　1.具备……能力 　2.具备……能力 　3.……		宏观：项目教学法/模块教学法/任务驱动法 微观：引导文法/任务设计法、参观教学法、研讨法、现场教学法、案例教学法、研究比较法等、教学做一体等
教学内容： （以任务陈述的内容） 　1. 　2.		教学方法建议 宏观教学方法： 微观教学方法：
教学资源要求	学生已有的学习基础：	教师应具备的能力： 　1. 　2.

（如果是学做一体化课程，就包括实习专周课时（在课程设置计划表上就没有实习专周））

（教材、实训指导书、教案、多媒体课件、图片、视频、设计标准、技术手册、软件、多媒体教室、实训室等）

考核与评价（方式、方法与各部分分数比例）
　1.考核方式：
　2.成绩比例：

1.考核方式：期末考试、实际操作考核、项目完成考核及平时课堂表现考核
2.成绩比例：本课程为教学做一体化课程，学生考核由以下几部分组成——理论知识考核（期末考试、笔试），占30%；实际操作技能考核（单独操作考核），占30%；项目成绩（以完成各项工作任务为依据），占30%；平时课堂表现，占10%

表 5.11　×××课程学习情境标准简表——学习情境 1:×××

建议学时		授课教师	专兼职双师团队
教学目标（以能力描述的目标）： 　1. 　2.			
工作任务（学习型工作任务）： 　1. 　2.			
教学内容： 　1. 　2.		教学方法建议 宏观教学方法： 微观教学方法：	
教学资源要求	学生已有的学习基础： 　1. 　2.	教师应具备的能力： 　1. 　2.	
考核与评价： 　1.考核方式 　2.成绩比例	本情境占总课程 5%,其中理论知识考核（笔试）占 30%,实际操作技能考核（单独操作考核）占 30%,项目成绩（以完成各项工作任务为依据）占 30%,平时课堂表现占 10%		

表 5.12　×××课程学习情境标准简表——学习情境 2:×××

建议学时		授课教师	专兼职双师团队

教学目标：

1.

2.

工作任务(学习型工作任务)：

1.

2.

（续表）

建议学时		授课教师	专兼职双师团队
教学内容： 1. 2.		教学方法建议 宏观教学方法： 微观教学方法：	
教学资源要求	学生已有的学习基础： 1. 2.	教师应具备的能力： 1. 2.	

考核与评价
1. 考核方式
2. 成绩比例

示例 3

×××课程标准模板

一、课程基本信息（见表5.13）

表5.13　课程基本信息

课程名称		课程代码	
课程学分		课程学时	
课程类型		适用专业	
与其他课程的关系	前导课程：		
	平行课程：		
	后续课程：		

二、课程定位

1. 本课程对应的职业典型工作任务是什么，在职业中的意义是怎样的？

2. 对该典型工作任务进行描述。

3. 对本课程在课程体系中的地位与作用进行简要描述。

4. 前导课程与后续课程是什么？

三、教学目标

首先用一段话说明课程的综合要求，如果达到了这一要求，必然要具备所期望的能力和经验，之后列举一些具体的显性目标。

四、教学内容

在职业工作任务分析与调研的基础上，分析课程对应职业典型工作任务的工作对象、工具、工作方法、劳动组织和对工作的要求等工作内容，梳理工作过程知识，结合教学目标确定教学内容（见表5.14）。

表 5.14　教学内容

学习情境	工作对象	工具	工作方法	劳动组织	工作要求

五、学习情境设计说明

1. 学习情境划分（见表 5.15）

表 5.15　学习情境划分

序号	学习情境	情境描述	参考学时

> 站在实际工作的角度，说明选取了哪些学习性工作任务作为学习情境的载体，并对学习情境的内容与组织等进行简要描述

2. 学习情境教学设计

学习情境的教学目标是什么？教学内容是什么？承载上述目标和内容的学习性工作任务是什么？应选择什么教学方法？教学流程是怎样的？需要什么样的教学条件作为支撑？如何对学生进行考核？（一般针对一项学习性工作任务进行设计）（见表5.16）

表 5.16　学习情境 1

学习情境 1		建议学时	
授课教师	专兼职双师团队		
教学目标			

1.
2.
3.

学习性工作任务

1.
2.
3.

(续表)

教学内容
1. 2. 3.
教学方法
1. 宏观方法： 2. 微观方法：
教学流程图
教学条件(资源要求)
学生已有的学习基础
1. 2.
教师应具备的能力
1. 2.
考核与评价
1. 考核方式： 2. 成绩比例：

说明：根据学习情境划分情况，有几个学习情境就有几张学习情境表。

六、实施建议

1. 学习材料开发建议

说明本课程的实施需要为学生提供哪些学习材料和资源？各自功能是什么？采用什么形式？需要开发哪些相关资源？

2. 课程考核建议

从组织形式、考核内容、考核标准、成绩评定等方面说明本课程的考核建议。

3. 师资配备建议

从本课程的实施所需要的教学团队职称结构、老师专业结构、老师能力与水平方面提出建议。

4. 条件配备建议

从专业教室的场地布置、设备配置、资料配置、氛围营造等方面提出建议。

示例 4

基站天馈测试与维护实习课程标准

一、课程定位

移动通信系统是目前成熟应用且日趋重要的通信系统,可以为用户提供语音业务的接入以及分组业务的接入,实现多种多样的内容提供。

基站天馈测试与维护实习是基于移动通信系统,面向通信运营商、设备制造商、外包公司、代维公司、设备代理商等通信企业的基站工程、维护、优化等岗位从事基站设备安装、调测、基站设备业务开通、基站及天馈系统维护与管理等典型工作任务,分析归纳总结得出的学习领域。

基站天馈测试与维护实习课程是多个专业的一门专业实训核心课程,可作为通信专业群的一门专业共享课程。本课程的目的在于通过学生到实际场地体验真实工作环境,理解基站设备的工作原理,培养学生对于中兴、华为等厂商的基站设备安装、维护与管理等岗位的职业能力,提高职业素养,为学生顺利就业奠定基础。

二、教学目标

通过学习,使学生了解电信网的基本知识,掌握基站设备结构、功能及工作原理,熟悉基站设备维护管理流程,具备基站设备及其附属设备的安装、验收、维护与管理等基本技能,能进行工程技术指导、简单技术交流,处理常见故障,以适应通信企业基站维护、外包软调、工程安装、技术支持等岗位工作能力需求。为达到以上要求,学生必须具备以下能力:

(1)具备基站设备选型和安装能力;

(2)具备基站设备数据配置能力;

(3)具备基站设备规范操作能力;

(4)具备基站设备日常巡检维护能力;

(5)具备基站设备常见故障处理能力;

(6)具有较强的自学能力、沟通交流能力和组织协调能力;

(7)具有团队意识及妥善处理人际关系的能力。

三、教学内容(见表 5.17)

表 5.17 教学内容

学习情境	工作对象	工具	工作方法	劳动组织	工作要求
维护工具及仪器基础知识的学习	天馈系统维护常用工具及仪器	基站维护类仪器仪表	分解步骤,逐步完成	自行学习	1.学习基站天馈系统组成 2.掌握天馈系统维护常用工具及仪器的使用方法

(续表)

学习情境	工作对象	工具	工作方法	劳动组织	工作要求
中兴 CDMA 宏站维护	中兴 CDMA 宏站 I2 设备	维护终端若干,中兴 I2 设备	分解步骤,逐步完成	团队合作	1 掌握中兴 CDMA 宏站 I2 设备组成及原理 2.以任务形式完成 I2 的日常维护操作以及故障处理
华为 WCDMA 射频拉远站维护	华为 WCDMA 射频拉远站 DBS3900 设备	维护终端若干,华为 DBS 设备	分解步骤,逐步完成	团队合作	1.掌握华为 WCDMA 射频拉远站 DBS3900 设备组成及原理 2.以任务形式完成 DBS3900 的日常维护操作以及故障处理

四、学习情境设计说明

1.学习情境划分(见表5.18)

表5.18 学习情境划分

序号	学习情境	情境描述	参考学时
1	维护工具及仪器基础知识的学习	1.认识罗盘、馈线刀、sitemaster、天线板、八分之七寸馈线、二分之一寸馈线	4
2	中兴 CDMA 宏站维护	1.I2 设备驻波比测试 2.I2 设备维护与管理	10
3	华为 WCDMA 射频拉远站维护	1.DBS3900 数据配置 2.DBS3900 语音业务配置 3.DBS3900 设备维护与管理	12

2.学习情境教学设计(见表5.19~表5.21)

表5.19 学习情境1

学习情境1	维护工具及仪器基础知识的学习	建议学时	4
授课教师	×××、×××		

教学目标

1.具备测试基站天线下倾角能力
2.具备测试方位角能力
3.具备制作馈线接头能力
4.具备驻波比测试仪使用能力

学习性工作任务

认识罗盘、坡度仪、馈线刀、sitemaster、天线板、八分之七寸馈线、二分之一寸馈线

（续表）

教学内容
1. 使用罗盘测试基站天线板方位角 2. 使用坡度仪测试下倾角 3. 使用馈线刀制作馈线接头 4. 使用 sitemaster 测试驻波比
教学方法
宏观：项目教学法 微观：学中做，做中学
教学流程图
基站天馈系统维护 ├─ 方位角测量 软盘使用 ├─ 下倾角测量 坡度仪使用 ├─ 馈线接头制作 馈线刀使用 └─ 驻波比测量 STTEMASTER使用
教学条件（资源要求）
基站天馈测试与维护实训指导书、相应教案一套、多媒体课件一套，中兴、华为基站安装手册各一套，中兴 OMC、华为 LMT 多套，多媒体教室两间（含实训室）
学生已有的学习基础
数字通信原理、移动通信系统与原理
教师应具备的能力
1. 从事过基站维护岗位的实际工作；2. 熟悉相关基站设备、工具操作；3. 熟练使用 Office 系列软件；4. 普通话 2 级乙等以上，清晰表达能力
考核与评价
考核方式：口答基础知识及操作要点，具体工作过程的测试考核 学期教学评价＝工作任务评价（40％）＋学习过程评价（10％）＋知识考核评价（45％）＋实习报告评价（5％）

表 5.20　学习情境 2

学习情境 2	中兴 CDMA 宏站维护	建议学时	10
授课教师	×××、×××		
教学目标			
1. 掌握中兴 CDMA 宏站设备组成及工作原理 2. 具备中兴 BTS I2 设备的维护能力 3. 具备中兴 BTS I2 设备的配置能力			

（续表）

学习性工作任务	
任务1	I2 设备驻波比测试
任务2	I2 设备维护与管理
教学内容	
1. 了解 BTS I2 的基本参数 2. 掌握 BTS I2 的设备结构及单板组成 3. 掌握 BTS I2 设备接口及连线 4. 掌握 BTS I2 驻波比测试流程 5 掌握 BTS I2 日常维护内容及工作流程	
教学方法	
宏观：项目教学法 微观：学中做，做中学	
教学流程图	

```
           ZTE BTS I2设备维护操作
        ┌──────┬──────┬──────┐
   BTS I2   BTS I2   BTS I2   BTS I2
   基本组成  接口及连线 驻波比测试 日常维护
   及单板
```

教学条件（资源要求）	
基站天馈测试与维护实训指导书、相应教案一套、多媒体课件一套、中兴、华为基站安装手册各一套、中兴 OMC、华为 LMT 多套、多媒体教室两间（含实训室）。	
学生已有的学习基础	
数字通信原理、移动通信系统与原理	
教师应具备的能力	
1. 从事过基站维护岗位的实际工作；2. 熟悉中兴相关基站设备操作；3. 熟练使用 Office 系列软件；4. 普通话 2 级乙等以上，清晰表达能力	
考核与评价	
考核方式：口答基础知识及操作要点，具体工作过程的测试考核 学期教学评价＝工作任务评价（40%）＋学习过程评价（10%）＋知识考核评价（45%）＋实习报告评价（5%）	

表 5.21 学习情境 3

学习情境 3	华为 WCDMA 射频拉远站维护	建议学时	12
授课教师	×××，×××		

(续表)

教学目标
1. 掌握华为 WCDMA 射频拉远站组成及工作原理 2. 具备华为 DBS3900 设备的维护能力 3. 具备华为 DBS3900 设备的配置能力
学习性工作任务
任务 1　DBS3900 数据配置 任务 2　DBS3900 语音业务配置 任务 3　DBS3900 设备维护与管理
教学内容
1. 了解 DBS3900 的基本参数 2. 掌握 DBS3900 的设备结构及单板组成 3. 掌握 DBS3900 设备接口及连线 4. 掌握 DBS3900 驻波比测试流程 5. 掌握 DBS3900 日常维护内容及工作流程
教学方法
宏观:项目教学法 微观:学中做,做中学
教学流程图

```
                      华为射频拉远站维护
           ┌──────────┬──────────┬──────────┐
    掌握DBS3900的设备  掌握DBS3900   掌握DBS3900驻  掌握DBS3900日常
    备结构及单板组成   设备接口及连线  波比测试流程   维护内容及工作流程
```

教学条件(资源要求)
基站天馈测试与维护实训指导书、相应教案一套、多媒体课件一套,华为基站安装手册各一套,华为 LMT 多套,多媒体教室一间(含实训室)
学生已有的学习基础
移动通信原理
教师应具备的能力
1. 从事过基站维护岗位的实际工作;2. 熟悉中兴相关基站设备操作;3. 熟练使用 office 系列软件;4. 普通话 2 级乙等以上,清晰表达能力
考核与评价
考核方式:口答基础知识及操作要点,具体工作过程的测试考核 学期教学评价=工作任务评价(40%)+学习过程评价(10%)+知识考核评价(45%)+实习报告评价(5%)

五、实施建议

1. 学习材料开发建议

(1)实训教材;

(2)实操手册;

(3)电子教案;

(4)多媒体课件;

(5)授课视频。

2. 课程考核建议

考核方式:口答考试、实际操作考试、项目完成考核及平时课堂表现考核。

成绩比例:本课程考核由以下几部分组成——口答考试占25%,实际操作考试占20%,项目完成考核占40%,平时课堂表现考核占15%。

3. 师资配备建议

专兼职双师团队,教师应具备较强的移动通信理论知识;熟悉联通、移动、电信等各营运商维护规程;熟悉中兴、华为基站设备的配置及基站设备的安装及调试;熟悉各教学法的实施流程。

4. 条件配备建议

CDMA、WCDMA网络、基站机房、多媒体教室等。

5.3.2 学习情境教学设计

根据课程标准编制中划分的学习情境,针对每个学习情境及其任务单元的教学目标、教学载体、知识点、技能点、资源配置、学习成果等进行教学设计,从简单到复杂,逐步推进(见表5.22、表5.23),最终形成学习情境教学设计方案(见课程教学设计方案示例5模板)。

表5.22 ×××课程学习情境教学设计简表

学习情境	教学目标	工作过程中所需要的知识点	工作过程中所需要的技能点	教学载体	教学方法建议(宏观教学)	软教学资源配置		学习成果形式		备注
						教学文件(附件)	资源形态	文本	产品或系统或其他	
	情境名称、目标必须与课程标准中的一致	完成这个情境任务所必需的知识和技能		教学载体是承载知识和技能的某个零部件、材料、案例等				通过情境训练后,学生完成的成果,可以是产品、方案、作品、软件等		

第一部分 职业教育教学法原理与方法

表 5.23 ×××课程学习单元教学设计简表

学习情境	学习单元	教学目标	知识点	技能点	教学载体（承载教学目标和教学内容、工作经验）	教学方法建议（微观方法）	软教学资源配置		学习成果形式		备注
							教学文件（附件）	资源形态	文本	产品或系统或其他	
完整的工作任务	行动任务	一个情境可能由若干个任务构成，每个任务就是一个学习单元，针对单元细化目标、知识点、技能点等			简单↓复杂	自主程度					

示例 5

×××课程教学设计方案模板

一、课程教育目标

课程教育目标的范畴比教学目标大，包含知识、能力和素质三部分内容。

二、课程的教学内容与学时建议（见表 5.24）

表 5.24 教学内容与学时建议

序号	学习情境	学时	教学形式	备注
	合　计			

三、课程教学设计方案

(一)学习情境标准简表(见表 5.25、表 5.26)

表 5.25　学习情境 1:×××标准简表

建议学时		授课教师	专兼职双师团队
教学目标: 1. 2.	采用能力描述,具备……能力		
工作任务: 工作流程:	结合企业岗位实际工作,描述学生需要完成的工作任务,以及实际工作流程		
教学内容: 1. 2. 3. 载体1:　　载体2:　　载体3: 基于工作过程的教学流程:	承载完成任务所需知识和技能的载体,遵循从简单到复杂的规则 将工作任务转化为学习任务,教师实施的教学过程		教学方法建议 宏观教学方法: 微观教学方法:
媒介建议	考核与评价 考核方式: 成绩比例:	学生已有的学习基础	教师应具备的能力

表 5.26　学习情境 n:×××标准简表

建议学时		授课教师	专兼职双师团队
教学目标: 1. 2.			
工作任务: 工作流程:			
教学内容: 1. 2. 3. 载体1:　　载体2:　　载体3: 基于工作过程的教学流程:			教学方法建议: 宏观教学方法: 微观教学方法:
媒介建议	考核与评价 考核方式: 成绩比例:	学生已有的学习基础	教师应具备的能力

(二) 学习情境教学设计

1. 学习情景 1：×××

(1) 学习情境教学内容与建议学时（见表 5.27）

表 5.27　学习情境 1——教学内容与建议学时

学习情境名称	总学时：		学习目标		学时分配	教学资源
			技能点	知识点		
学习情境 1：×××		单元 1：×××	能够进行/开展/实施……	1. 2. 3.		
		单元 2：×××		1. 2.		
		项目训练	需要在什么环境下完成学习型任务，如一体化教室、实训室、多媒体教室			
		教学环境				

(2) 学习情境 1：×××教学设计方案（见表 5.28）

表 5.28　学习情境 1——教学设计方案

学习单元	教学目标	工作过程系统比逻辑知识点	技能点	教学载体	教学方法	软教学资源配置		教学成果形式及考核方式		备注
						教学文件（附件）	资源形态	产品或系统	考核或评价方式	
单元 1：×××	1. 具备……能力 2.	1. 2. 3.	知识点与技能点必须与表 5.27 中各单元对应一致			教学载体、教学方法、资源配置与教学成果要与表 5.27 中各单元对应一致				
单元 2：×××										

2. 学习情景 2：×××

(1) 学习情境教学内容与建议学时（见表 5.29）

表 5.29　学习情境 2——教学内容与建议学时

学习情境名称	总学时：		学习目标		学时分配	教学资源
			技能点	知识点		
学习情境 2：×××		单元 1：×××	能够进行/开展/实施……	1. 2.		
		单元 2：×××		1. 2.		
		项目训练	需要在什么环境下完成学习型任务，如一体化教室、实训室、多媒体教室			
		教学环境				

(2)学习情境 2：×××教学设计方案（见表 5.30）

表 5.30　学习情境 2——教学设计方案

学习单元	教学目标	工作过程系统化逻辑知识点	技能点	教学载体	教学方法	软教学资源配置		教学成果形式及考核方式			备注
						教学文件（附件）	资源形态	文本	产品或系统	考核或评价方式	
单元1：×××	1.具备……能力；2.	1. 2. 3. 知识点与技能点必须与表 5.27 中各单元对应一致				教学载体、教学方法、资源配置与教学成果要与表 5.27 中各单元对应一致					
单元2：×××											

四、学习情境教学指南（见表 5.31）

表 5.31　学习情境教学指南

学习情境	教学内容逻辑设计	软教学资源配置	教学做合一任务（成果）形式说明	备注
学习情境1：×××		这是一张学习情境教学设计总表，学习情境设计、教学内容逻辑设计、资源配置与教学成果一目了然		
……				
学习情境n：×××				

5.3.3　学习单元教案设计

根据课程教学设计方案及其要求，进一步细化教学过程实施的教案。在此，仍然坚持从简单到复杂的设计原则，便于理解和深化。

1.学习单元教学教案设计

(1)学习情境1：×××

①学习单元1：×××（见表5.32）

表 5.32　学习单元教学教案设计 1

学习单元名称（即工作任务-学习型工作任务）			适用年级	
单元教学目标			教学时间/学时	
单元重点难点				
单元教学方法				

（单元教学目标要与学习情境教学设计中的目标保持一致）

教学设计	教学目标	教学内容	教学组织方式	教学资源要求	教学方法	时间（分钟）
	多元评价方式					
	参考资料、学习资源					

（通过具体教学内容的学习要达到的目标）

（参考资料、资源要具体化，如某出版社的某书，某网站的网址是什么）

（是上一单元教学方法中的一部分或全部）

②学习单元 2：×××

……

(2)学习情境 2：×××

①学习单元 1：×××（见表 5.33）

表 5.33　学习单元教学教案设计 2

学习单元名称（即工作任务——学习型工作任务）			适用年级	
单元教学目标			教学时间/学时	
单元重点难点				
单元教学方法				

教学设计	教学目标	教学内容	教学组织方式	教学资源要求	教学方法	时间（分钟）
	多元评价方式					
	参考资料、学习资源					

②学习单元 2：×××

……

2.学习单元教学引导文设计

(1)学习情境1:×××

①学习单元1:×××(见表5.34)

表5.34 ×××单元引导文

<table>
<tr><td colspan="2">单元名称</td><td></td><td>学时</td><td></td></tr>
<tr><td rowspan="2">学习目标</td><td>知识目标</td><td colspan="3">1.掌握×××
2.掌握×××</td></tr>
<tr><td>能力目标</td><td colspan="3">1.能够进行/完成/执行/设计×××
2.能够进行/完成/执行/设计×××
3.能够进行/完成/执行/设计×××</td></tr>
<tr><td colspan="2">任务描述</td><td colspan="3">老师给出一个任务,可以是零部件、工程图纸、服务项目等,提出相应要求。如:1.编制塑料件成型工艺规程;2.模具结构设计与工艺计算;3.制定模具零件加工工艺规程</td></tr>
<tr><td colspan="2">引导问题</td><td colspan="3">1.信息
(1)需要学习哪些知识?
要完成工作任务,引导学生思考需要哪些知识,可以参考哪些资料
(2)需要的参考资料有哪些?
2.计划
老师指导学生分组制订计划,先进行什么,然后进行什么,最后进行什么
3.决策
完成任务需要多长时间?方案有哪些,优缺点如何,最终确定哪个?采用的方法?
4.执行
由学生分组协作完成任务,遇到问题时老师先进行引导,由学生进行讨论然后再给出正确答案
5.评估
(1)是否按计划完成了所有任务?(2)在完成任务过程中出现了什么问题,怎么解决的?(3)过程中出现了哪些亮点值得借鉴学习?(4)还有哪些不足需要改进?
(5)自己对自己工作质量的评价</td></tr>
<tr><td colspan="2">信息来源</td><td colspan="3">1.教材:×××
2.参考书:×××
3.资料:×××
4.网络:×××</td></tr>
<tr><td colspan="5">教学过程设计及活动安排</td></tr>
<tr><td colspan="2">相关知识</td><td colspan="3">1.
2.
3.</td></tr>
<tr><td colspan="2">任务分析</td><td colspan="3">分析任务的特点,寻找最佳方案,完成要求的相应学习成果</td></tr>
</table>

(续表)

执行任务	学生分组按照计划及决策逐步完成任务,遇到问题学生之间要充分讨论,不能解决的再求助于老师。老师讲完相关知识后学生就完成相应的那一部分任务,对于相对突出的问题,可集中讲解,确保执行过程顺利进行
检查评估	完成任务后每组先进行组内检查、评估,看存在的问题和不足,然后班上公开展示,进行组间检查、评估,最后老师进行总结,完善最终结果
总结	

②学习单元2:×××

……

(2)学习情境2:×××

①学习单元1:×××

×××单元引导文。

……

3.学习单元任务工单设计

(1)学习情境一:×××

①学习单元1:×××(见表5.35)

表5.35　×××任务工单

任务名称		学时		班级	
学生姓名		学生学号		组别		任务成绩	
实训设备			实训场地		日期	
客户任务	在此描述客户需要我们完成的工作。如一辆2005款1.6L宝来自动型轿车,该车曾维修过,开始时是汽车低速没劲,高速行驶正常。修理人员通过失速实验判断为液力变矩器中的导轮打滑,而且变速器油已经变质,故更换了液力变矩器和变速器油,并清洗了变速器的执行元件和阀体、油路板等。装车后,发现该车没有D位1挡,经过修理未果。到我厂后经检查电控部分没有问题				
任务目的	需要制订工作计划,并利用所学知识解决问题完成任务。例如,确定故障位置,并对其进行检测和更换				
资讯	要完成工作任务,首先必须获取相关信息:一是应对该任务载体(如宝来轿车、通信网络等)有个基本认识;二是必须掌握完成该任务的操作常识(如轿车自动变速器的维修常识、网络故障的判断与排除常识等)				
决策与计划	根据客户任务和任务的目标要求,确定所需要的仪器、工具等资源,并对小组成员进行合理分工,制订出详细的工作方案和实施计划				
实施	将上述的决策方案进行实施落地,明确实施阶段的工作流程。以上面提到的宝来轿车故障为例:步骤一,拆下自动变速器的齿轮变速器部分;步骤二,分析各换挡执行元件的功能,并分析各挡位各个执行元件的工作情况;步骤三,根据齿轮变速器部分的实物画出传动简图;步骤四,根据传支简图分析各挡传递路线;步骤五,根据以上分析找出故障部件,并指出故障原图并维修;步骤六,装配				

（续表）

检查	通过计划的实施,检查是否达到了任务目标要求。例如,故障是否已经排除,网络是否顺畅等					
评价	自我评价					评分（满分10分）
	组内互评	学号	姓名	评分(满分10)	学号	姓名	评分（满分10分）
	小组互评	对于完成任务情况,根据提交的任务成果采用多元评价方式更加科学合理					评分（满分10分）
	老师评价					

(2)学习单元2：×××

×××任务工单。

……

示例 6

基站天馈测试与维护实习课程学习情境设计方案

1. 课程教学目标

通过本课程的学习和训练,使学生具备以下知识、能力、素质。

(1)掌握移动通信网基本知识和基站设备结构、功能及工作原理；熟悉通信企业基站维护等岗位设置,具备相关岗位工作能力。

(2)熟悉基站设备维护管理流程和作业计划内容,具备基站设备规范操作、数据配置及日常巡检维护能力。

(3)掌握基站设备故障分析处理流程及应急预案,初步具备基站设备故障分析处理能力。

(4)具有较强的自学能力、沟通交流能力和组织协调能力。

(5)具有团队意识及妥善处理人际关系的能力。

2.课程的教学内容与学时建议(见表5.36)

表5.36 教学内容与学时建议

序号	一级学习情境	学时	教学形式	备注
1	维护工具及仪器基础知识的学习	4	讲授、学中做	
2	中兴CDMA I2宏站维护操作	10	讲授、学中做	
3	华为WCDMA射频拉远站维护操作	12	讲授、学中做	
合计		26		考试学时不含在内

3.课程教学设计方案

(1)学习情境标准简表(见表5.37~表5.39)

表5.37 一级学习情境:维护工具及仪器基础知识的学习

建议学时	4学时	授课教师	专兼职双师团队

教学目标:

1.具备测试基站天线下倾角能力

2.具备测试方位角能力

3.具备制作馈线接头能力

4.具备驻波比测试仪使用能力

工作任务:

1.认识罗盘、坡度仪、馈线刀、sitemaster、天线板、八分之七寸馈线、二分之一寸馈线

2.学会使用罗盘、坡度仪、馈线刀、Sitemaster、天线板、八分之七寸馈线、二分之一寸馈线

工作流程:

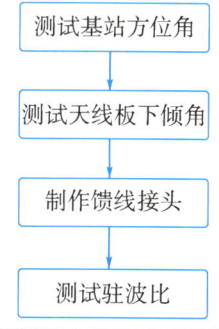

（续表）

教学内容： 1. 使用罗盘测试基站天线板方位角 2. 使用坡度仪测试下倾角 3. 使用馈线刀制作馈线接头 4. 学会使用 Sitemaster 测试驻波比	教学方法建议 宏观：项目教学法 微观：学中做，做中学

教学流程：

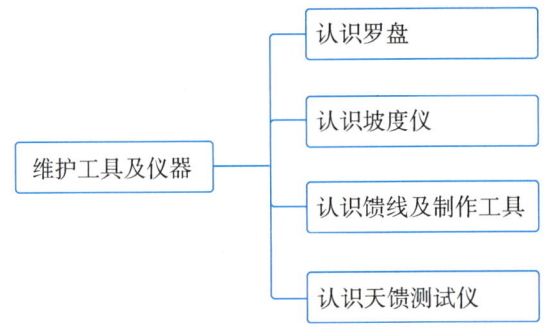

媒介建议： 教材、教学课件、视频文件、黑板、模型、实物、实训基地等	考核与评价 考核方式：工作任务评价、学习过程中提交作业质量评价、实际操作考核评价、维护技能口答 考核标准：见各环节评价标准 学期教学评价＝工作任务评价（40%）＋学习过程评价（10%）＋知识考核评价（45%）＋实习报告评价（5%）	学生已有的学习基础： 数字通信原理、移动通信系统与原理	教师应具备的能力： 1. 从事过基站维护岗位的实际工作 2. 熟悉中兴、华为相关基站设备操作 3. 熟练使用 Office 系列软件 4. 普通话 2 级乙等以上，清晰表达能力

表 5.38　一级学习情境：中兴 CDMA 宏站维护

建议学时	10 学时	授课教师	专兼职双师团队

教学目标：
1. 掌握中兴 CDMA 宏站设备组成及工作原理
2. 具备中兴 BTS I2 设备的维护能力
3. 具备中兴 BTS I2 设备的配置能力

工作任务：
任务 1　I2 设备驻波比测试
任务 2　I2 设备维护与管理

(续表)

工作流程：		
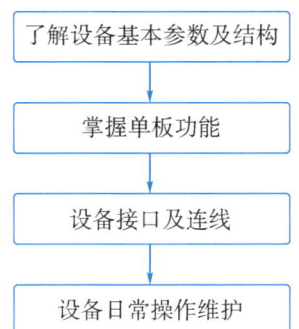		
教学内容： 1. 了解 BTS I2 的基本参数 2. 掌握 BTS I2 的设备结构及单板组成 3. 掌握 BTS I2 设备接口及连线 4. 掌握 BTS I2 驻波比测试流程		教学方法建议
教学流程： 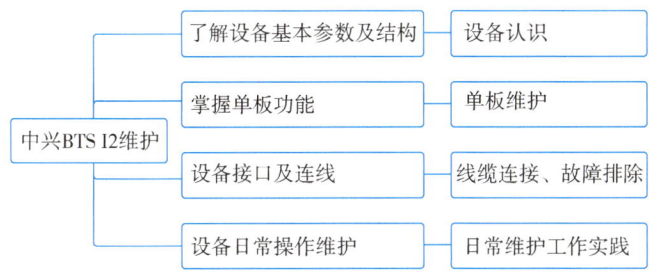		宏观：项目教学法 微观：学中做，做中学
媒介建议： 教材、教学课件、视频文件、黑板、模型、实物、实训基地等	考核与评价 考核方式：工作任务评价、学习过程中提交作业质量评价、实际操作考核评价、维护技能口答 考核标准：见各环节评价标准 学期教学评价＝工作任务评价（40％）＋学习过程评价（10％）＋知识考核评价（45％）＋实习报告评价（5％）	学生已有的学习基础：数字通信原理、移动通信系统与原理	教师应具备的能力： 1. 从事过基站维护岗位的实际工作 2. 熟悉中兴、华为相关基站设备操作 3. 熟练使用 Office 系列软件 4. 普通话 2 级乙等以上，清晰表达能力

表 5.39　一级学习情境:华为 WCDMA 射频拉远站维护

建议学时	12 学时	授课教师	专兼职双师团队
教学目标: 1.掌握华为 WCDMA 射频拉远站组成及工作原理 2.具备华为 DBS3900 设备的维护能力 3.具备华为 DBS3900 设备的配置能力			
工作任务: 任务 1　DBS3900 数据配置 任务 2　DBS3900 语音业务配置 任务 3　DBS3900 设备维护与管理			
工作流程: 设备认识 → 单板维护 → DBS3900配置维护 → 日常维护工作实践			
教学内容: 1.了解 DBS3900 的基本参数 2.掌握 DBS3900 的设备结构及单板组成 3.掌握 DBS3900 设备接口及连线 4.掌握 DBS3900 驻波比测试流程 5.掌握 DBS3900 日常维护内容及工作流程			教学方法建议
教学流程: 华为射频拉远站DBS3900维护 → {了解设备基本参数及结构→设备认识; 掌握单板功能→单板维护; 业务数据配置→DBS3900配置维护; 设备日常操作维护→日常维护工作实践}			宏观:项目教学法 微观:学中做,做中学

(续表)

媒介建议：教材、教学课件、视频文件、黑板、模型、实物、实训基地等	考核与评价 考核方式：工作任务评价、学习过程中提交作业质量评价、实际操作考核评价、维护技能口答 考核标准：见各环节评价标准 学期教学评价＝工作任务评价（40%）＋学习过程评价（10%）＋知识考核评价（45%）＋实习报告评价（5%）	学生已有的学习基础：数字通信原理、移动通信系统与原理	教师应具备的能力： 1. 从事过基站维护岗位的实际工作 2. 熟悉中兴、华为相关基站设备操作 3. 熟练使用 Office 系列软件 4. 普通话 2 级乙等以上，清晰表达能力

(2) 学习情境教学设计

1) 学习情境 1：维护工具及仪器基础知识的学习

①学习情境教学内容与建议学时（见表 5.40）

表 5.40　学习情境 1——教学内容与建议学时

学习情境名称	总学时：4	学习目标		学时分配	教学资源
		技能点	知识点		
学习情境 1：维护工具及仪器基础知识的学习	单元：维护工具及仪器基础知识的学习	1. 能够辨别不同天线类型 2. 能够使用罗盘测试方位角 3. 能够使用坡度仪测试下倾角 4. 能够使用馈线刀等工具制作馈线接头 5. 能够使用驻波比测试仪测试驻波比	1. 天线类型基础知识 2. 天馈系统基础知识 3. 维护工具及仪器使用要点 4. 基础维护工作内容	4	教材、实训指导书、教案、多媒体课件、图片、设计标准、技术手册、设备、实训基地等
	项目训练	1. 方位角测试 2. 下倾角测试 3. 馈线接头制作 4. 驻波比测试			
	教学环境	（多媒体）教室、楼顶天馈实验基地、CDMA 基站实训室等			

② 学习情境教学设计方案(见表5.41)

表5.41　学习情境1——教学设计方案

学习单元	教学目标	工作过程系统化逻辑知识点	技能点	教学载体(图文并茂)	教学方法	软教学资源配置		教学成果形式及考核方式			备注
						教学文件(附件)	资源形态	文本	产品或系统	考核或评价方式	
一、维护工具及仪器基础知识的学习	1.具备测试基站天线下倾角的能力 2.具备测试方位角的能力 3.具备制作馈线接头的能力 4.具备驻波比测试仪的使用能力	1.天线类型基础知识 2.天馈系统基础知识 3.维护工具及仪器使用要点 4.基础维护工作内容	1.能够辨别不同天线类型 2.能够使用罗盘测试方位角 3.能够使用坡度仪测试下倾角 4.能够使用馈线刀等工具制作馈线接头 5.能够使用驻波比测试仪测试驻波比	1.天馈系统 2.罗盘 3.坡度仪 4.馈线刀 5.馈线接头 6.SITE MASTER	参观教学法、任务设计法、互动式教学法、现场教学法、教学做一体化教学法等	学习情境标准简表、教学课件、教学设计方案、实训指导书、实操记录表、考核评价记录单、作业等	PPT课件、案例、模板、视频等	课后作业、实操记录、项目任务报告等		1.自我评价 2.小组评价 3.教师评价	

2)学习情境2:中兴CDMA I2宏站维护操作

①学习情境教学内容与建议学时(见表5.42)

表5.42　学习情境2——教学内容与建议学时

学习情境名称	总学时:10		学习目标		学时分配	教学资源
			技能点	知识点		
学习情境2:中兴CDMA I2宏站维护操作	学习情境2:中兴CDMA I2宏站维护操作	单元:中兴CDMA I2宏站维护操作	1.能够说明中兴ZTE BTS I2的组成及单板 2.能够正确找出中兴ZTE BTS I2的连线及接口 3.能够使用OMC对中兴ZTE BTS I2进行维护 4.能够完成对中兴ZTE BTS I2的驻波比测试工作 5.能够完成中兴ZTE BTS I2的日常维护操作	1.天线类型基础知识 2.天馈系统基础知识 3.维护工具及仪器使用要点 4.基础维护工作内容	10	教材、实训指导书、教案、多媒体课件、图片、设计标准、技术手册、设备、实训基地等

第一部分　职业教育教学法原理与方法

（续表）

学习情境名称		总学时:10	学习目标		学时分配	教学资源
			技能点	知识点		
学习情境2:中兴CDMA I2宏站维护操作		项目训练	1.掌握中兴CDMA宏站设备组成及工作原理 2.中兴BTS I2设备的维护 3.中兴BTS I2设备的配置			教材、实训指导书、教案、多媒体课件、图片、设计标准、技术手册、设备、实训基地等
		教学环境	（多媒体）教室、楼顶天馈实验基地、CDMA基站实训室等			

②学习情境教学设计方案（见表5.43）

表5.43　学习情境2——教学设计方案

学习单元	教学目标	工作过程系统化逻辑知识点	技能点	教学载体(图文并茂)	教学方法	软教学资源配置		教学成果形式及考核方式		备注
						教学文件(附件)	资源形态	文本	产品或系统	考核或评价方式
一中兴CDMA宏站维护操作	1.掌握中兴CDMA宏站设备组成及工作原理 2.具备中兴BTS I2设备的维护能力 3.具备中兴BTS I2设备的配置能力	1.中兴BTS I2设备组成及工作原理 2.中兴BTS I2设备的单板、接口及连线 3.中兴BTS I2日常维护工作流程 4.中兴BTS I2的故障处理	1.能够说明中兴ZTE BTS I2的组成及单板 2.能够正确找出中兴ZTE BTS I2的连线及接口 3.能够使用OMC对中兴ZTE BTS I2进行维护 4.能够完成对中兴ZTE BTS I2的驻波比测试工作 5.能够完成中兴ZTE BTS I2的日常维护操作	操作终端若干、BTS I2宏站日常维护工具及资料若干	参观教学法、任务设计法、互动式教学法、现场教学法、教学做一体化教学法等	学习情境标准简表、教学课件、教学设计方案、实训指导书、实操记录表、考核评价记录单、作业等	PPT课件、案例、模板、视频等	课后作业、实操记录、项目任务报告等		1.自我评价 2.小组评价 3.教师评价

121

3) 学习情境3:华为 WCDMA 射频拉远站维护操作

① 学习情境教学内容与建议学时(见表 5.44)

表 5.44 学习情境 3:教学内容与建议学时

学习情境名称	总学时:12		学习目标		学时分配	教学资源
			技能点	知识点		
学习情境3:华为WCDMA射频拉远站维护操作	单元:华为WCDMA射频拉远站维护操作		1.能够说明华为DBS3900以及RRU的组成及单板 2.能够正确找出华为DBS3900以及RRU的连线及接口 3.能够使用LMT对华为DBS3900以及RRU进行维护 4.能够完成华为DBS3900以及RRU的日常维护操作	1.天线类型基础知识 2.天馈系统基础知识 3.维护工具及仪器使用要点 4.基础维护工作内容		教材、实训指导书、教案、多媒体课件、图片、设计标准、技术手册、设备、实训基地等
	项目训练		1.掌握华为WCDMA射频拉远站组成及工作原理 2.华为DBS3900设备的维护 3.华为DBS3900设备的配置			
	教学环境		(多媒体)教室、楼顶天馈实验基地、WCDMA实训室等			

② 学习情境教学设计方案(见表 5.45)

表 5.45 学习情境 3:教学设计方案

学习单元	教学目标	工作过程系统化逻辑知识点	技能点	教学载体(图文并茂)	教学方法	软教学资源配置		教学成果形式及考核方式			备注
						教学文件(附件)	资源形态	文本	产品或系统	考核或评价方式	
华为WCDMA射频拉远站维护操作	1.掌握华为WCDMA射频拉远站组成及工作原理 2.具备华为DBS3900设备的维护能力 3.具备华为DBS3900设备的配置能力	1.华为DBS3900设备组成及工作原理 2.华为DBS3900设备的单板、接口及连线 3.华为DBS3900日常维护工作流程 4.华为DBS3900的故障处理	1.能够说明华为DBS3900以及RRU的组成及单板 2.能够正确找出华为DBS3900以及RRU的连线及接口 3.能够使用LMT对华为DBS3900以及RRU进行维护 4.能够完成华为DBS3900以及RRU的日常维护	操作终端若干,华为DBS3900以及RRU一台、单扇区模拟一套、日常维护工具及资料若干,华为LMT若干套	参观教学法、任务设计法、互动式教学法、现场教学法、教学做一体化教学法等	学习情境标准简表、教学课件、教学设计方案、实训指导书、实操记录表、考核评价记录单、作业等	PPT课件、案例、模板、视频	课后作业实操记录项目任务报告等		1.自我评价 2.小组评价 3.教师评价	

4.学习情境教学指南(见表5.46)

表5.46　学习情境教学指南

学习情境	教学内容逻辑设计	软教学资源配置	教学做合一任务（成果)形式说明	备注
学习情境1：维护工具及仪器基础知识的学习	一、认识天馈系统 1.给出一个实际天馈系统,认识其组成,掌握其常用指标 2.掌握天馈系统的连线	教材、教学课件、视频文件	天馈系统结构绘图	
	二、测量天馈系统的指标 1.使用罗盘测试基站天线板方位角 2.使用坡度仪测试下倾角	教材、教学课件、视频案例	测量数据记录表	
	三、天馈系统的日常维护 1.使用馈线刀制作馈线接头 2.使用sitemaster测试驻波比	教材、教学课件、视频文件	日常维护故障记录表	
学习情境2：中兴CDMA宏站维护	一、I2设备驻波比测试 1.使用sitemaster测试I2驻波比 2.排除多种原因引起的驻波比故障	教材、教学课件、视频文件	日常维护故障记录表	
	二、I2设备维护与管理 1.I2设备单板及功能的认识 2.使用中兴OMC对I2进行日常维护 3.查看单板指示灯,判断故障 4.排除故障	教材、教学课件、视频案例	日常维护故障记录表	
学习情境3：华为WCDMA射频拉远站维护	一、DBS3900数据配置 1.认识DBS3900的结构组成及单板 2.掌握LMT人机对话语言的基本命令	教材、教学课件、视频文件	运行脚本	
	二、DBS3900语音业务配置 1.使用LMT开通语音业务 2.使用查询命令查看业务运行状况	教材、教学课件、视频案例	数据记录表	
	三、DBS3900设备维护与管理 1.使用LMT查看DBS3900运行状态 2.使用LMT排除DBS3900日常故障	教材、教学课件、视频文件	日常维护故障记录表	

4.学习单元教学教案设计

(1)学习情境1:×××

1)学习单元1:×××

单元授课教案

①单元名称

②教学目标

此处目标以职业能力进行描述为主,采用"具备……的能力"表述方式。

③重点与难点

Ⅰ重点

Ⅱ难点

④教学设计

教学设计内容主要包括:如何导入本次工作任务、学生分组、下发任务、实施任务、成果展示及其各环节的时间分配。

⑤教学资源

⑥学习任务与学习成果

Ⅰ学习任务

Ⅱ学习成果

⑦课时分配(见表5.47)

表5.47 课时分配表

课堂教学环节	导入	下发任务	实施任务	巩固新课	成果展示
时间分配(分)					

⑧授课班级

⑨课程执行情况(见5.48、表5.49)

表5.48 学习情境1:学习单元教学设计表

课程名称			学习情境/学时		
学习单元(即工作任务——学习型工作任务)			适用年级		
单元学习主题			教学时间/学时		
单元教学目标					
单元重点难点					
教学设计	教学目标	教学内容	教学组织形式	教学资源	教学方法	时间(分钟)

（续表）

多元性的评价方式	
参考资料、学习资源	

表5.49　课后小结

学习情境	
学习单元	
学生训练项目任务	
学习成果	
工作过程	

教学过程设计

项目	学生工作内容	教学组织
资讯	明确工作任务，分析任务要求，查询相关资料，准备相关标准，学习相关知识	1.讲授引导行动导向的知识，指导学生制定完成任务的工作流程，确定工作方案，并提出修改意见 2.布置任务，提出任务要求，安排学生分组，分配任务，进行资料准备，为学生讲解相关知识，为学生提供咨询服务
决策计划	根据工作任务，确定工作流程，确定完成任务的方案，制订工作计划及各阶段的检测手段及方法	用指导性的方法，教授解释行动导向的知识，指导学生的工作过程，帮助学生分析工作流程及工作方案是否合理，确定正确的流程和方案
实施	进行工作任务的具体施行，完成工作任务，形成工作成果	1.任务设计教学法：教师指导，学生自主，在"做中学"中反思行动的知识 2.对学生的工作过程进行指导，审查学生的任务成果，对容易出错的问题进行总结
检查评价	对完成的工作成果进行小组评价和教师评价	对学生的工作成果进行评价，组织学生进行小组互评，形成评价意见及最终评价结果，并对整个工作过程进行总结
板书设计		

教学内容	教学组织与教学方法
（以××为载体介绍任务和工作流程） 任务描述： 工作流程：	检查结果评估　应该做什么　如何行动 行动结果评估　行动　行动方案 指导性教学法 引导性教学

(续表)

相关知识、知识应用、提问等设计： 课后作业：	正面教学，学中做 讲授法
（形成性内容检测） 检测的内容： 检测的方式： 班级活动 ← 小组讨论 ← 独立学习 教师点评　课堂交流 马蹄形 在检查每个同学完成的学习型工作任务基础上，开展小组讨论，相互交流，根据每个小组的特点，选代表在全班交流，教师进行针对性点评，与同学们一同梳理基于工作过程系统化的应用型知识体系	
学习成果： 学习成果可以是零部件、软件程序、流程、方案、报告、图纸、拓扑图、预算表等	

(续表)

	教学反思、总结
项目	总结内容
学生	学生对知识点感兴趣的程度、理解的深难度;学生有价值的提问和易错的题目;记下学生的奇思妙想和灵感火花
教师	备课过程中所思所想和所用的资料,备课和上课中的困惑与不足之处,教师在课堂上的灵感顿悟与处理技巧
教材	教材或作业中的重难点或欠妥之处,提出修改意见
媒体	应用各种媒体(模具、图片、电脑、实物等)辅助教学的做法、技巧与效果
教学环节	导入新课的方法,记下过渡的技巧,记下时间的分配……
反馈意见	同事和学生对本次课的看法、观点和评价;别人对自己教学的看法和意见;评价中值得商榷、批驳或质疑的观点和做法

2)学习单元2:×××

单元授课教案

……

（教案模板与学习单元1相同）

(2)学习情境2:×××

1)学习单元1:×××

单元授课教案

……

（教案模板与学习情境1之学习单元1相同）

2)学习单元2:×××

单元授课教案

……

（教案模板与学习情境1之学习单元1相同）

示例 7

基站天馈测试与维护实习课程学习单元教学教案设计

1.学习情境1:维护工具及仪器基础知识的学习

学习单元:维护工具及仪器基础知识的学习(见表5.50)。

表 5.50 学习单元教学教案设计

学习单元名称(即工作任务——学习型工作任务)	维护工具及仪器基础知识的学习			适用年级		二年级	
单元教学目标	1.具备测试基站天线下倾角能力 2.具备测试方位角能力 3.具备制作馈线接头能力 4.具备驻波比测试仪使用能力			教学时间/学时		第×学期 4 学时	
单元重点难点	基站各参数、维护工具的使用						
单元教学方法	讲授法、引导文法、现场(示范)教学法、案例教学法						
教学设计	教学目标	教学内容	教学组织方式	期望	教学资源要求	教学方法	时间(课时)
	认识天馈系统	1.给出一个实际天馈系统,认识其组成,掌握其常用指标 2.掌握天馈系统的连线	全班集中	学生:解决什么? 教师:引入问题,明确任务和目标	教材、教学课件、视频文件	讲授法	1
	测量天馈系统的指标	1.使用罗盘测试基站天线板方位角 2.使用坡度仪测试下倾角	全班集中 分组讨论(分析案例)	学生:怎么解决? 教师:领会任务	教材、教学课件、视频文件	小组讨论法、现场教学法	1
	天馈系统的日常维护	1.使用馈线刀制作馈线接头 2.使用sitemaster测试驻波比	全班集中	学生:怎么解决? 教师:领会任务	教材、教学课件、视频文件		2
多元评价方式	自我评价、小组评价、教师评价						
参考资料、学习资源	参考书、专业杂志、专业网站						

2.学习情境 2:中兴 CDMA I2 宏站维护操作

学习单元:中兴 CDMA I2 宏站维护操作(见表 5.51)。

表 5.51　学习单元教学教案设计

学习单元名称(即工作任务-学习型工作任务)		中兴 CDMA 宏站维护	适用年级	二年级
单元教学目标		1.掌握中兴 CDMA 宏站设备组成及工作原理 2.具备中兴 BTS I2 设备的维护能力 3.具备中兴 BTS I2 设备的配置能力	教学时间/学时	第×学期 10 课时
单元重点难点		CBTS I2 设备组成及工作原理、维护能力、配置能力		
单元教学方法		讲授法、引导文法、现场(示范)教学法、案例教学法		
教学设计	教学目标	教学内容	教学组织方式	期望	教学资源要求	教学方法	时间(课时)
	I2 设备驻波比测试	1.使用 sitemaster 测试 I2 驻波比 2.排除多种原因引起的驻波比故障	全班集中	学生:怎么解决? 教师:领会任务	教材、教学课件、视频文件	项目教学法、任务驱动法	2
	I2 设备维护与管理	1.I2 设备单板及功能的认识 2.使用中兴 OMC 对 I2 进行日常维护 3.查看单板指示灯,判断故障 4.排除故障	全班集中	学生:怎么解决? 教师:领会任务	教材、教学课件、视频文件	项目教学法、任务驱动法	6
	具备中兴 BTS I2 设备的配置能力		全班集中	学生:怎样解决? 教师:领会任务	教材、教学课件、视频文件	项目教学法、任务驱动法	2
多元评价方式		自我评价、小组评价、教师评价		
参考资料、学习资源		参考书、专业杂志、专业网站		

3.学习情境 3:华为 WCDMA 射频拉远站维护操作

学习单元:华为 WCDMA 射频拉远站维护操作(见表 5.52)。

表 5.52　学习单元教学教案设计

学习单元名称(即工作任务——学习型工作任务)	华为 WCDMA 射频拉远站维护操作	适用年级	二年级
单元教学目标	1.掌握华为 WCDMA 射频拉远站组成及工作原理 2.具备华为 DBS3900 设备的维护能力 3.具备华为 DBS3900 设备的配置能力	教学时间/学时	第×学期 12 课时
单元重点难点	DBS3900 设备组成及工作原理、维护能力、配置能力		
单元教学方法	讲授法、引导文法、现场(示范)教学法、案例教学法		

教学设计	教学目标	教学内容	教学组织方式	期望	教学资源要求	教学方法	时间(分钟)
	DBS3900 数据配置	1.认识 DBS3900 的结构组成及单板 2.掌握 LMT 人机对话语言的基本命令	全班集中	学生:怎么解决? 教师:领会任务	教材、教学课件、视频文件	项目教学法、任务驱动法	4
	DBS3900 语音业务配置	1.使用 LMT 开通语音业务 2.使用查询命令查看业务运行状况	全班集中	学生:怎么解决? 教师:领会任务	教材、教学课件、视频文件	项目教学法、任务驱动法	4
	DBS3900 设备维护与管理	1.使用 LMT 查看 DBS3900 运行状态 2.使用 LMT 排除 DBS3900 日常故障	全班集中	学生:怎么解决? 教师:领会任务	教材、教学课件、视频文件	项目教学法、任务驱动法	4

多元评价方式	自我评价、小组评价、教师评价
参考资料、学习资源	参考书、专业杂志、专业网站

第二部分

通信类专业教学方法应用

TONGXINLEI ZHUANYE JIAOXUE FANGFA YINGYONG

第二部分　通信类专业教学方法应用

教学方法是在教学过程中,教师为实现教学目的、完成教学任务而采取的教与学相互作用的活动方式的总称。对于教学方法,人们有多种定义,有方式说、途径说、手段说、手段途径说、相互作用说、教法学法统一说、动作系统说、操作策略说等不同观点。而教学方法的选择对于实现教学目标具有举足轻重的作用。

一、教学方法的选择

1. 教学方法的选择的原则

(1)适合性原则

教学行为的有效性,取决于教学方法的适合性。一方面教学方法的选用要适合教育方针和教育管理方面的要求,要适合学生的能力、需要、学习风格方面的极大差异,要适合教师自身的个性、态度和技能。另一方面教学方法的选择必须要适合专业和课程的特点。有些课程以训练人的思维、开发人的智力、训练人的心智操作技能为主要任务;有的课程以训练人的动作技能和某些操作技巧为主要任务。不同课程的不同教学目标要通过采用不同的教学方法来实现。

(2)多样性原则

教学行为的教并无定法,应根据专业课程特点、教学内容和学生的实际情况选择不同的教学方法。多种教学方法融合使用,目标是获得最佳的教学效果,促进学生的技能提升。

2. 教学方法的选择主要受四个方面因素的制约

(1)教学目标的要求

现代教学论认为,根据不同的教学目标选用不同的教学方法是走向教学最优化的重要一步。因此,围绕目标的实现来选择方法是一条重要的原则。

根据教学目标来选择方法要考虑以下几个方面。

①特定的目标往往要求特定的方法去实现。对认知领域的目标而言,通常只要求达到识记、了解层次的,可选用讲授法、介绍法和阅读法等;要求达到理解、领会层次的,可选用讲授法、探究法和启发式谈话法等;要求达到应用层次的,则应选用练习法、迁移法和讲评法等;而对于高层次的目标如分析、综合、评价,则应选用比较法、系统整理法、解决问题法、讨论法等。

②各种教学方法有机结合发挥最佳功效。教学目标的多层次化、教学环节的多样性,必然要求教学方法的多样化。特定的方法只能有效地实现某一或某方面的目标,完成某一或某几个环节的任务,要保证教学目标的全面实现,教学中往往要求选用几种方法,并把它们有机结合起来。

③扬长避短地选用各种方法。每一种教学方法都有其优势和不足。比如讲授法,它可使学生在较短的时间内获得大量的知识,便于教师主导作用的发挥,而且在其他教学

方法的运用中,它又是不可缺少的辅助方法,但这种方法容易造成满堂灌的教学,不利于发挥学生的主动性、独立性和创造性。又如探索法,其优势在于容易激发学生学习的兴趣和动机,培养学生独立分析问题、解决实际问题的能力,发展学生创造性思维品质和积极进取的精神,然而它的不足是耗费的时间长,需要的材料多,师生比例小。因此,教师必须认真分析各种教学方法,扬长避短。

(2)教学内容的特点

目前学校教育的内容主要包括健康、科学、社会、语言和艺术等领域。由于这些领域的课程内容各有其特殊的性质和类型,因此,它们所需的教的方法与学的方法必然有所不同。适合科学内容的教学方法不一定适合艺术内容,也就是说课程内容的特点决定教学方法的选择。例如,科学领域一般可采用发现法、问题解决法、实验法等,社会领域的内容比较适合采用游戏法、参观法、谈话法等,而艺术领域则更适合采用欣赏法和练习法。此外,选择教学方法除了考虑不同领域知识差异外,还必须考虑同一领域内知识的具体差异。

(3)教师自身特点

任何一种教学方法,只有适应教师自身的条件,能为教师理解和驾驭,才能更好地发挥作用,取得好的教学效果,反之则不然。因此,教师在选择具体的教学方法时,应将自己的特长和优势纳入考虑范围,选择适合自身条件的教学方法。如有的教师语言表达能力较好,能用生动、简洁、有趣的语言吸引学生,则可适当多采用以语言为主的方法;有的教师善于制作、运用直观教具,则可以充分发挥自己的想象力,多做一些教具,并结合采用观察、演示、示范等方法;擅长多媒体的教师可以通过使用教学软件,将现代化教学手段引入教学。

(4)学生的年龄特征和知识基础

教学活动的效果最终在学生身上得到体现,因此,在选择教学方法时,教师必须考虑学生的自身情况,只有符合学生的年龄特征、兴趣、需要和学习基础的教学方法才能真正达到教学的高效率。如不同年龄阶段的学生其思维发展的水平不同,教学方法的选用如果超出了学生思维发展的水平,就极可能达不到应有的教学效果。发现法和讨论法对于小学低年级学生或思维水平低下的学生,往往不能达到预期的教学目标,而角色扮演法对于低年级学生来说往往更有利于激发他们学习的动机和兴趣。若学生认知结构中包含有与新知识相关联的若干观念或概念,教师就可以采用启发式的谈话法;反之,教师就不宜用谈话法。

综上所述,教学方法的选用必须以教学目标为轴心,综合考虑各种因素的制约,只有这样,才能发挥课堂教学的整体效应。

二、常用教学方法比较

世界职业教育领域主要采用各种以行动导向为指导思想的教学方法。行动导向是在德国兴起的一种职业教育思想。它认为,职业教育的定向性和实践性特征必然使职业教育教学过程成为一种"有明确目标的活动",亦即"行动",学生在自己"动手做"的实践中,通过自我调节的学习行动从而构建自己的技能、经验和知识。换句话说,行动导向教学方法强调学生在教师的引导下,针对职业目标,在与该职业的典型工作过程相应的主动的学习活动中,获得知识及经验体系。在行动导向的学习活动中,学生理解验证知识,发展实践能力;在行动导向的教学过程中,充分调动学生的自主性和自我负责意识,在学生的积极行动中培养职业素质和实践技能。因此,行动导向就成为职业教育教学方法的指导思想。

通信类专业教学中常用的教学方法有任务驱动教学法、现场教学法、案例教学法、项目教学法和引导文教学法等。对几种教学法的比较如下。

任务驱动教学法是一种建立在建构主义学习理论基础上的教学法,它将以往以传授知识为主的传统教学理念,转变为以解决问题、完成任务为主的多维互动式的教学理念;将再现式教学转变为探究式学习,使学生处于积极的学习状态,每一位学生都能根据自己对当前问题的理解,运用共有的知识和自己特有的经验提出方案、解决问题。

现场教学法是指专业课的某些内容可以直接在实习基地或实训室进行教学,可边讲边做。这种教学方法的好处是直观性强,可把所学知识马上付诸实践,使学生容易理解、容易掌握,而且印象深刻。例如,通信电源课程的内容、基站维护课程的内容。

案例教学法是指利用以真实的事件为基础所撰写的案例进行课堂教学的过程。案例教学主要通过案例分析和研究,培养学生分析问题和解决问题的能力,并且在分析问题和解决问题中建构专业知识,适合于已掌握了一定专业理论知识和有一定知识积累后的教学。

项目教学法是围绕职业工作内容将传统的学科体系课程中的知识、内容转化为若干个教学项目,通过项目组织和展开教学,使学生直接参与项目全过程的一种教学方法。几乎所有实践型强的专业和课程均适用这种教学方法,例如电子产品开发、机械设计、软件开发和工科的实训等课程。

引导文教学法是借助一种专门的教学文件(即引导文),引导学生独立学习和工作的教学方法,是一个面向实践操作、全面整体的教学方法。通过此方法,学生可对一个复杂的工作流程进行策划和操作,将分离的知识贯穿起来,融会贯通。此方法从完成具体的真实的任务出发,引导学生在完成任务的过程中学习相应的知识和技能。

本部分的后续章节将针对几种通信类专业适用和常用的教学方法逐一分析。

第六章　通信类专业任务驱动教学法

6.1　任务驱动教学法分析

任务驱动是建构主义教学理论基础上的教学方法,将以往以传授知识为主的传统教学理念,转变为以解决问题、完成任务为主的教学方法。该方法将所要学习的新知识隐含在一个或几个任务之中,学生通过对所提的任务进行分析、讨论,明确它大体涉及哪些知识,并找出哪些是旧知识,哪些是新知识,在老师的指导、帮助下找出解决问题的方法,最后通过任务的完成而实现对所学知识的意义建构。事实上它并不是简单地给出任务就了事,重要的是要让学生学会学习,使学生处于积极的学习状态,每一位学生都能根据自己对当前任务的理解,运用共有的知识和自己特有的经验提出方案、解决问题,为每一位学生的思考、探索、发现和创新提供开放的空间。

任务驱动教学法是以培养学生心智技能或操作技能为目的,教师设置并提出可以考核的、体现技能要求的工作任务,结合学生易感知的实例或实物,讲解完成该任务所需要的相关知识,演示完成该任务的操作步骤与要点,学生在理解所讲内容的基础之上,顺利完成该任务,掌握所要求的心智技能或操作技能的教学过程。

6.1.1　任务驱动教学法概述

1. 任务驱动教学法的含义

任务驱动教学法是教师将所要学习的新知识隐含在一个或多个"任务"当中,通过创建真实的教学情境,激发学生的学习兴趣,学生在完成"任务"的过程中掌握知识和技能的一种教学方法。它是一种建立在建构主义教学理论上的教学方法。

采用任务驱动教学法,学生由被动地接受知识转变为主动寻求知识,由"要我学"转变为"我要学",改变了学生传统的学习观,学生在完成"任务"的过程中能不断地获得成就感,从而增强学习的自信心,激发学生的学习热情和兴趣。

任务驱动教学法是在真实的情景中,学生在教师的帮助下紧紧围绕一个共同的任务,在强烈的问题动机的驱动下,通过对学习资源的积极主动应用,进行自主探索和互动协作学习,并在完成既定任务的同时,引导学生进行学习实践活动的方法。

任务驱动教学法的实质是通过"任务"作为"诱因"来激发、强化和维持学习者的成就动机,对于学习者明确学习目的,促进学习活动起着定向、维持和调节作用。成就动机是学生学习和完成任务的动力之一。任务是学习的桥梁,驱动学生完成任务的不是教师,也不是"任务",而是学习者本身,更进一步说是学习者的成就动机。因此,任务不是静止和孤立的,它的指向应是学习者成就动机的形成,即任务是一个由外向内的演化过程,是以成就动机的产生为宗旨的。"任务驱动"就是通过"任务内驱"走向"动机驱动"的过程。

任务驱动教学方法符合探究式教学模式,适用于培养学生自学能力和相对独立地分析问题和解决问题的能力。根据以上适用性特点,任务驱动教学法要求学生带着完成任务、带着解决的问题去认真读书,掌握基本概念和原理。它要求学生敢于动手、勤于实践,因为掌握与提高技能,只能靠实践;它提倡探索式学习,因为许多知识和经验可以通过实践获取。这样做不仅能牢固掌握知识,而且可以培养探索精神和自学能力。这样才能使学生在"游泳中学会游泳",在完成任务的过程中,增长知识和提高能力。

2. 任务驱动教学法的特点

（1）适用于学习操作类知识和技能

以学习者的角度来说,"任务驱动"是一种学习方法,适用于学习操作类知识和技能,尤其适用于工科的专业课教学,如电子技术应用专业课程的教学。

（2）适用于培养学生的自学能力和独立分析问题的能力

任务驱动教学法符合探究式教学模式,利于培养学生自学能力、独立分析和解决问题的能力。它要求学生带着任务去思考、分析,查找资料、书本上的理论概念和原理,要求学生动手实践,提倡探索式的学习,在实践中掌握电子技术中的操作技能,并反复强化技能,比如焊接、测量,通过测量进行思考的判断。

3. 运用任务驱动教学法的注意事项

任务驱动教学法是紧紧围绕着"任务"这个中心展开教学活动的,所以,设计任务是非常重要的,是关系到任务驱动教学法成败的关键所在。教师在设计任务时,要以"技能的渐进和适度的循环反复"为原则,设计任务要巧妙合理,各任务之间既要相互独立又要前后衔接,体现课程的完整性及递进性,同时设计的任务要难易适度,有层次感,既使学生感到有一定的挑战性,又使学生在完成任务的过程中不断获得成就感。这样,既提高了学生的学习兴趣,又培养了学生分析问题、解决问题的能力。对于在电子技术应用专业运用任务驱动教学法,下面提供几点具体意见供参考。

（1）任务设计要以"技能的渐进和适度循环反复"为原则

教师在设计课题时,应根据学生现有的知识水平和课程特点,首先设计一个相对简单的工作任务,后面才是逐渐复杂的工作任务。但是,后面的课题与前面的课题有一部分技能点是相同的,使技能掌握在不断循环、不断反复的过程中得到提高和强化。通过逐渐复杂的工作任务,可以不断提高学生的学习能力。在后面的课题,教师会逐渐减少指导的成分,增加学生独立完成任务的成分,提高学生独立操作的能力与创新能力。

在深入阶段,要采用以教师为主导、以学生为主体的教学思路,而且越到后面,任务越要模糊化,可只规定任务主题,让学生充分发挥个人创新意识,自由完成任务。教学中教师要激发学生自主学习与探究学习的热情,增强学生参与知识建构的积极性和自觉性。在学生完成任务的过程中,教师要注意及时发现和解决学生在自主学习中碰到的困难,让学生少走弯路。当学生完成这个任务时,教学目的就达到了,既让学生掌握了软件的使用,提高了技能,又鼓励了学生的个性发展,培养了创新意识。

(2)任务设计要巧妙合理,体现课程的完整性和递进性

任务设计要根据课堂教学的特点,根据本课程所要掌握的操作技能,使所设计的任务尽量在两节课或更小的周期内完成,否则任务驱动教学法就失去了其合理存在的意义,也就达不到教学目的了。而且,每个任务的设计不应包含太多的知识点,同时应把前面任务的知识点综合到后面的任务中,使学生掌握的操作技能在完成任务的过程中不断得到提高,同时也使学生不会因为新知识点的增多而对完成任务失去信心和兴趣。例如,在学习"电路原理图设计"这个模块时,可以设计成 6~7 个小任务,把要掌握的操作技能包含在这几个任务中,且后面的任务包含了对前面知识点的复习和巩固,每次上课时布置 1~2 个任务,针对本节课要掌握的知识点进行讲解,然后让学生按实例进行上机操作。当几个教学任务完成时,学生也就掌握了"电路原理图设计"这一模块的教学内容。

(3)任务设计要难易适度,具有一定的挑战性

在设计任务时,要注意学生的特点和知识接受能力的差异,充分考虑学生的现有文化知识、认知能力和兴趣等。在设计任务的过程中,要始终根据学生的实际水平来设计每一个任务,使设计的任务具有一定的难度,但这种难度并非"深不可测",要符合"跳一跳,够得着"的原则。

设置任务的难度梯度要适中,对教学的作用要符合"小步快跑"的学习原则。任务设置太过简单,学生认为太简单没意思,没有成就感,他们不会行动起来。设置难度过大,学生的知识、技能不能达到,也会事与愿违,学生会认为太难了,自己做不了,失去学习信心,也不会行动起来。因此,任务设计要给学生留有发挥的余地,使学生觉得有一定的挑战性,激发学生主动学习的热情。

6.1.2 任务驱动教学法分析

任务驱动教学法本质上应是通过任务来诱发、加强和维持学习者的成就动机。成就动机是学生学习和完成任务的真正动力系统。任务作为学习的桥梁,驱动学生完成任务的不是老师也不是任务,而是学习者本身,换句话说是学习者的成就动机。因此,任务并不是静止和孤立的,它的指向应是学习者成就动机的形成,即任务是一个由外向内的演化过程,是以成就动机的产生为宗旨的。

"任务驱动"就是通过"任务内驱"走向"动机驱动"的过程,它包含认知驱动、自我提高驱动、附属驱动。其中认知驱动是将认知内驱力作为核心动力驱动学习,而认知内驱力是在实践和学习的过程中,经过多次实践获得成功,体验"需要"得到满足后的乐趣,逐渐巩固了最初的求知欲,从而形成一种比较稳固的学习动机;自我提高驱动是由自我提

高的内驱力作为核心动力驱动学习,而自我提高的内驱力是个体因为自己的学习能力或工作能力而赢得相应地位的需要;附属驱动是由附属内驱力作为核心动力驱动学习,而附属内驱力是一个人为了保持长者们(如家长、教师等)的赞许或认可而表现出来的把学习和工作做好的一种需要,是一种外在动机。

1. 任务驱动教学法的关键

(1)设计任务是任务驱动教学法的关键

任务驱动教学法是以培养学生创新意识、提高学生研究性学习能力为目标的。从任务驱动教学法的原则出发,精心设计任务,注重引导探索,循序渐进地传授知识,是运用任务驱动教学法的关键。老师在设计任务时要认真研读课程能力目标,要将电子技术课程的专业能力目标,融化在"完成一个任务"的工作过程之中,在过程中通过六步骤的教学过程,渐次强化完成这一指定的、有代表性的任务的思考方法,获得一种能力。这个任务是三种能力获得的一种载体。

(2)精细周密是设计任务的精要

在教学设计时,围绕项目开展教学,将项目内容根据教学实施的实际情况分解成核心课目或教学单元,再将教学单元分解为一个个教学任务。在教学过程中是以任务为单元进行教学设计和开展教学活动的。在已有任务驱动型教材的情况下,教材中的教学任务可进行两种处理:一是教材中的教学任务设计合理的,可以依据教材所设计的任务进行教学过程设计;二是若教材中设计的任务不太合适,也可由教师根据教学实际需要另行设计教学任务,另行设计教学过程,教材中的任务可供学生参考或课后学习。

教学任务的设计应尽可能贴近生活实际,贴近生产实际,贴近学生认识和知识的实际,任务难度不能太大。同时,设计任务时应该考虑给学生留有思考的空间、分析的空间、探索的空间、交流的空间、拓展的空间等。

2. 任务驱动教学法与项目教学法的区别

(1)项目包容任务

项目和任务往往是两个最容易混淆的概念。简单地说,项目是能得到一个结果的设计,为得到这个结果,需要完成一个个任务。

以电子工艺、装配实训项目装配收音机为例,我们可以清晰地看到两者的区别。表6.1中显示,装配收音机这个项目,被分解成为6个相互关联、相对完整的任务,每个任务有明确的工作目的,它的完成只是项目工作的一小部分,只有6个项目都全部顺利完成才支持项目工作的完成,而项目完成的结果是以完整可用的收音机成品呈现的。

在教学中,各学校可以根据学生的基础、学校的实验设备条件、课程的进展需要来设置任务。比如表6.1中的项目,有些中职学校往往将任务一、三、四省去,采用直接购买收音机配套散件进行教学,结果也仍然是一个收音机,也就是说项目必须是以一个有形的结果来呈现,而任务的排序可以根据项目的需要,一个个任务完成后就可将项目的结果呈现出来。

表 6.1 项目与任务的区别

项目	任务
装配收音机	任务一：收音机元件的选购
	任务二：收音机元件的测量
	任务三：收音机电路图的绘制
	任务四：依图进行 PCB 板的制作
	任务五：收音机焊接
	任务六：收音机调试

项目的选取可以是一个相对终结的产品，也可以是体现一定阶段的知识，并非一定是一个大的产品的制作与设计，否则按照这一思路进行的项目教学，就会成为综合实训，或是毕业设计，不容易在平时的教学中体现。电子技术中的许多结论并不是通过理论推导得来的，而是从实验中得出的结果。由任务实验归纳理论知识，也是任务驱动法的制胜法宝。又如：用与非门制作基本 RS 触发器，小实验就可接纳新知识。再如：用 D 触发器制作成串、并行转换电路实验，小实验就可归纳新知识。

(2) 项目的教学时间大于任务

"职业教育课程中的任务，不是指一个日常的任务，而是经过抽象和概括化后所获得的形式化的过程"。任务是工作过程中的一个环节，教师根据知识目标把教学内容分为几大模块，每一个模块由几个项目组成，每一个项目则是由若干项小任务组成。项目教学法在时间上，必须是充裕的、开放的，适合用教学整体设计来表述。

在日常教学中，具体到每一节小课上，任务驱动法则更适用。专业教师把知识点和专项技能目标融入每个学习任务中，并最终达到总体能力目标要求。比如在上公开课的时候，通常能够在一节 45 分钟的课时内，通过任务驱动的方法，完成一些目的性很强的工作，自由度小些，时间上紧凑些。

3. 任务驱动法的实施步骤

任务驱动法包含六个步骤：资讯—计划—决策—实施—检查—反馈评估。

(1) 资讯

给出资讯并分析任务，是任务正确执行的前提。分析任务是任务正确执行的前提，因此，学生接受任务后，教师不要急于讲解，而应先让学生讨论，分析任务并提出问题。

(2) 计划

在分析任务时可采取头脑风暴法，让每一个学生充分发表意见，要让学生充分理解任务要求，探讨如何去完成任务，在完成任务过程中可能会遇到哪些难以解决的问题。通过分析完成整个任务所需要的人员、知识、时间、设备材料等，做出初步的工作规划。

(3) 决策

通过教师启发和引导，让学生自己提出问题。教师要引导学生去解决问题，进而激发了学生主动求知的欲望，使学生积极地去学习和理解新知识，从而实现主动学习。

如在数字电路教学的制作表决器的教学中,学生根据教师给出的工作任务采取小组合作的方式,经过认真讨论、分析任务,了解组合逻辑电路的基本特点、分析方法和设计步骤等知识,各小组分别自行制定工作步骤,选择学习材料和使用工具,并进行人员分工和时间安排。

(4)实施任务

实施任务是整个教学过程的重点。设计好工作步骤后,学生就要通过多种途径、方法和手段去完成任务,这是整个教学过程的重点。学生可以围绕任务查阅资料,进行尝试探索。

如在表决器制作中,按照工作步骤,各组的学生都画出电路图,由各组指派代表分别介绍设计出的逻辑电路图。根据学生介绍设计的实际情况,教师进一步强调逻辑电路图的设计方法和思路,然后指导学生展开讨论,经过相互启发,各自修改自己设计的电路图。在这一过程中学生手脑并用,互帮互学,不但学到知识和技能,而且语言表达与合作交往能力也得到锻炼和提高。

(5)检查任务

在任务驱动教学过程中,老师看似没什么事情做,实际上,他要观察学生在教学过程中与教学任务的配合情况,灵活地调控教学的推进,比如时间上的分配是否合适,学生间的合作有没有人闲着,有没有参加到学习活动中去,总之,要想一切办法让学生动起来。

(6)评估任务

对任务进行评估,是教学效果的重要反馈,是学生间、师生间交流互动的最好环节。小组学习成果的展示是激发学生学习主动性的重要手段,也是培养学生分析和判断能力的有效途径。教师在课堂教学中要组织小组进行成果展示或小组总结,同时要求学生展开互评,必要时教师相机进行点评。这是学生知识形成并产生成就感和促进提高的重要阶段。

这个阶段,对任务实现的过程中用到的新知识、新方法和新技能,教师要适时归纳总结,根据教学内容的需要,及时补充或讲解相关的知识,介绍新知识和新技能的应用方法。

如在表决器制作完成后,要组织各小组的学生对自己设计的电路图进行自我评估。针对学生在展示作品中暴露出的各种实际问题,教师要与学生一起分析原因,一起检查电路,一同解决问题。在这个过程中教师首先要充分肯定学生的成绩,然后概括出组合逻辑电路设计的思路和正确的设计方法,同时指出在连接电路时应注意的事项及电路广泛应用的前景。在评估中我们要坚持过程评价与结果评价相结合,并侧重过程评价,要坚持团队评价与个人评价相结合,并侧重团队集体评价,以此培养学生的科学精神和团结协作精神,全面提升学生的职业素质。

6.1.3 任务驱动教学法的适用范围及对象

任务驱动教学法适用于学习操作类知识和技能。

以学习者的角度来说,任务驱动是一种学习方法,适用于学习操作类知识和技能,尤其适用于工科专业课教学,在电子技术专业课程的教学中非常适合。

从电子企业的调查表明,电子技术应用专业毕业的中职学生在电子行业从事的岗位,如电子元器件的制造、加工,阅读整机电路图和工艺文件,组装,调试,电子设备的操作、维护等,都是工位上的一个个任务。在专业教学中,任务驱动教学法就是将教学目标分解成一个个相对独立而又鲜活的工作任务,在教学中以任务目标驱动学生,在实际的操作过程中完成学习。近年,中等职业学校的专业教师在电子专业知识和技能的教学中,运用任务驱动教学法进行教学改革、探索与实践,取得了很好的教学效果。

6.1.4 任务驱动教学法的核心环节

任务驱动教学法六步骤中最核心的是四个环节:创设情境、设计任务、自主学习、效果评价。

1. 创设情境

需要创设与当前学习主题相关的、尽可能真实的学习情境,引导学习者带着真实的任务进入学习情境,使学习直观化和形象化。例如手机维护课程讲解中,我们就可以通过一客户因 SIM 卡故障前来维修的情景来设置任务,根据这一具体情况来创设情境,引入课程布置任务,激发学生们的热情,从而积极地去完成老师的任务。创设情境是一个非常重要的环节,它直接影响到教学的效果,因为无论你设计的任务有多么好,能包含多少知识点,如果不能激发起学生要完成这项任务的主观能动性,那么这项任务的设计就是失败的。换句话说,你要创设一个能让学生积极响应、主动去完成任务的情景。

2. 设计任务

在任务驱动的教学法中,任务的设计是关键。首先要根据课程的教学目标,把教学内容精心设计为一个个的实际任务,让学生在完成这些任务的过程中掌握知识、方法与技能。任务的设置,不是一个直接的、简单的问题,而是为了让学生完成某个任务,教师提出一系列问题,当学生逐个完成这些问题时,任务就已经解决。当学生得到问题的答案时,就会有一种豁然开朗的感觉,从而也避免了学生为了解决问题而手忙脚乱、不知所措的尴尬。所以,教师在设置任务时,要综合考虑新旧知识之间的联系和学生的学习状态及能力,这是保障该教学方法实施的关键。当学生熟悉了这种学习方法时,教师可以设置一个最终的学习任务,然后引导学生尝试着设置前导任务,这样可以很好地培养学生分析问题、解决问题的能力。

3. 自主学习

在任务驱动教学法中不是由教师直接告诉学生应当如何去解决面临的问题,而是由教师向学生提供解决该问题的有关线索,如需要搜集哪一类资料,从何处获取相关信息资料等,强调发展学生的自主学习的能力。同时倡导学生之间的讨论和交流,通过不同观点的交锋、补充,修正和加深每个学生对当前问题解决方案的认识。

4. 效果评价

恰当的评价可以对学生的发展产生导向和激励作用,所以说对学习效果的评价是很重要的。它主要包括两部分内容:一方面是对学生是否完成当前问题的解决方案的过程和结果的评价,即所学知识意义建构的评价;而更重要的一方面是对学生自主学习以及协作学习能力的评价。

从学生角度说,任务驱动是一种有效的学习方法。它从浅显的实例入手,带动理论的学习和应用软件的操作,大大提高了学习的效率和兴趣,培养了他们独立探索、勇于开拓进取的自学能力。一个任务完成了,学生就会获得满足感、成就感,从而激发他们的求知欲望,逐步形成一个感知心智活动的良性循环。伴随着一个跟着一个的成就感,学生们减少了以往由于片面追求信息技术课程的"系统性"而导致的"只见树木,不见森林"的教学法带来的茫然。

6.1.5 任务驱动教学法的特点

任务驱动是实施探究式教学模式的一种有效教学方法。从学习者的角度说,任务驱动是一种学习方法,适用于学习操作类的知识和技能,尤其适用于学习信息技术应用方面的知识和技能。任务驱动教学法使学习目标十分明确,适合学生特点,使教与学生动有趣、易于接受。

1. 优点

(1)同学们的学习目标非常明确。
(2)学生主体性地位得到了凸现。
(3)教学质量明显提高。
(4)符合素质教育和创新教育的发展趋势。

2. 注意点

(1)任务驱动法教学模式实施的成功与否关键在于任务设计的好坏,在课前需要教师精心准备。
(2)任务导入、展示、讲解的时间不能过长,一般情况下不超过15分钟。
(3)注意学生的差异性。教学的起点以学习较差的学生为基准,对于好的同学可通过递纸条的方式给他们增加任务,使所有学生都能有所发展提高。
(4)课堂教学是一个系统整体工程,像弹钢琴一样,需要设景、煽情,做到内容、方法、心理各方面和谐统一,才能取得最佳效果。

6.2 通信类专业任务驱动教学法应用一

1. 教材及教学内容

教材选用朱永金、成友才编著《单片机应用技术(C语言)》(劳动与社会保障出版社,2007年出版)。该教材特点是属于将单片机应用技术学习内容分为模块或课题,在模块或课题下组织具体的学习任务的"任务驱动型"教材。这里以该教材中一个任务的教学过程为例,介绍任务驱动教学法的设计与教学实施。

教学内容以"课题二　点亮彩灯"中的"任务二　跑马灯"为例。

2. 任务驱动教学设计

教学设计是运用系统方法分析教学问题和确定目标,建立解决教学问题的策略、试行解决方案、评价试行结果和对方案进行修改的过程。教学设计的最终目的是为了提高教学效果和教学质量,使学生获得良好的发展。

(1)教学设计框图

将任务驱动教学过程用直观框图描述见图6.1。图中描述了任务驱动教学过程和过程中师生互动的方法和要求。

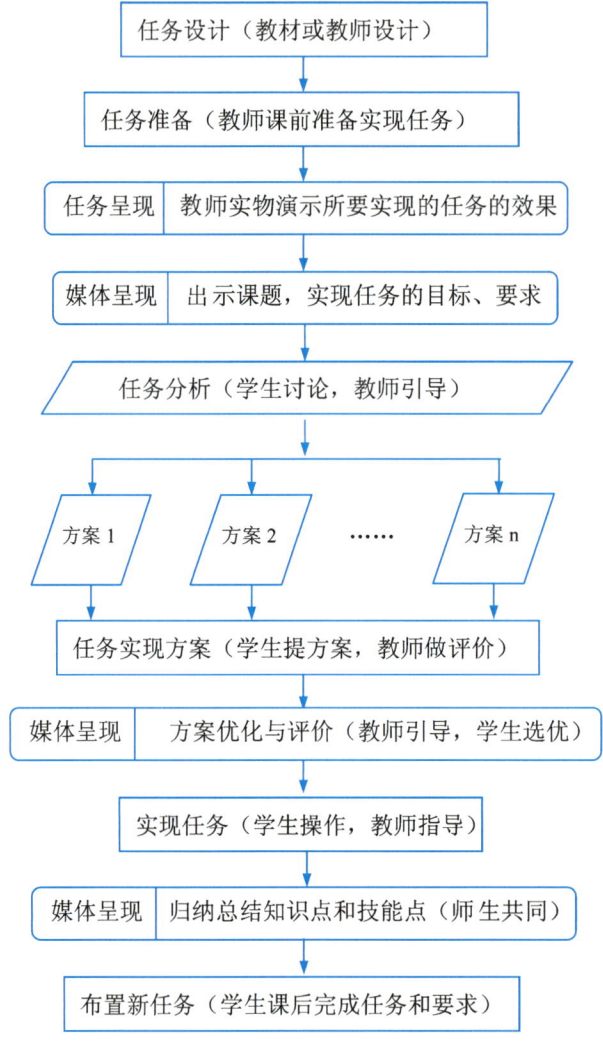

图 6.1　任务驱动教学过程框图

(2)任务驱动教学过程设计案例

任务驱动教学过程设计是设计本教学时段要实现的任务、任务目标、任务呈现方式、任务分析方法和任务实现手段(见表 6.2)。

表 6.2　教学过程设计(粗略型)

教学对象	××专业××班级	授课时间		教学后记(反思)
教学内容	任务二　跑马灯	计划学时	2	
学习目标	1.会连接彩灯硬件电路(巩固内容) 2.会编写循环程序(新知识) 3.会运用移位计算(一种新算法)			

（续表）

教学重点	1. 任意跑马灯的实现方法（分析） 2. 跑马灯的实现方法的运用（扩展应用）	
教学难点	1. 移位计算的理解	
教学资源	1. 计算机和仿真软件 2. 实验电路板 3. 多媒体教室	
教学设计	1. PPT 设计（教学过程中媒体呈现内容） 2. 展示任务实现"跑马灯"（教师做出实物在教学开始展示） 3. 任务分析引导设计 比较"点亮彩灯"与"跑马灯"的异同，引导分析 4. 跑马灯的实现 分析实现方法（讨论），移位法实现跑马灯，进一步熟悉相关软件的应用 5. 扩展应用 与学习跑马灯相似的，通过讨论修改程序进行实现；或教师或学生提出应用问题，共同讨论实现 6. 总结评价 知识总结，编程技能总结，过程评价（在教学过程中及时评价） 7. 巩固与提高（练习） 教学讨论过程中提出的、可以实现的问题；巩固提高本节教材中所列举练习，并提出要求	

3. 任务驱动教学方法

在任务驱动教学过程中，在各教学环节中要根据教学任务的实际情况和学生在教学过程中的配合情况，灵活地调整教学方法。

(1) 任务设计

在教学设计时，若是围绕项目开展教学，则将项目内容根据教学实施的实际情况分解成核心课目或教学单元，再将教学单元分解为一个个教学任务。教学过程是以任务为单元进行教学设计和开展教学活动的。在已有任务驱动型教材的情况下，教材中的教学任务可进行两种处理：一是若教材中的教学任务设计合理，可以依据教材所设计任务进行教学过程设计；二是若教材中设计的任务不太合适，也可由教师根据教学实际需要另行设计教学任务和教学过程，教材中的任务可供学生参考或课后学习。

教学任务的设计应尽可能贴近生活实际、生产实际、学生认识和所掌握知识的实际，任务难度不能太大。同时，设计任务时应该考虑给学生留有思考的空间、分析的空间、探索的空间、交流的空间、拓展的空间等。

(2) 任务提出和任务呈现

教学时，教师提出任务，交代本任务要达到的目的和要求。然后，直观地呈现任务，让学生能看到要完成任务的效果。呈现任务的目的是激发学生的好奇心，调动学生的学习热情和学习欲望，所以任务应该是精彩呈现。

(3)任务分析

任务分析就是分析所提出任务要达到的目标和要求，通过分析任务，充分了解任务、明确任务，并引导学生用已学过的知识或已有的经验分析当前任务与过去已实现的任务之间的联系，寻求解决当前任务的方法和途径。教师提出任务后，让学生充分发表自己的意见、想法和提出解决方案，发挥学生自己的想象力。整个教学过程充分体现以任务为主线，充分发挥学生学习的积极性，在分析任务的基础上，通过学生讨论，总结寻找解决任务的方法(以学生为中心)，在这过程中，教师随时引导学生分析问题和协助学生解决问题，归纳解决问题的方法(以教师为主导)。

(4)任务实现

在任务分析的基础上，提出解决任务的方案，在学生设计实现任务的方案中，教师点评并协助学生优化方案，在这些设计方案中优选其中一种或几种方法对任务进行实现，观察效果，并进行评价。

学生完成任务的过程，是一个不断发现问题、提出问题和解决问题的过程。

(5)知识、技能归纳总结

在对任务实现的过程中用到的新知识、新方法和新技能，教师要适时归纳总结。根据教学内容的需要，及时补充或讲解相关的知识，介绍新知识和新技能的应用方法。

4. 教学实施

由于课题一是学生刚开始学习单片机知识，这里要帮助学生建立两个方面的认识：一方面是要建立用单片机与外围电路一起工作，通过单片机相关引脚接入外围电路，实现能完成某种功能的特定电路，也就是要进行硬件设计；另一方面，要实现单片机对外围电路的控制，编写相应的控制程序。内容虽简单，但学生是初学，教学中应注意明确要求掌握的知识和技能点。

前一个任务是"一个LED闪烁"，任务目标是用单片实现一个LED按1Hz的频率闪烁。在硬件上介绍了一个LED与单片机的连接方式。在编程上重点是0.5秒的延时程序的编写。若学生未学过C语言，首先要学习C语言的基本知识，如变量类型定义、循环程序的结构等。重点是理解循环程序的编写，难点是软件延时的相关计算。另外，对于涉及C51程序方面的特殊知识，要求学生暂时会使用C51程序端口定义语句、C51头文件调用等。

(1)提出任务

在回顾上一个任务"点亮彩灯"的学习知识和技能的基础上，引入新课，给出"任务二 跑马灯"。

(2)呈现任务

接着，教师在实验电路板上演示本任务要实现的"跑马灯"。请学生观察"跑马灯"的点亮效果，比较"跑马灯"与"点亮彩灯"的相同之处和不同之处，思考两者间的区别与联系。

(3) 分析任务

"跑马灯"就是让彩灯从左到右或从右到左依次被点亮,这里仅用 8 个二极管来表示 8 个彩灯,用单片机实现 8 个彩灯的依次点亮。请学生分析硬件连接和软件设计与"点亮彩灯"两者间的区别与联系,并将学生回答进行记录和归纳。

硬件连接方面,8 个二极管分别被接在单片机的 8 个引脚上,可将 8 个发光二极管接到单片机的任意一个端口上,如 P1 口或 P2 口等。与"点亮彩灯"相同之处是单片机每一个引脚外接一个发光二极管,不同之处是用了 8 个发光二极管构成一组彩灯,并且要求每个彩灯要依次被点亮,一个发光二极管被点亮时,其余的就熄灭。

(4) 硬件实现

通过学生讨论和分析,统一学生意见给出(用 PPT 或在黑板上画出)电路连接图,见图 6.2。电路图中选择单片机 P2 口外接八个发光二极管。

(5) 程序设计分析

程序设计分析:图 6.2 中,当单片机端口引脚输出低电平时,对应引脚的外接发光二极管被点亮;引脚输出高电平时,对应引脚外接的发光二极管不亮。引导学生分析,学生最容易分析出的结果为:

当 P2 口输出 11111110 时,P2.0 引脚发光二极管被点亮,其他各个发光二极管不亮;

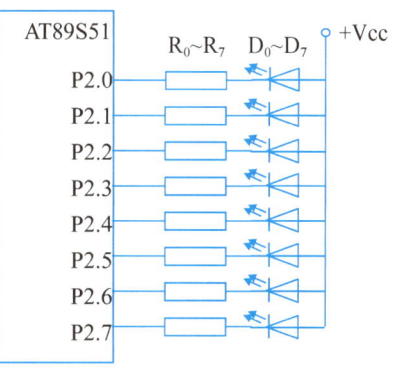

图 6.2　电路连接图

当 P2 口输出 11111101 时,P2.1 引脚发光二极管被点亮,其他各个发光二极管不亮;

……

当 P2 口输出 01111111 时,P2.7 引脚发光二极管被点亮,其他各个发光二极管不亮。

分析上面端口输出数据的变化规律,当发光二极管从 P2.0 依次亮到 P2.7 时,数据中的"0"依次从最低位移动到最高位,如表 6.3 中第二行所示。

表 6.3　端口数据

P2 口位	P2.0	P2.1	P2.2	P2.3	P2.4	P2.5	P2.6	P2.7
端口数据	11111110	11111101	11111011	11110111	11101111	11011111	10111111	01111111
数据取反 (十六进制)	00000001 (0x01)	00000010 (0x02)	00000100 (0x04)	00001000 (0x08)	00010000 (0x10)	00100000 (0x20)	01000000 (0x40)	10000000 (0x80)

教师小结:为了 C51 程序中便于数据的计算,将"端口数据"取反(当然也可以直接用查表输出数据,在下一个任务时用这种方法),这时,后一个数是前一个数乘以 2 或数中的"1"向左移了一位。这样将取反的数在程序中进行计算处理后,再次取反输出到端口 P2,不同的数据控制不同位上的灯被点亮。为了获得连续的"跑马灯"效果,采用 8 个数据循环输出。

(6)程序编写

方法步骤如下。

①与学生共同分析程序设计,在文本编辑器中编辑程序基本结构

初始数据;

循环8次;

向P2口送数;

维持亮一段时间;(用延时程序)

对数据进行计算处理。

②与学生共同将文字叙述变成C51程序,并写出主函数

```
void main(void)          /* 主函数 */
{
    uchar i,j;
    while(1)             /* 无限循环 */
    {
        j=0x01;          /* j 初始化为 0X01,即 0000 0001 */
        for(i=0;i<8;i++)  /* 完成8次循环,重复执行8次循环体 */
        {
            P2=~j;       /* ~j 表示将变量 j 中的二进制位取反。j 初始值为
                            0X01,即0000 0001,将 j 各位取反后为 1111 1110,输出到
                            端口信号为"0"的 LED 就亮,为"1"的 LED 熄灭 */
            delay05s();  /* 调用延时函数,延时 0.5 秒 */
            j=j<<1;      /* 可采用"j=j+j;"或"j=j*2;"。j≪1 表示变量 j 中的
                            二进制位左移一位,并最低位补"0" */
        }
    }
}
```

③在主函数前调用C51头文件和定义0.5秒延时程序

只要将上一任务的部分内容复制过来,就可以完成整个程序的编写。

④与学生共同阅读程序

这是非常重要的一步,要让学生读懂所设计出的程序,分析程序命令功能,将其注释在命令之后。要充分听取学生的反馈意见。

按照上一任务所介绍的方法,将C语言程序在Keil进行编译,编译如果有错误提示,说明程序有语法错误,找到错误进行修改,直到没有语法错误为止。

(7)将Keil C51编译好的.hex文件下载到单片机,观察效果

①用下载线连接好计算机和单片机,接通单片机电源。

②运行下载软件(教材中介绍的是Easy 51Pro.exe),将编译好的程序下载到单片机。

程序下载到单片机后,立即可从实验板上观察到单片机工作效果。如果工作效果与预设的效果不一致,则说明程序有逻辑错误或硬件连接错误,仔细查找硬件连接和程序

的逻辑错误,重复前面的步骤,直到硬件上实现了预期的效果。

(8)程序修改(也是拓展练习)

这也是非常重要的一步,在已编写好的程序上进行程序修改,完成不同的功能。一是让学生熟悉程序,熟悉命令,熟悉操作步骤。二是让学生任意发挥,通过修改程序改变控制功能,把学生的思路打开,培养学生的创造力。通过老师的指点和修改,达到要实现的目的。这也是学生最活跃的教学环节。

①从简单到复杂

以本任务为例,首先实现改变"跑马灯"移动方向,然后,实现从左到右后,再从右到左。学生叙述程序如何修改,教师(或请学生)负责文字录入,教师对学生修改程序进行分析和点评。当场设计程序、修改程序、编译程序、下载程序,看效果。这里的练习的目的,主要是加深学生对实现本任务的硬件和软件的理解。

②从课内到课外

结合课堂教学内容,可布置课外完成的基本任务。基本任务一般是对课堂教学任务进行修改性的任务。另外或将课堂上由学生提出的未完成的内容作为课外实现任务来布置。在教材的"巩固与提高"栏目中有可供选择的课外任务。对于所布置的课外任务,在进行下一任务时可抽查完成情况。

(9)知识归纳总结

主要是总结任务在程序设计中用到了哪些知识,如哪些新的命令语句的结构、用法和程序编写注意事项,特别是一些新算法。本任务中就是左、右移位命令。

至此,完成了一个具体任务的教学全过程。

5.任务驱动教学过程设计注意事项

(1)合理设计任务

一方面是任务要紧密配合项目实现的需求;另一方面任务设计不能太大,小任务以一个教学时段(2节课)较为合适,能做到易教易学,对于较大任务以一个教学周较为合适。

(2)精彩展现任务

展现任务是让学生能看见要实现任务的具体效果,用任务这根"导火索",去点燃学生学习的欲望,但要注意展现任务不是看热闹,要求学生注意观察,明确任务目标。

(3)保护学生积极性

在任务实施的过程中,教师要特别注意发现学生想法的闪光点(也可能是问题)和学生提出的问题,记下学生所提出的问题。教师要适时调动学生的学习情绪,鼓励学生提出自己的想法和见解,及时抓住学生的新思维、新见解和新方法进行点评,鼓励学生"异想天开",使整个教学过程就是一个培养学生的创新思维能力的过程。

(4)让学生忙起来

整个教学过程要充分发挥学生的学习积极性,让学生"忙"——忙着想,分析任务,忙着做,解决任务。在这过程中,关键是教师要根据教学现场实际和任务要求随时注意引导学生的分析思维,指导学生设计和操作。

(5)快乐地教和学

让学生在课堂内,在教师的引导下"做中学,学中做"。在课堂外,在考虑学生的实际能力的情况下,让任务富有挑战性,为学生提供发挥想象力、创造性的空间,让学生在"玩中学,学中玩"。尽可能让学生感受到学习的快乐、成功的愉快、探索的兴趣。

6. 结束语

我们设计教学任务时,也设计了PPT课件。课件内容主要是给出每一个教学任务题目、教学中部分硬件电路、要用到的相关图表和归纳总结内容(知识点和技能点)等。当任务呈现出来后,在分析任务和实现任务过程中需要在黑板上或在投影屏幕上书写的内容,是教师在指导学生学习的过程中根据学生讨论和发表意见"边分析边记录"的,"边修改边完善"的。特别是程序设计部分,一个程序允许学生设计多个方案,边演示边修改,使学生看到一个分析问题、修改和功能实现(解决问题)演示的全过程。最后,在教师的归纳总结下,提出更简单和完善的程序方案(特别是一些新算法一般由教师归纳出),供学生学习参考。所以,同一个教学任务,在分析任务和解决任务的每一次教学过程中,课件书写的内容是动态的、变化的,不是固定不变的。

任务驱动教学法的教学过程是多样化的,它是一种开放式的教学过程,不是那种教师准备好PPT课件,上课时按照课件内容讲一遍就结束了。任务驱动教学是积极的教学过程,不完全是教师讲学生听,常常是学生讲教师听。教学过程中教师引导学生分析问题、讨论问题,提出想法、提出看法、提出建议,教师承前启后,归纳总结。任务驱动教学是贯穿在学生课堂内外的学习过程中的一种生动、活泼、快乐的学习过程。因此,教学过程设计也不是一成不变的,更多的是考虑教学任务与学生实际如何有机结合,要注重教学内容,更要了解学生实际,这样设计出来的教学过程才能有效地实施和运行。

6.3 通信类专业任务驱动教学法应用二

6.3.1 应用案例概述

宽带中国战略是一项国家战略。宽带装维工作是落实宽带入户最后一公里的关键工作之一。在实施宽带装维教学时,如何让学生在真实的装维环境里得到职业能力、专业能力和社会能力的训练与提升,是需要重点考虑的地方。

本案例通过设置真实家庭宽带装维场景,让学生在真实的场景中,依照运营商宽带装维人员的工作要求和装维流程,按照给定的FTTH宽带装维任务,激发学生的学习兴趣,提升实践教学的效果。

6.3.2 任务驱动教学法案例设计

1. 确定教学内容与教学目标

(1)教学内容

在所设置家庭场景下,完成宽带装维工单要求的工作任务。

①固话工单(见图 6.3)

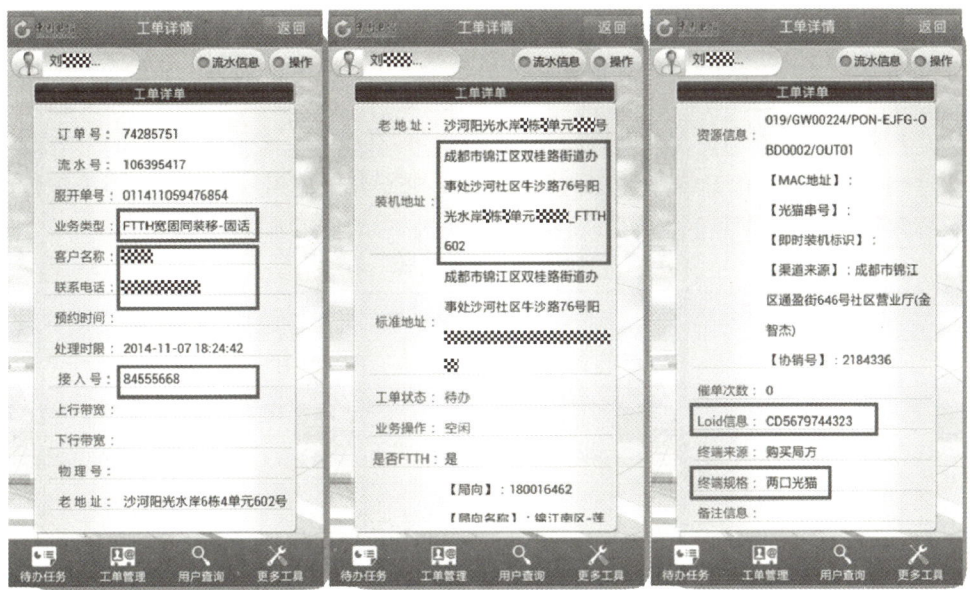

图 6.3　固话工单图

(2)宽带工单(见图 6.4)

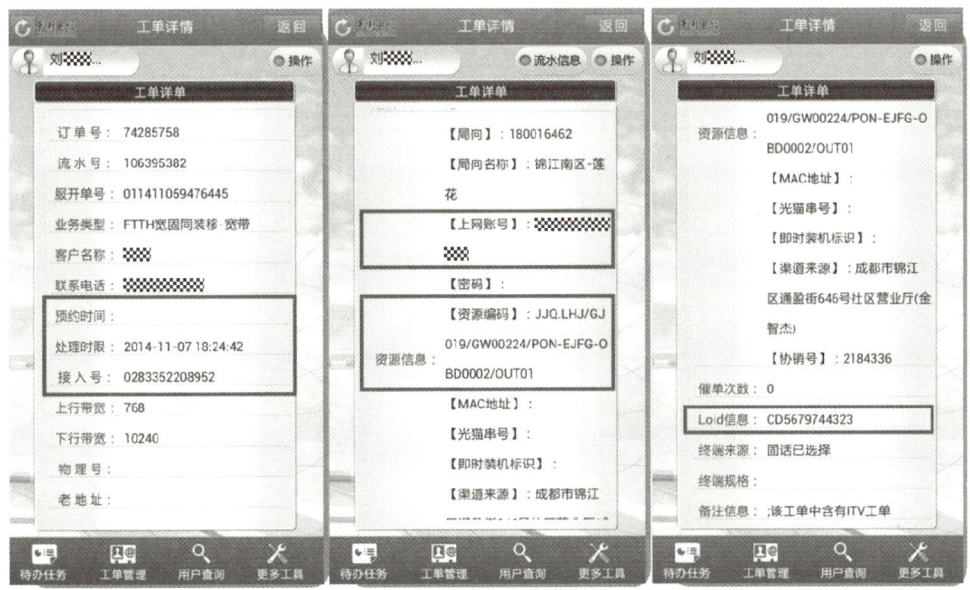

图 6.4　宽带工单图

(2)教学目标

①学习 FTTH 宽带装维的工具、仪器。

②掌握 FTTH 宽带装维的流程与规范。

③通过在家庭宽带装维场景中完成任务工单所要求的任务,使学生掌握如何按照业务系统工单要求,完成客户沟通、上门服务、宽带安装、业务演示、客户培训与系统回单等

151

工作环节,掌握宽带装维业务全流程。

④提高学生的动手操作能力。

⑤提高学生团队协作与解决问题的能力。

2. 教学环境与条件

设置真实的工作场景,包括客厅、书房、卧室等,分路箱与家庭多媒体箱按照标准配置,客户家庭电视机、电脑齐全,装维工具(完整一套),装维领用材料按工单要求配置,工作服与胸牌,安装有装维业务终端软件的智能手机一部(见表6.4)。

表6.4 装维工具

序号	工具名称	序号	工具名称	序号	工具名称
1	梯子	11	冲击钻	21	硅胶栓
2	斜口钳	12	水泥钻头	22	电源插座拖线盘
3	尖嘴钳	13	电钻	23	米勒钳(光纤涂层剥离钳)
4	一字螺丝起子	14	木工钻头	24	光纤切割刀
5	十字螺丝起子	15	麻花钻头	25	酒精壶
6	电工刀	16	开孔器/开孔钻头	26	光纤连接插头清洁器
7	美工刀	17	光缆盘托架	27	红光笔(红光光源)
8	钢锯	18	穿管器	28	手持式淘汰和光功率计
9	奶头锤	19	防水型头戴照明灯		
10	保安带	20	电筒		

工作场景见图6.5~图6.10。

图6.5 工作场景

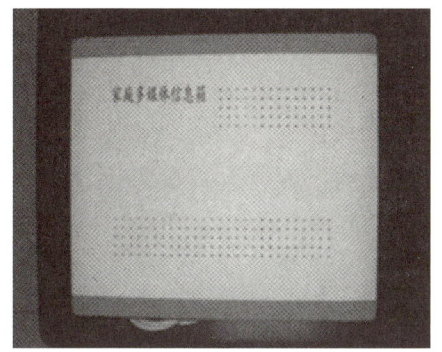

图 6.6 家庭信息箱外观图

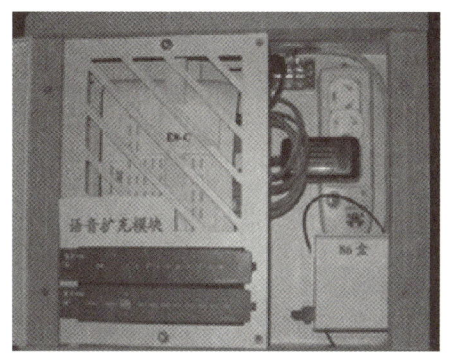

图 6.7 家庭信息箱内视图

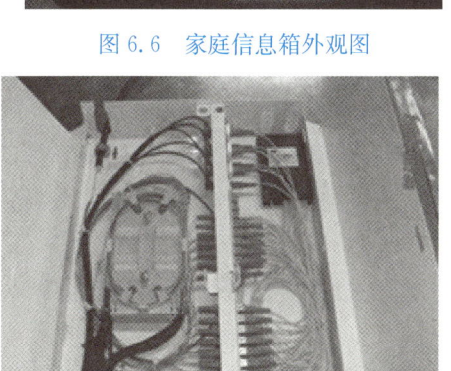

图 6.8 室内分纤箱

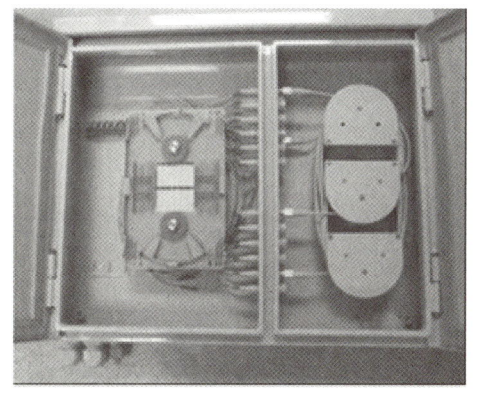

图 6.9 室外分纤箱

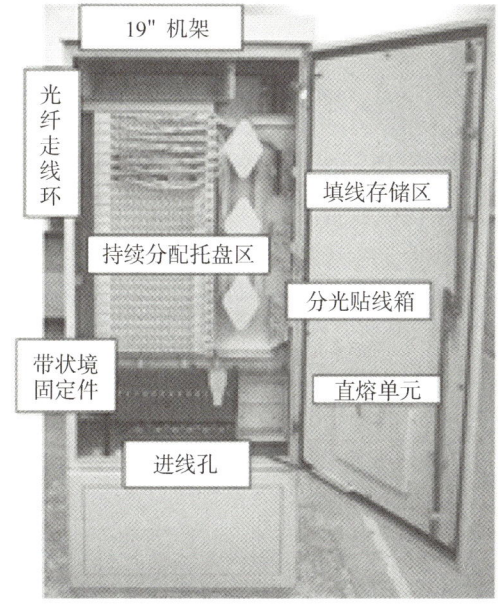
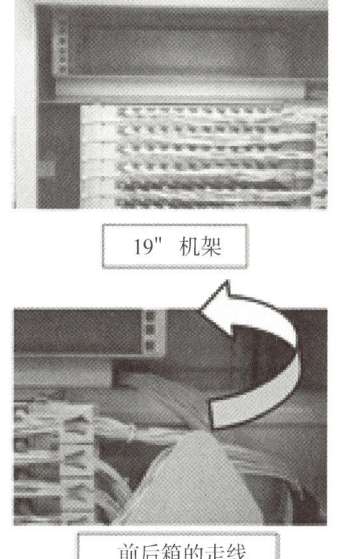

图 6.10 光交接箱

3. 任务驱动教学实施过程

（1）准备阶段

授课教师向学生下发工单，培训工单内容，示范或培训装维流程要求和相关技能点，指导学生分组。

学生2个人一组（与实际装维工作一致），学习并解读工单内容，按照老师的示范及培训，训练相关技能点。

1）训练部分一：装维工作流程培训（以中国电信FTTH装维为例）

E8-C安装全流程（见图6.11、图6.12）：

①根据工单内容核对用户信息是否准确；

②布放皮线光缆至用户家；

③用冷接子或热熔方式在用户家中接续光纤，做好接头；

④利用红光源、光功率计等仪表测试光纤通路及衰减；

⑤跳纤，按规范要求布放，根据工单光交位置以及分光器编码和纤芯号跳接光纤，并按标准粘贴标签；

⑥根据业务工单要求，进入光猫填写正确的数据，为客户开通业务，安装客户端软件并简单指导用户如何正确使用；

⑦清理用户装维现场，还原挪移家具，装维下脚料带出用户家；

⑧补录资料中（电子表格）用户家光源位置。

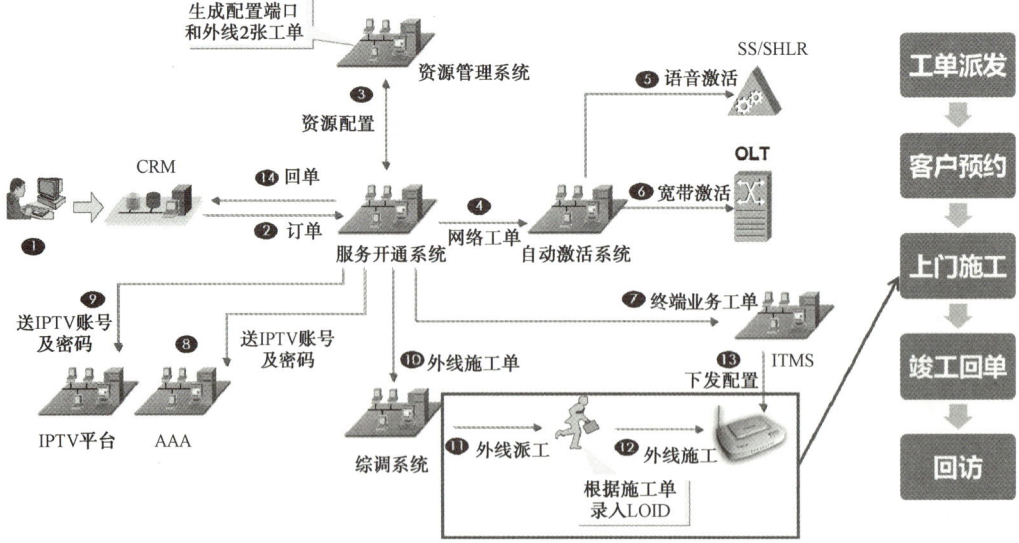

图6.11 装维工作流程1

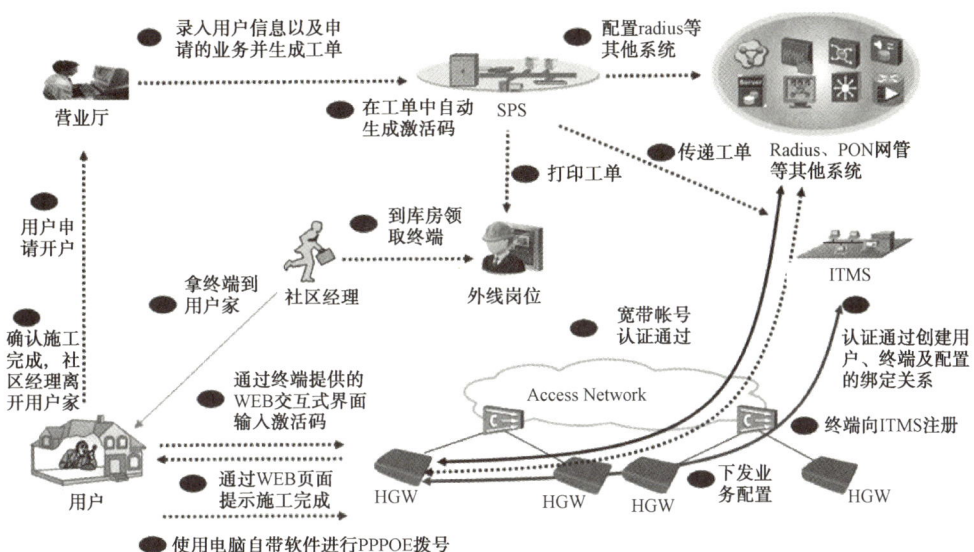

图6.12　装维工作流程2

2)训练部分二:宽带装维技能点培训

技能点1:皮线光缆的穿放

①操作项目一:皮线光缆的沿墙钉固方式敷设(见图6.13)。

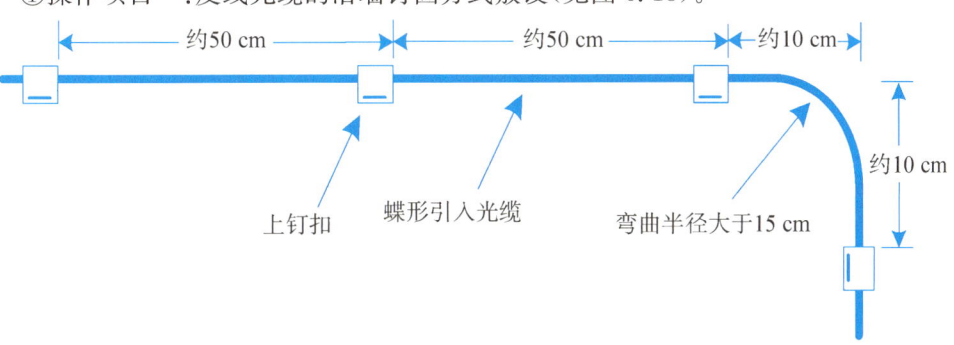

图6.13　皮线光缆沿墙钉固施工规范

②操作项目二:皮线光缆的波纹管方式敷设(见图6.14)。

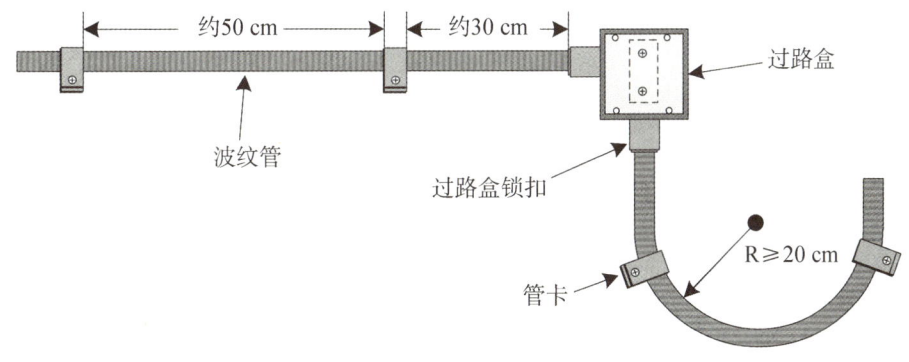

图6.14　波纹管施工规范

③ 操作项目三:皮线光缆的暗管方式敷设。

④ 操作项目四:自承式皮线光缆杆路施工(见图6.15)。

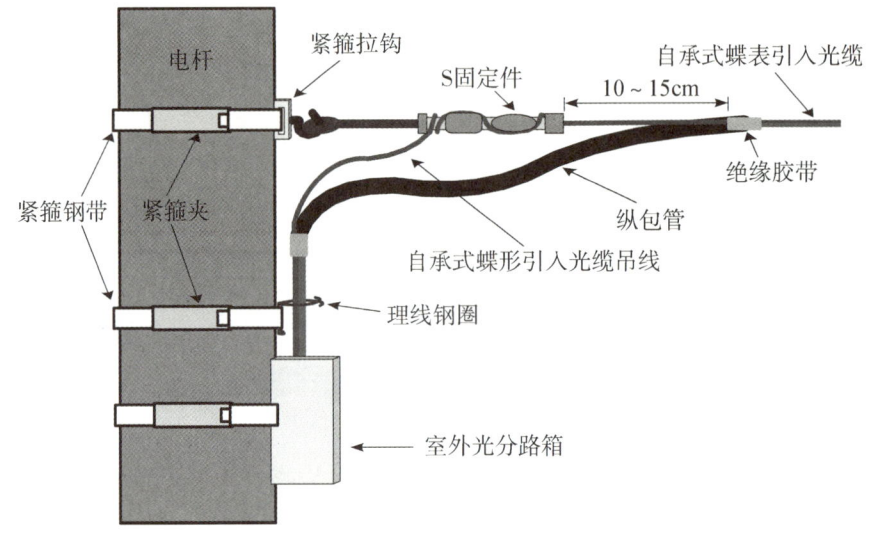

图 6.15　自承式皮线光缆杆路施工规范

⑤ 操作项目五:光分路箱内皮线光缆的盘纤(见图6.16)。

图 6.16　光分路箱内皮线光缆盘纤

技能点2:皮线光缆的接续

皮线光缆的熔接成端是FTTH宽带开通的重要工作步骤。在FTTH装维过程中,皮线光缆从楼道的光分路箱一直敷设至宽带用户家的家庭信息箱或者用户指定的位置。完成皮线光缆敷设后,需要在楼道光分路箱一侧和用户室内光猫一侧制作光纤接头,以便于皮线光缆能与分光器和光猫的端口进行连接。本技能点训练需要完成皮线光缆与尾纤接续的熔接成端(见图6.17)。

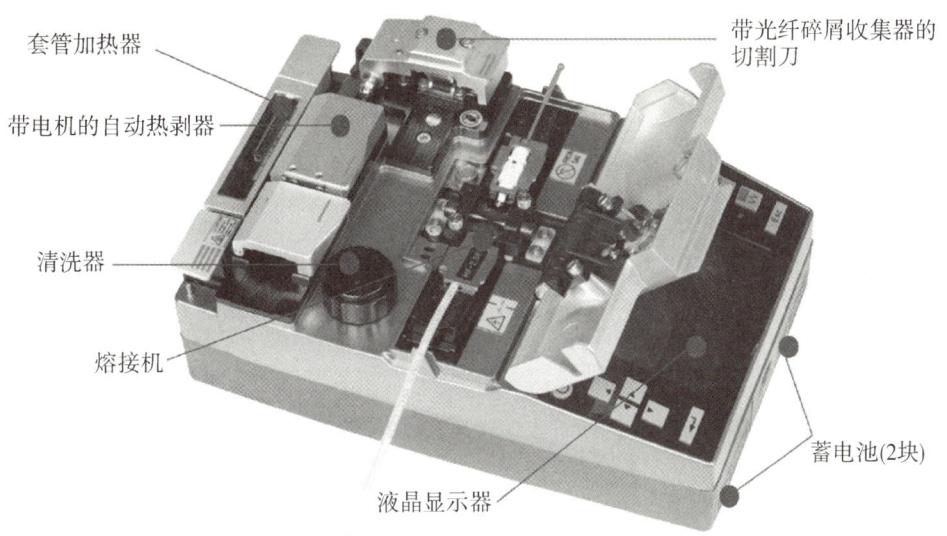

图6.17 熔接机

① 实施步骤一:熔接机开机检查。
② 实施步骤二:光纤端面制作。
③ 实施步骤三:光纤与尾纤的熔接成端。
④ 实施步骤四:熔接质量测试。

技能点3:终端设备的安装

① FTTH终端设备介绍

■ONU设备(又称光猫或E8-C)

Ⅰ.华为HG8245(见图6.18、图6.19)。

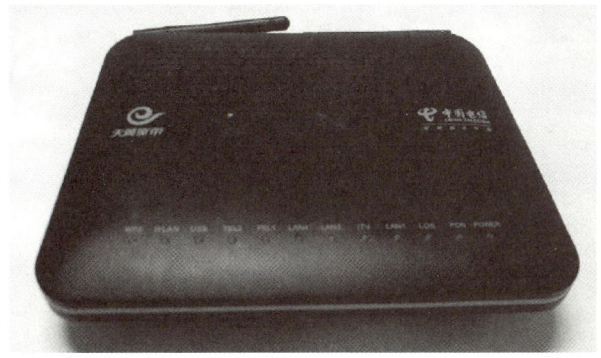

图6.18 HG8245正面

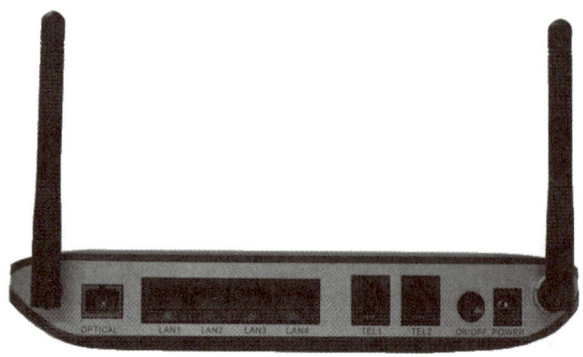

图 6.19　HG8245 背面

Ⅱ. 中兴 F460(见图 6.20、图 6.21)。

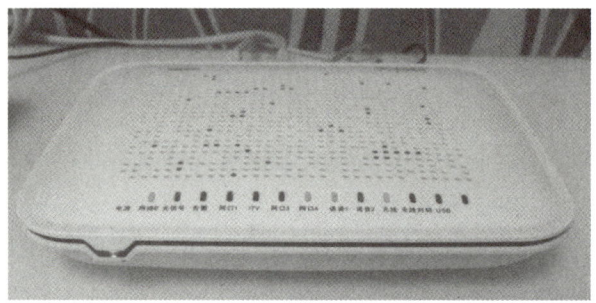

图 6.20　F460 正面

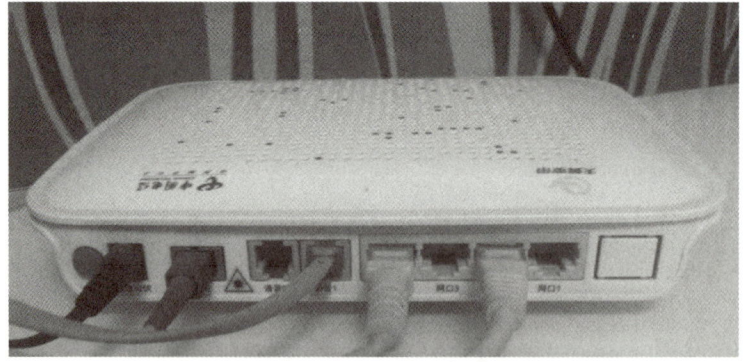

图 6.21　F460 背面

Ⅲ. 烽火 HG220(见图 6.22、图 6.23)。

图 6.22　HG220 正面

图 6.23　HG220 背面

② FTTH 终端设备安装

在 FTTH 中,用户侧的主要终端设备有光猫、机顶盒、电脑、电话、电视机。FTTH 终端安装,主要包括光猫的安装和机顶盒的安装。

Ⅰ.光猫的安装(见图 6.24)。

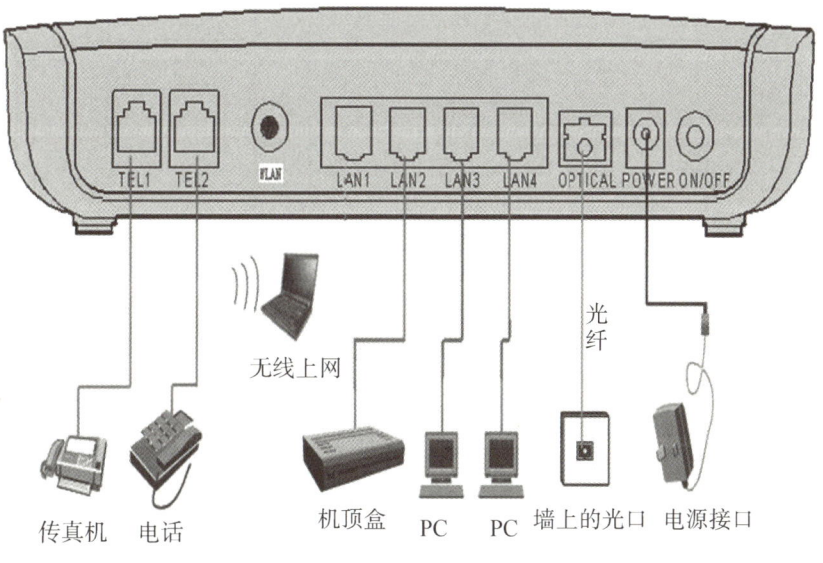

图 6.24　光猫的安装方法

Ⅱ.机顶盒的安装(见图6.25)。

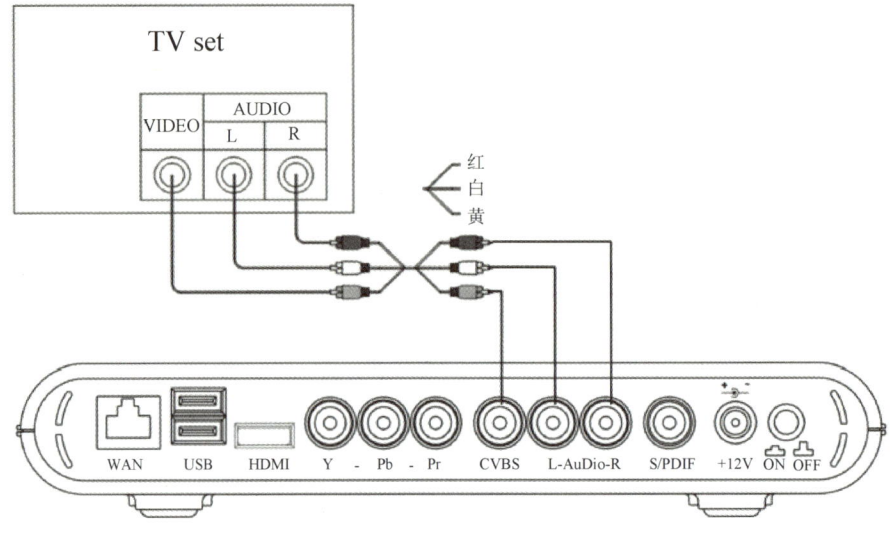

图6.25 机顶盒电视机连接(标清)

使用 HDMI 线连接机顶盒的 HDMI 接口与电视机的 HDMI 输入接口。具体连线方法见图6.26。

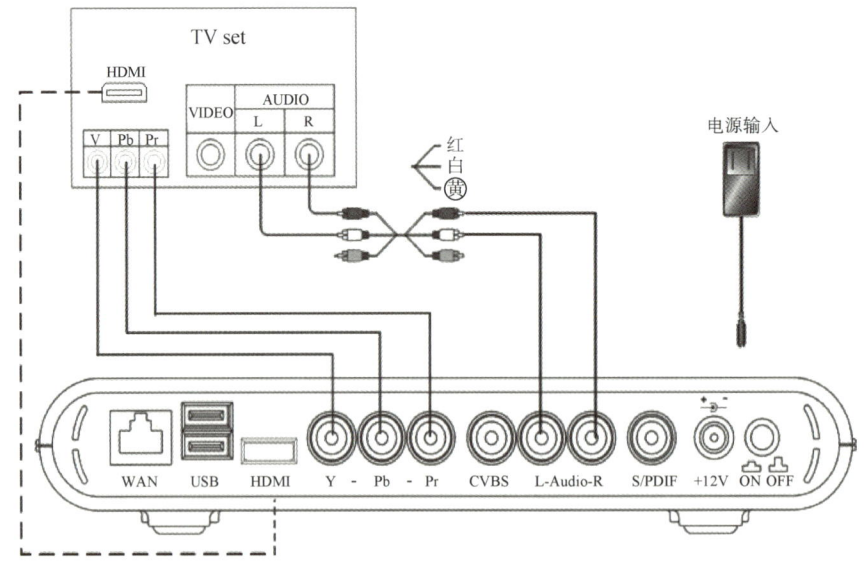

图6.26 机顶盒电视机连接

技能点4:终端数据的配置

自动配置方式下装维人员只需到用户终端上设置好 LOID,其他业务由平台自动下发,大大提升了装维效率,实现终端零配置。此功能的实现,只针对运营商定制终端,非定制终端无法实现。所以不管华为、中兴、贝尔还是烽火都一样,包括登录界面和里面菜单选项都一样。

① 数据自动下发(见图 6.27)

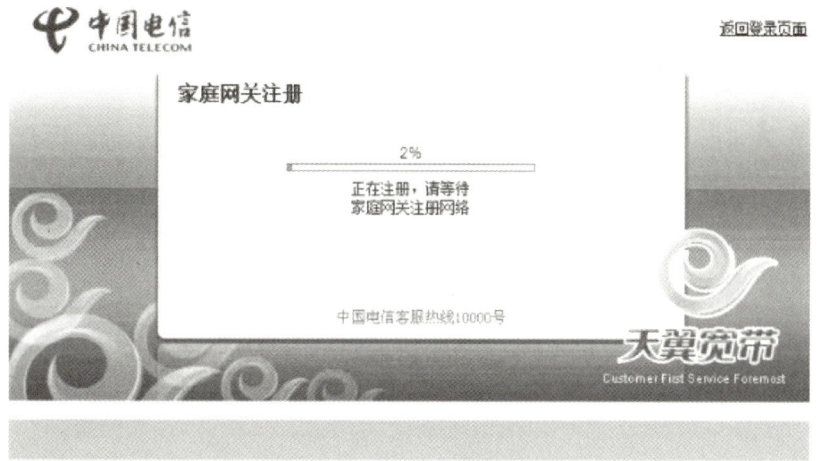

图 6.27　注册读条

② 数据手动配置(见图 6.28、图 6.29)

图 6.28　配置登录界面

图 6.29　配置界面

③ 机顶盒数据配置(见图 6.30)。

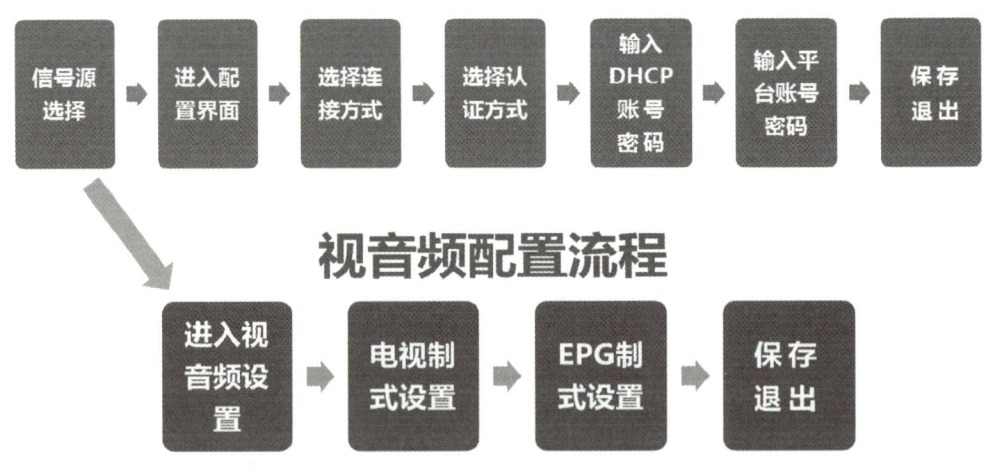

图 6.30　机顶盒配置流程

(2)计划阶段

学生对工单任务中的要求解读后,制订相应的安装计划。

老师在学生制订计划过程中,给予辅导和支持。

(3)实施阶段

按照分组要求,顺序进行实施。

授课老师或经过训练的学生模拟家庭客户。

学生模拟宽带装维人员。

第一步:出门前准备工作

1)电话预约

电话联系用户,询问用户是否方便,与用户再次确认是否需要更改上门时间。若用户要求更改上门时间,记录好时间后与用户再次确认,用户不方便无法确认上门时间时,应留下联系电话供用户联系或请用户拨打 10000 登记上门时间,并提醒用户提前准备相关个人证件等资料(由各地市自行细化)。

2)仪容仪表(见图 6.31)

①头发整洁,长短适中,梳理整齐,男性运维服务人员发长不得超过衬衫的衣领上缘,女性运维服务人员不得浓妆艳抹,要举止端庄。指甲要注意清理,不能显得脏污。

②穿着具有中国电信标志的统一服装,服装整洁,纽扣齐全;佩戴统一的服务工号牌;禁止穿便服、拖鞋上岗或将鞋穿成拖鞋状;穿着长袖衬衫时袖口要放下并且系上袖口纽扣,衬衫下摆要扎在西裤内,衬衫领口和袖口从外面看不得有污迹,穿着夹克衫要拉上拉链,禁止敞怀或将长裤卷起,不得戴墨镜面对客户。

图 6.31　标准着装及仪容示范

3)工具材料

上门前带齐所需的安装工具与用品(见图 6.32):

①FTTH 放装工具 1 套,工单上所备注型号的 ONT1~2 台,快速连接头若干,足够的皮线光缆,尾纤若干条;

②宽窄带装机维护工具各 1 套;

③标签纸、垃圾袋、剪刀、止血贴、各种规格扎带、手套、记事本、绝缘胶布、鞋套、垫布、抹布、联系卡。

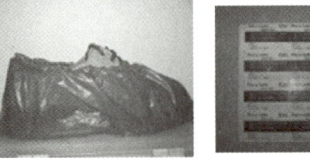

· 一双鞋套　　　· 一张联系卡　　　· 一块垫布　　　· 一块抹布
· 一个垃圾袋

图 6.32　宽窄带装机维护工具

第二步：上门安装

比预约时间提前 5 分钟到达客户家（如无法准时到达需提前半小时与用户联系说明原因），准备好相关资料，再次确认仪容仪表无误后，举手敲门，敲门动作要轻，每次敲门三下，每两次敲门之间等待时间不得少于 15 秒。如需按门铃，按动按钮次数不要超过 2 次，两次按动之间等待时间不能少于 15 秒。

如在 10 分钟内无人应答且与用户联系不上时，留下到访留言后方可离去，到访留言上应写明到访时间、离开时间、联系电话、联系人等相关内容。

主动告知用户身份，并与用户确认客户信息，询问用户电脑安放位置：

（1）室外安装部分；

（2）室内安装部分。

进入客户室内必须穿好鞋套，移动用户物品、使用用户终端及布放线路时需与用户商量，征得用户同意后方可进行，所有移动过的物品在施工结束后需重新归位。

第三步：安装完毕，业务演示与客户培训

1）用户确认宽带是否已开通并试用

安装完成后请用户试用，测试电话、宽带及 ITV 是否可同时正常使用。

2）清理现场卫生

现场卫生需清理干净。在施工过程中所产生的余料、线头、塑料袋、纸盒、布线时产生的灰尘等应及时清理装入随身携带的垃圾袋内，在施工结束后一并带走，用抹布擦干净脏污处，人走地净。

3）告知注意事项及使用方法

① 指导用户如何使用宽带、无线网络及简单的故障判断方法。

Ⅰ．宽带用户拨号上网成功后，可到 http://speed.fjii.com/webtest/ 上进行网速测试，正常情况下 1M 宽带 ADSL 用户下载 80KB 以上则线路正常（同比，2M 宽带 ADSL 下载 160KB 以上），10M 宽带 LAN 用户下载 500KB 以上则线路正常。

告知用户影响网速的几个因素：

a. 传输距离越远，传输下载速度越慢；

b. 下载速度与对方服务器及线路状况也有关系；

c. 用户 PC 终端软、硬件影响（如有无中毒等）；

d. 用户内部局域网影响（可断开用户内网，单机拨号测试网络）；

e. 用户线路状况（如皮线有无损坏、接头有无氧化等）。

Ⅱ.无线网络注意事项:需设置密码,防止其他用户免费蹭网现象等。

Ⅲ.简单障碍处理:对 ADSL 用户教导分离器识别、安装等方法,雷雨天气需关光猫和路由器等设备防雷击。

Ⅳ.对 ITV 用户应向客户介绍 ITV 的点播、直播、回看、跳转播放、书签、快进快退、影片搜索等功能。

②告知用户若需更改密码需拨打 10000 人工台更改密码,切勿自行更改密码以免造成宽带故障。

4)用户签字确认,感谢用户使用并与用户告别,留下联系电话及故障维修热线 10000 供用户联系或咨询。

(4)评价总结

学生举行装维工作总结会,充分讨论在学习过程中的感受与知识、技能和职业规范等方面的掌握情况,对自己的模拟训练情况给出自评分。

教师组织模拟教学总结会,指导协调学生完成总结和自评工作,并对每组的表现给出评价。

6.4　小结

任务驱动教学法用一个或多个任务实施教学,学生在完成任务的过程中掌握知识和技能。任务驱动教学法体现"以学生为主体"的理念,减少教师过多的、重复的讲解,学生可根据自己的理解、能力和进度来完成学习。这种教学方法发展了学生的元认知能力,在任务中可有充足的空间进行自主监测、自我评价和进行实时的自我调节;培养学生阅读理解能力和自我规划的能力,提高学生成就感,让学生自己独立解读了任务单,并选择策略完成了挑战;便于分层教学,通过设置不同难度、必做和选做的任务,让同学们量力而为,尽其所能地进行学习。

在实施任务驱动教学法时要注意设计的任务是否能有效驱动学生,并对学生的情况进行及时有效的评价,促进学生更好地参与教学过程中,获得相关知识和技能。

第七章 通信类专业案例教学法

7.1 案例教学法概述

案例教学法起源于 20 世纪 20 年代,由美国哈佛商学院(Harvard Business School)所倡导。当时他们采取了一种很独特的案例形式的教学,这些案例都是来自于商业管理的真实情境或事件,这种方式有助于培养和发展学生主动参与课堂讨论,实施之后,颇具成效。案例教学法后运用于管理学界,现在被引入职业教育界,它是在教师的指导下,根据教学目标和内容的需要,采用案例组织学生进行学习、研究,锻炼能力的方法。案例教学法的目的不是把学生培养成只会解释问题的"理论高手",而是要培养学生成为具有解决实际问题能力的"智慧高手",解决"怎么干""干什么"的问题。国内教育界开始探究案例教学法,则是 20 世纪 90 年代以后。

案例教学法根据教学目的的需要,在教师指导下,将与特定的职业或专业相关的事件、过程、发展、情景等以陈述或者报告的形式再现之,其中特别事件的时序、该事件发生之特别背景明显可辨,组织学生进行学习、分析、讨论的方法。在案例教学中,教师与学生承担着更多的教与学的责任,要求有更多的投入和参与。教师要选择和组织要讨论的材料,要从大量的资料中选择出适当的案例,如果手头没有现成的可以覆盖所教内容的案例的话,他还要自己动手撰写这些案例,并以一定的程序把它呈现出来。学生要对教师所提供的具体事实和原始材料进行分析,讨论。

案例教学法实施的教学环节如下。

(1)选择和研究教学案例。案例是实施案例教学的前提条件之一,需要在明确教学目标的基础上,选择适度、适用的教学案例。所选的案例既要与教学目标相吻合,又要是教师自己能把握得了的案例,以及学生易于接受和认同的案例。教师能否把握案例取决于教师对案例涉及的环境背景是否了解,对案例涉及的知识领域是否掌握,对案例涉及的问题是否有相应的解决处理经验(包括直接管理经验和教学经验)。而学生能否接受和认同案例,主要看案例所描述的是否为其身边或可能发生的事情,所提问题是否为其经常遇到或可能遇到的管理问题,以及通过案例学习是否可以解决学生思想和工作上的问题,提高其认识水平和工作能力。

(2)阅读案例,个人分析。

(3)小组讨论,形成共识。集中集体智慧阶段,必须充分展开,避免走过场。

(4)课堂发言,全班交流。通常可由教师来主持,事先指定好中心发言人,以保证讨论效果。全班交流是课堂教学高潮,是形成教学结果的重要环节,也是全班学生经验与知识共享的过程,需要教师和学生做好充分的准备。

(5)总结归纳,消化提升。教师对课堂教学的全过程进行归纳、评估。教师总结可引而不发,留给学生进一步思考的余地,通过总结,帮助学生思考问题。如:从案例教学法的内容和过程中,学到了什么?得到哪些有价值的启示?是否通过案例学习掌握了处理问题的新思路、新方法以及在实际应用中应注意的问题等。到了这一步,就完成了理论与实践的结合。

(6)设计行动,付诸实施。通过对案例的分析和辨析,学习者从案例中的经验教训中总结出了正确的行动计划和方法,接下来教师应要求和指导学习者们完成一项与案例内容相似的行动,将所学应用于实际。

7.1.1 案例教学法的要求

(1)注重时效性。引用的案例应是真实的、实时的。

(2)注意有效性。案例教学是用案例来创设情境,以启迪学生思维、激发学生质疑。在课堂上,教师以文本材料或多媒体手段等方式把案例提供给学生,用以激发学生学习和探究的欲望。如果教师所用的案例过多,则会喧宾夺主,将大量课堂时间用于案例讲述,占用了学生自主探究和合作探究学习的时间,达不到案例教学的目的。使用案例过多,还会让学生对课堂教学主次不分,分散学习注意力。

7.1.2 案例选择的方法

教师选择案例时着重从以下几个方面思考、选择案例:一是案例是否成功地把教学目标内化为学生的学习目标,将传授的新知识转化为学生感兴趣的问题,从而使对新知的获取成为学生内在的需要;二是案例是否能够启发鼓励学生探索和选择新途径处理问题,不满足于停留在已经明了的问题上;三是案例是否能够使静态的教学内容动态化、抽象的内容形象化,让学生体悟到相关专业知识和技能,促进学生在学中用、用中学;四是是否有利于学生团队合作精神的培养;五是是否能够引导学生不断反思,调控自己的学习行为。

7.2 通信类专业案例教学法应用一

7.2.1 概述

在通信专业核心课程的教学组织设计和实施过程中,案例教学法有着极为广阔的应用空间。教师按照案例教学法的实施要求,通过将企业的真实案例整合为实用的教学案例,引导学习者对企业案例的信息进行分析,在案例分析的基础上,掌握以后职业工作岗位上需要的知识、技能与行为规范要求等,从而有效地提升学习者的专业知识与能力、职业能力和社会能力等。

在通信专业案例教学法的应用实例中,我们选择了移动通信技术无线网络维护专业领域作为案例选择的范围,以天馈系统的维护作业为案例内容的出处,按照学习要求设计案例,并引导学生对案例进行分析,从而得出在天馈系统维护作业中,团队协同、技术规范、安全作业、沟通等方面的岗位能力要求。

天馈系统维护作业,需要通过维护班组的团队配合,分工协作,按照安全要求和维护技术及行动规范等,完成对天馈系统运行情况的维护与故障处理。案例的选择要突出职业情景下的信息完整性。

7.2.2 教学案例设计

1. 选择与设计案例

案例研究是从单个事件获取普遍的洞见。在天馈系统维护案例教学实例中,我们选择一个维护班组某一个季度维护工作不达标作为案例的主线。

示例 1

××维护班组二季度维护工作研讨会

××公司是一家通信服务公司,为运营商提供基站系统的维护外包服务。该公司设立了维护部,下面分设宽带维护中心、移动基站维护中心、政企专网维护中心等。移动基站维护中心下面设有8个维护班组,其中××片区维护班组负责人小明,负责带领团队5个成员,维护该片区的××运营商所属全部基站,维护范围包括基站机房及周边环境维护、机房及设备保洁、基站主设备维护、天馈系统维护、动力电源及环境监控系统维护、基站传输子系统维护、通信铁塔维护等。公司设有网络监控终端,有专门岗位人员负责监视查看。小明的维护班组在现场维护时,遇到需要后台支撑的情况下,会与这些监控岗位的人员进行电话沟通。

二季度过后,7月10日,班长小明拿到了二季度他所负责的片区的维护统计情况的通报内容。在××运营商全部外包的45个班组中,小明所在的班组倒数第二,其中影响成绩的最主要方面,就是天馈系统的故障最多,达到了前所未有的18次。小明决定召开班组研讨会,与大家分析一下二季度维护工作不达标的原因及下一步的工作对策。

研讨会召开过程中,小明首先说了开会的目的,请大家畅所欲言,发表看法。开始大家发言很不踊跃,气氛也很沉闷。小明再三鼓励,大家的话才慢慢多了起来。

小张说:"我们二季度维护质量不达标很正常。因为恶劣的坏天气确实对我们片区的维护工作有比较大的影响。"

小李说:"有一次接到维护故障工单后,等了半天没有完成准备工作,好不容易开车出去了,大家对故障地点也不是很熟悉,耽误了不少时间。我们那次到了故障地点后,因为大家都不知道该做点儿什么,也没人牵头负责计划一下,结果大家在机房里聊了半天,最后才手忙脚乱地开始处理。"

小王说:"我们5个人,3个都是新手,我都入职才6个月多点儿,确实还有很多不熟悉的地方,这点儿我自己检讨一下。但是其他人也没怎么教我,组上和公司也没什么培训之类的,加上天馈系统维护要求的技术和经验都比较高,那些仪器和工具,我都还没怎么用熟练。电话催个不停,我都慌乱了,咋个把工作做好嘛。"

小明看小周开会过程中,一直看着大家,没怎么发言,就让小周说一下自己的看法。小周摇了摇头,不好意思地搓着手,不愿意发言。

看到这一幕,小明确实感觉到了问题的严重性。

2. 案例教学课堂实施环节

(1) 课堂实施准备

案例教学法既需要学习者个人阅读案例材料,实施分析,也需要和其他人一起研讨分析。在开始实施前,将学生分组,5~8个人一组比较合适。分组后,让每个组为自己起一个响亮的名字,选择一个组长出来。

授课教师在课堂实施准备中的职责,是对本节案例分析课的情况进行解释说明,并提出要求,组织协调学生分组、选择组长、为本组起一个名字等,然后授课教师向大家解释小组加分及排名的规则。

(2) 发放案例材料,提出问题,阅读分析

① 由各组组长从授课教师处领取案例阅读材料,个人阅读。

② 授课教师通过幻灯片投射出要求大家分析与思考的问题(见图7.1)。

案例分析与思考

- 你认为该维护班组主要存在哪些问题,导致了二季度维护质量不达标?
- 假如你是班组中的一员,你会向班组长提出什么样的意见与建议?
- 假如你是小明,你将如何做,来扭转目前不利的工作局面?

图7.1 对案例材料的分析与思考

在每组个人阅读与分析、小组研讨过程中,授课教师的主要职责是引导大家在一个基本框架下思考该问题,包括专业能力、职业能力与社会能力等方面的问题探讨,引导大家朝着本案例的主题方面聚焦思考。

(3) 小组发言,形成共识

授课教师引导每个小组的组长,组织本组的发言研讨,并在此过程中努力达成共识,形成本组的统一观点、认识等(见图7.2)。

如在本案例中,涉及团队建设与沟通、规则制度与工作流程的完善、专业技能的学习与提升、维护班组成员的职责与分工等。

案例阅读分析记录纸

```
组名：_____    姓名：_____
案例名称：
个人分析笔记：

本组案例分析共识：

教师案例总结：
```

图 7.2　案例阅读分析记录纸

(4)全班发言,课堂讨论

该环节将发言与讨论从小组内部提升到全班层面。由每个小组推举一名自己的发言人,代表该组做主题发言,发言过程中本组其他成员可以补充,其他组成员可以提出自己的看法与质疑等,促进大家的沟通交流。

本环节是一个关键环节,是教学活动的高潮部分。通常可由授课教师作为主持人,引导发言与讨论等。教师需要在该环节做好准备,可通过白板等辅助工具做好发言重点的记录,为总结和形成教学成果打好基础(见图7.3)。

图 7.3　课堂讨论

(5) 总结归纳，消化提升

教师对课堂学的全过程进行归纳、评估。可由教师对课堂学的全过程进行归纳、评估；也可引而不发，留给学生进一步思考的余地并通过总结帮助解决问题。

授课教师不能强行推出自己的总结，应在提炼归纳学生发言观点的基础上，逐步引导到教学活动期望的方向上来。这同样需要老师在前述各个环节做好引导工作。

7.3 通信类专业案例教学法应用二

为了更好地阐述案例教学法的教学过程，这里再以通信类专业通信机务课程中的"故障定位及处理"这一任务为例，详细描述案例教学法的教学过程。

"故障定位及处理"的任务的一般描述是：要求通过具体的案例掌握告警信号流和故障定位原则，通过对故障现象的了解，能及时高效地排除故障，降低经济损失。我们知道故障的定位及处理经验是需要维护人员长期积累的，在教学中可以通过分析典型案例来一步步分析故障产生原因，获得处理故障的一般方法。所以"故障定位及处理"这部分教学是非常适合采用案例教学法展开的。

结合案例教学法的典型过程，我们把本次课分为六个阶段：陈述—信息—研讨—决定—辩论—检查推广。

1. 案例设计——陈述

根据通信机务课程中的"故障定位及处理"这一任务的教材内容，教师可以结合课本内容给出如下案例。

示例 2

某地的组网方式见图 7.4，链路经过的设备是华为公司的 Optix155/622H 的设备，由 4 个网元构成一个无保护链。某日，网管维护人员发现♯1 站和♯4 站间的 2M 业务中断，从♯1 站无法登录♯4 站，且♯3 站东向光板有 MS-RDI 告警和 HP-RDI 告警，♯1 站与♯4 站间的业务所对应的 2M 通道有 LP-RDI 告警。同时，设备维护人员在机房观察到♯4 站的光板和支路板每隔一秒红灯闪三次，♯3 站的东向光板每隔一秒红灯闪一次。客服中心接到用户宽带无法登录的投诉电话，系统显示是传输侧故障。

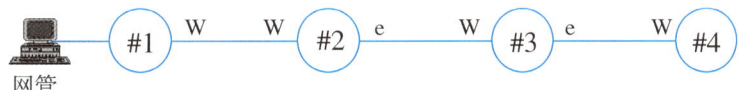

图 7.4 故障案例

2. 问题预判——信息

陈述完案例后，学生可能会开始猜测排除故障的方法，也可能是很安静地思索。这个时候，教师应该引导学生给出他们对这个故障的解决方法。教材在上一任务"SDH 设备参数测试"中,介绍了各种参数测试的方法,个别学生可能会联想到"环回测试",下面就可以假想使用环回法查找故障点,引导学生并给出合理的处理意见。在问题的预判中也可能会有学生不能给出问题的解决想法,甚至对于案例描述中的 MS-RDI 告警、HP-RDI 告警、LP-RDI 告警、光板和支路板每隔一秒红灯闪三次和东向光板每隔一秒红灯闪一次等细节的概念还很模糊,那么教师可以从"业务中断"下手,启发学生想象哪些可能引起业务中断。比如可能的故障原因是:可能♯3 站东向光板发送信号有问题,也可能是光路问题(包括光纤和光纤接头),还可能是♯4 站光板的接收信号问题。

3. 分析问题——研讨

要准确分析出故障的位置并排除故障,这是很严谨的一件事情,不能靠想象不能靠大概猜测,所以需要把描述的问题弄清楚。可以将学生分成几组,通过教材及教师提供的参考资料依次解决如下的问题:

(1)MS-RDI、HP-RDI、LP-RDI 分别是什么告警内容?产生的原因可能有哪些?

(2)Optix155/622H 的设备的单板的功能及设备指示灯状态含义?

(3)什么是环回法,怎样做内环外环?

(4)故障排除中有哪些方法?

(5)怎样定位案例中的故障?如何排除故障?

4. 解决问题——决定

(1)针对"分析问题"中的第一个问题,引导学生查阅课本和资料,熟悉了解各种告警信息的含义;同时提出问题:哪些原因可能导致这些告警信息的产生?帮助学生建立告警指示信息和产生原因之间的因果联系。

(2)针对"分析问题"中的第二个问题,带领学生到传输机房认识设备,对设备接口之间的硬件连接进行实地考察,进一步熟悉各接口含义和功能。可以分发设备的说明资料,让学生巩固各单板的名称、功能。

(3)针对"分析问题"中的第三个问题,可以引导学生学习教材中"环回法"对链型网进行故障处理的案例。

(4)针对"分析问题"中的第四个问题,根据前三个问题的结果,引导学生讨论。此时学生讨论的答案可能是多种多样的,教师应该引导学生分析和思考,可以总结出故障排除的一般方法。

(5)针对"分析问题"中的第五个问题,教师和学生一起,配合以上四点,根据不同的分析过程尝试用各种方法排除故障。比如,采用替换法。我们怀疑♯3 站发与♯4 站收之间的光纤有问题,则可将♯3 站与♯4 站间收、发两根光纤互换。若互换后,♯3 站东向光板收有 R-LOS 告警,红灯三闪,则说明是光纤的问题;若互换后,故障现象与原来一样,则说明光纤没有问题,而是光板的问题。可以进一步使用替换法,分别替换♯3 站东向光板和♯4 站西向光板,来定位到底是哪块光板的问题。

5. 总结讨论——辩论

前面的分析都是零碎的,需要各个小组在辩论中评估和整理问题答案。

(1)小组长或另外的成员陈述故障产生的原因。

(2)提出故障处理的方法。

(3)提出日后设备例行检查时间和基本维护注意事项。

(4)陈述过程中,其他组成员可提问,教师及时对问题进行补充说明或引申。

6. 举一反三——推广

实际工作过程中传输设备故障的定位及处理工作是很复杂的,变数也很大,但是故障定位的一般原则——"先外部,后传输;先单站,后单板;先线路,后支路;先高级,后低级"是不变的。故障定位的常用方法为"一分析,二环回,三换板"。除此之外,还有更改配置法、配置数据分析法、仪表测试法和经验处理法等。而且随故障范围、故障类型的不同,所使用的故障定位方法也会有所不同。具体采用什么样的方法可以结合教材的分析确定。

在学生掌握了以上的故障定位方法以后可以设计一些练习案例,巩固以上的方法,在具体的实例中体会各种方法。针对不同类型的告警,教师可以用案例教学法讲解某一种故障告警的例子,再举一个类似的例子,在分析中归纳总结此类故障的一般处理流程。

示例 3

某工程组网下见图 7.5:4 个 SBS2500 设备组成双向复用段保护环;1 号站为中心点,连接网管。

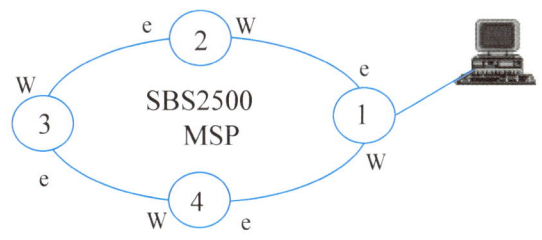

图 7.5 R-LOS 故障练习案例

维护人员突然发现 3 号站接收 4 号站方向的 R16 板有 R-LOS 告警,4 号站相对应的光板有 MS-RDI,复用段进行了保护倒换业务未受到影响。请问如何排除故障?

练习案例增大了难度,可以引导学生按照"一分析,二环回,三换板"的原则,分析、讨论,可以梳理出如下的故障分析及排除的步骤。

(1)由于 3 号站和 4 号站之间只有一个方向有问题,断纤的可能性不是很大,故维护人员先带上 R16、T16、光功率计、两根测试尾纤、光衰减器、无水酒精和棉球到 3 号站进行处理。

(2) 在 3 号站测量对 4 号站方向的收光功率为 -21dBm，在长距 R16 板的接收范围内排除了光缆不好的可能。

(3) 将两根测试尾纤用光衰减器相连，尾纤一端与 T16 相连，另一端与光功率计相连，调节光衰减器直到光功率在 -22dBm 左右，将尾纤从光功率计移到 R16 上进行自环测试，观察到 R16 板告警消失，ASP 没有 R-LOS、R-LOF 告警，可以判断 3 号站正常，而且没有因为 R16 内部的法兰盘接触不好或变脏影响灵敏度，可以排除 3 号站故障。

(4) 在 4 号站对 T16 做自环测试，注意 R16 收光功率应小于过载点 -9dBm，如果发现 R16 有三闪告警为 R-LOS 告警可以判断是 T16 故障。

(5) 更换上相同类型的 T16 故障解决。

同时可以留给学生一个作业。

示例 4

某传输网组网见图 7.6，4 个 OptiX 2500+ 设备组成双向复用段保护环；1 号站为业务中心点，连接网管。其中 3 号站和 2 号站之间距离较长，使用了 BPA 光放板。

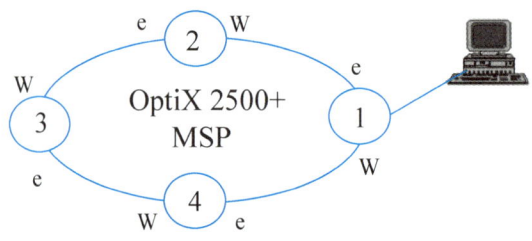

图 7.6　R-LOS 故障示例案例

某日机房维护人员发现 2 号站接收 3 号站方向的 S16 有 R-LOS 告警；全网正常倒换，业务未受影响，用网管查询 2 号站的告警 PA 有 IP-FAIL 告警，3 号站的 BA 有 IP-FAIL 告警。

根据实际课程的进度，作业的讲评可以安排在本次课的结束或下次课的开始。结合练习案例和作业的案例，教师可以引导学生实践故障的各种处理方法，鼓励有能力的学生画出具体故障的处理流程，进一步清晰具体故障的排除逻辑分析。比如对于 R-LOS 或 R-LOF 的告警，可以根据分析处理的过程整理出如图 7.7 的流程图。

在案例教学法的过程中，根据学生的实际情况可以适当增加案例的数量。练习案例的设计上可以分成多个组，以组为单位成为一个工作小组，每组承担一个故障案例的排除工作，最后把各组的结论综合，得到各种类型的告警处理方法。

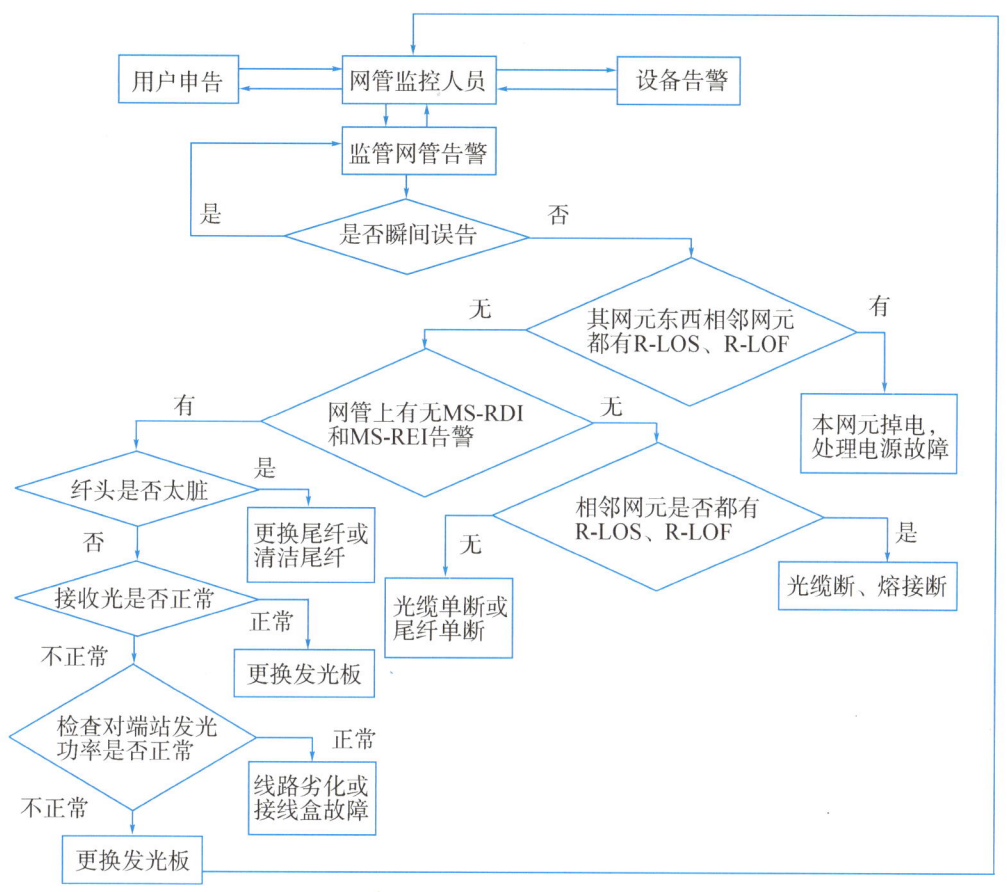

图 7.7 R-LOS-LOF 告警流程图

7.4 小结

案例教学法通过一个具体教学情景案例的描述,引导学生对这些特殊情景进行讨论并推广应用。在教学过程中选择合适的案例在实际应用中非常重要。案例教学中必须将日常知识(普遍的、职业情境特有的、脚本等)与科学知识、专家知识和观念等进行相互关联并深入思考,才能获得能力的提升,即分析问题和解决问题,并且在分析问题和解决问题过程中建构专业知识。案例研究的特别长处在于提供了一个对主体而言有意义的平台,可以将不同的认知结构与结果进行有意义的相互关联。它实际上运用的是一种归纳的教与学的策略:学习者通过对单个的案例进行深入思考,从而领会其特别之处,然后尝试着,由此推断出普遍意义。比如通信设备维护工作中,可通过典型故障的处理推广到一般故障的处理,所以机务岗位的典型工作任务可以采用案例教学法来实施。

第八章　通信类专业项目教学法

8.1　项目教学法

8.1.1　教学方法概述

在社会对职业教育要求不断提高的背景下,项目教学法对职业院校学生的实践能力、社会能力及其他关键能力的培养起着非常重要的作用。

项目教学法由著名教育专家凯兹和查德共同推创,是以项目为核心的一种宏观教学方法。它起源于美国,盛行于德国,目前在我国的职业院校的专业课教学中广为使用。"如果只有55分钟,能造一座桥吗?"教育家弗雷德在"德国及欧美国家素质教育报告演示会"上这样介绍项目教学法。55分钟之内,如何造一座桥?如何采用项目教学法?他给出的具体过程是这样的:首先由教师或学生在现实中选取一个造桥的项目,然后学生分组对项目进行讨论,写出各自的项目计划书;接着正式实施项目,利用模型拼装桥梁;最后学生演示项目结果,并阐述构造的机理,教师对学生的作品进行评估。通过以上步骤,可以充分发掘学生的创造潜能,并促使学生在项目教学的过程中不断提高自身的实践动手能力。

项目教学法将理论与实践教学有机地结合起来,通过实施一个完整的项目进行教学活动,目的是实现学生学习过程组织和实施的独立自主性。在实施项目教学法的过程中,一般由学校和企业共同组成项目小组,深入实际,在解决问题的同时,学生可以学习和应用已有的知识,教师可以在实践中培养学生解决问题的能力。它具有一定的应用价值,能将某一课题的理论知识与实际技能结合起来,学生有独立制订计划并实施的机会,在一定时间内可以自行安排自己的学习行为,并有明确具体的成果展示。

职业教育项目教学法是以企业真实的项目产品或服务为基本的教学材料,将学习者引入工作情境中,通过师生、生生间对真实、复杂问题的合作探讨,在任务完成过程中实现知识的意义建构,形成完整职业能力的教学方法。

职业教育项目教学法与传统的教学法相比,有很大的区别,主要体现在"三个中心"的转变上:一个是由以教师为中心转变为以学生为中心,二是由以课本为中心转变为以项目为中心,三是由以课堂为中心转变为以实际经验为中心。

总的来说,项目教学法最显著的特点是以项目为主线、教师为引导、学生为主体,具有以下一些基本特征。

(1)以学生和项目为中心,改变了传统的以教师为中心的课堂教学活动。

(2)问题导向,可以提高学生学习的积极性。正确实施项目教学法,学生的学习积极性能被极大激发,自觉地学习并高质量地完成项目作业。

(3)独立决定。在项目教学中,学习过程成为一个人人参与的创造实践活动,项目教学注重的不是最终的结果,而是完成项目的过程。

(4)与经验密切相关。学生在接近工作实际的环境中进行实践学习,充分发掘学生的创造潜能,提高学生解决实际问题的综合能力。

(5)目标和产品导向。学生在项目实践过程中,理解和运用已学的知识和技能,勇于创新,实现一个从无到有的过程,最终产生相应的目标和产品,并在此过程中,培养分析问题和解决问题的思想和方法。

项目教学简单地说是师生通过共同实施一个完整的项目工作而进行的教学活动。在职业教育中,项目是指完成一件具体的实际的工作任务。项目应该满足以下条件:该项目可用于学习特定的教学内容;有清晰的任务说明,能够将教学的理论知识和实践技能结合起来,体现企业生产、经营和管理实际;学生可以在教师指导下独立进行计划、工作,有明确具体的成果。

8.1.2 教学方法分析

职业教育项目教学在流程设计上可以概括为项目选择、项目确立、项目实施、项目成果展示与评价四个阶段。

1. 项目选择

首先,依据项目教学的现实条件与实际需求选择模拟项目或真实项目,依据学生的学习阶段和能力水平确定项目设计为单项项目还是综合项目;其次,明确项目展开顺序,要确定项目展开的逻辑顺序。教师通过分析项目与工作任务的对接情况,依据工作任务自身的逻辑体系确定项目展开的顺序,如由易到难的递进式、相对独立的并列式、按照工序顺序的流程式等。确定项目任务:通常由教师提出一个或几个项目任务设想,然后同学生一起讨论,最终确定项目的目标和任务。

2. 项目确立

教师需要为项目教学进行各方面的准备,如依据项目教学的进展阶段以及具体的实施要求建立合理的时间框架;依据其实施内容和实施方式配置资源,为项目教学提供物质支持;对整个项目教学过程进行具体规划和安排,形成完整的项目教学计划,如撰写项目教学方案、设计项目任务书等。

3. 项目教学实施

教师通过选择恰当的项目呈现方式激发学生的学习兴趣和学习欲望;通过项目分析使学生准确把握教师设计项目的意图,明确项目的任务、学习的主要内容、目标和意义;通过教学组织形式的选择促进教师与学生之间、学生与学生之间合作关系的形成;教师注重引导学生按项目教学的预期目标顺利完成项目。

制订计划,由学生制订项目工作计划,确定工作步骤和程序,并最终得到教师的认可;实施计划,学生确定各自在小组中的分工以及小组成员合作的形式,然后按照已确立的步骤和程序工作。

4. 项目成果展示与评价

在学生完成项目后,首先是检查评估,先由学生对自己的工作结果进行自我评估,再由教师进行检查评分。师生共同讨论,评判项目工作中出现的问题,学生解决问题的方法以及学习行动的特征。通过对比师生评价结果,找出造成结果差异的原因。在此过程中,教师要给学生提供进行项目成果展示的机会,使他们对自己完成项目作品的过程进行梳理、与其他同学进行成果的交流,教师组织学生对项目成果、项目完成过程和学习成效进行综合评价,并引导学生对自己完成项目情况进行回顾和反思。

5. 项目成果归档或应用

项目工作结果应该归档或应用到企业、学校的生产教学实践中。例如,项目的维修工作应记入维修保养记录;项目的工具制作、软件开发可应用到生产部门或日常生活的学习中。

8.2 通信类专业项目教学法应用一

8.2.1 概述

通信专业核心课程中,涉及企业实际项目类的内容比较多,适合采用项目教学法实施课堂教学的比重也较大。

本应用实例中,以当前比较热门的、运营商宽带网络建设中急需的宽带接入网建设为例,选择其中的小区FTTH宽带接入设计作为教学实施项目,贯穿设计工作的勘察、绘图与工程概预算造价等部分,内容综合性较高。让学生作为完成该项目的主体,系统的实践与企业实际工作内容高度一致,通过分组实施项目,能够让学生充分地展示自己的个性和创造性,调动学生的积极性;项目的成果清晰明了,检查方法与评价标准也比较容易制定,能够让学生清楚地评估自身的实践效果,体验到企业实际工作的成就感。通过实施该项目,可以让学生熟悉宽带接入设计工作中的专业知识、职业规范、工作流程与方法、工具应用等,系统地提升学生应用所学知识与技能。

8.2.2 教学项目的设计

1. 目的设计

【教学项目】××小区FTTH光纤接入设计项目

××小区是新建的一个商业住宅小区,属于省会城市中高档住宅类型。小区的平面图见图8.1。

图 8.1　小区平面图

按照××运营商××分公司的设计委托要求,本小区内每一个家庭最终都要具备 FTTH 光纤接入的基础条件。本工程的设计范围为小区内主干光交接箱到楼道分路箱。本工程采用二级分光方式,光分路器分光比全部为 1∶8。

【教学目标】

通过该项目的实践,学生能够复习巩固 FTTH 接入专业基础知识,掌握勘察设计的流程与规范要求;能够通过团队协作完成项目的勘查与资料收集,能利用 CAD 等专业软件绘制施工图纸;复习并巩固通信建设工程概预算相关知识,掌握概预算编制流程与工程量计算方法等,能够利用专业软件编制工程概预算;熟悉设计文本的格式与规范要求,能够编制完整规范的设计文件。

【教学内容】

按照给定的项目设计任务书,完成本项目的勘察设计。

主要内容包括:

(1)复习 FTTH 接入网专业基础知识;

(2)学习掌握 FTTH 接入网设计相关技术规范要求;

(3)学习掌握 FTTH 勘察与设计流程、技术标准与规范,掌握相关工具与仪器的操作使用;

(4)复习并巩固 CAD 制图与概预算编制相关知识要求与技能要求;

(5)学习并掌握安全作业技术规范要求。

【教学对象】

通信工程专业三年级学生,已经完成宽带接入、CAD 和概预算等知识的学习与技能的训练,能够读懂相关图纸,具备一定的动手能力。

【教学组织】

每三人一组完成项目的勘察设计工作。

【教学课时】

课堂教学 24 课时,项目实施 40 课时。

2. 项目实施过程设计

结合该项目的具体特点,按照项目教学的要求和基本框架,将整个项目的教学过程大致分为四个阶段,分别是任务布置与讲解阶段、计划决策阶段、实施与检查阶段和项目评价总结等。

(1)任务布置与讲解阶段

本阶段由授课教师给出项目主题和要求,并下发任务书,向学生讲解项目及任务书的要求(见表 8.1)。

表 8.1 任务书示例

任务名称	凌江尚府小区 FTTH 建设工程设计	任务编号		学时	××学时
所属项目	××公司×××区域 FTTH 工程建设项目	实践场所	凌江尚府小区		
任务描述	根据工程建设区域完成工程设计与预算: 1. 实地勘察任务小区的建设需求 2. 按照规范完成工程设计图绘制 3. 按定额标准完成预算				
能力目标	专业能力	1. 通信建设工程设计图绘制能力 2. 通信建设工程概预算编制能力			
	方法能力	1. 结合通信建设工程实际流程、规范,按规范要求实施全流程设计 2. 能够通过老师协助			
	社会能力	通过本次任务,同学们可以达到: 1. 增强学生的交流能力 2. 培养学生的自主学习能力 3. 强化培养学生养成良好的团队意识和协作能力 4. 培养学生的表达交流能力			
重点	1. 通信建设工程设计流程 2. 通信建设工程设计勘察要点 3. 通信建设工程设计图软件绘制方法 4. 通信建设工程概预算编制方法				
难点	通信建设工程设计工作量计算				
需提交材料	任务完成的设计图及概预算表				
特别注意	必须按照安全作业规范实施操作				

①向学生讲解 FTTH 工程设计施工图相关规范要求

工程设计施工图示例见图 8.2。

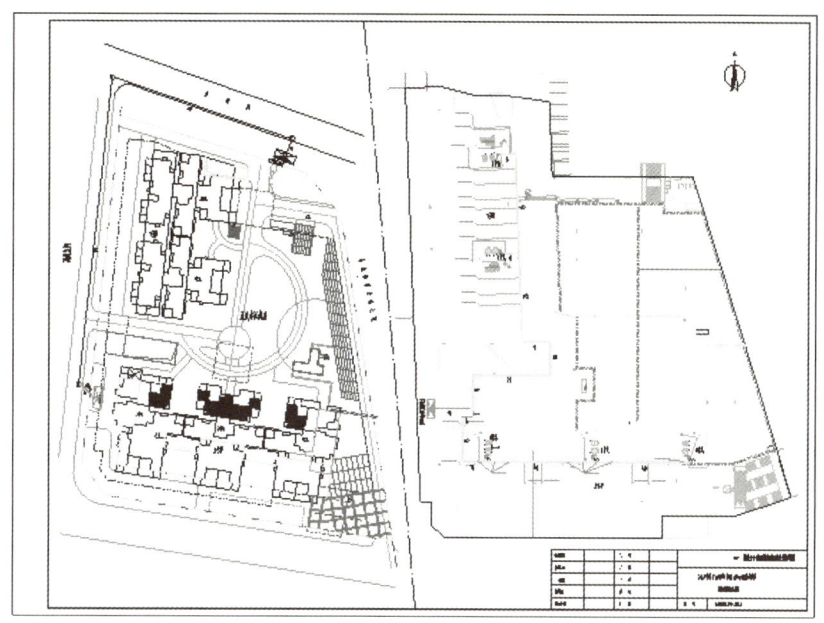

图 8.2　工程设计施工图示例

②向学生讲解安全作业规范要求

由于项目的实施场地包含了真实的小区和高层建筑,并且和相关的强弱电系统有关联,授课教师需要向学生讲解在完成项目的过程中必须遵守的勘察作业安全规范要求。

③指导学生分组

教师可结合班级的实际情况及 FTTH 接入网勘察设计工作的要求,指导学生分组,选出组长,并辅导组长实施小组管理及分工协作。

(2)计划决策阶段

本阶段授课教师要指导学生如何制订计划,完成项目的工作方案等,并辅导学生获取相关的信息,如工程设计用材料的型号及其价格如何获得、小区业主的组织方式及如何联系等。

学生在老师指导下制订勘察设计的计划,需要综合考虑小组人员的分工,如何制订进度计划,如何保障信息获取,如何保障安全作业,需要的设备工具仪器的种类、型号、数量及如何保管等。

学生在完成上述问题的讨论分析后,小组达成共识,制订相应的项目实施计划方案,并获得授课教师的认可后,方可以实施具体的项目勘察设计工作。

项目实施计划方案书示例见图 8.3。

```
            工程项目概况
一、项目组织结构
二、项目人员的岗位职责
三、施工管理
四、施工总体计划
五、保证投资、进度和质量的措施
六、安全生产和文明施工措施
七、应对突发事件的措施
附件一：工程实施流程图
附件二：施工进度计划表
```

图 8.3　项目实施计划方案书示例

(3) 实施与检查阶段

本阶段学生按照项目实施计划方案书，进入具体的勘察设计环节，并根据项目实施进程中的具体情况，对实施计划做必要的调整(见图 8.4)。

图 8.4　课堂讨论

授课教师负责帮助学生解决实施过程中的疑难问题，可以通过每天课程结束时开总结会议等形式实施，帮助学生控制项目进度(见图 8.5)。

图 8.5　课堂讨论

(4)项目评价总结阶段

本阶段授课教师要完成项目验收。可以由授课教师、企业专家组成验收小组,对学生每个组的项目成果实施验收,同时鼓励每组学生进行成果展示和自我评价,教师给予评价和总结。

学生在教师组织下,按照规范要求向验收小组展示项目成果,进行自我评价。学生应说明项目概况,项目的设计思路、设计过程,设计文件的主题内容及技术标准等。其他组的学生也可以进行评论。

项目成果示范见图 8.6~图 8.11。

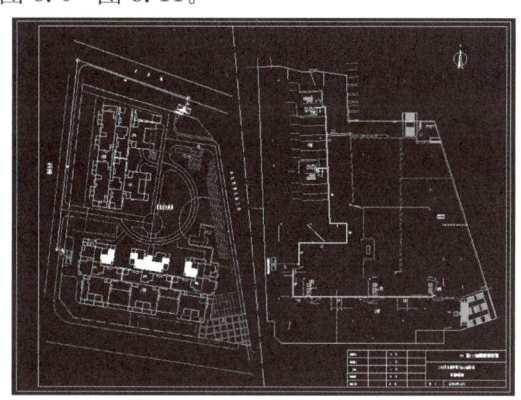

图 8.6　项目成果示范 1

建筑安装工程量预算表(表三)甲

工程名称:×××公司 FTTH 新建工程(FTTB+LAN 改造)线路　　建设单位名称:×××公司　　表格编号:B3J　　第 3 页

序号	定额编号	项目名称	单位	数量	单位定额值		合计值	
					技工	普工	技工	普工
1	Ⅱ	Ⅲ	Ⅳ	Ⅴ	Ⅵ	Ⅶ	Ⅷ	Ⅸ
2	BFTX-032	用户光缆测试 4 芯以下(系数 1)	段	178	1.2		213.6	
3	BFTX-068	安装光分路器 (插片式)(系数 2)	套	196	1.2		47.04	
4	BFTX-019	测试光分路器 1:4(系数 1)	套	110	0.38	41.8		
5	BFTX-020	测试光分路器 1:8(系数 1)	套	76	0.7		53.2	
6	BFTX-021	测试光分路器 1:16(系数 1)	套	10	0.18		1.8	
7	BFTX-023	安装光接续箱 (分光分纤箱或分纤)	套	178	1	0.5	178	89
8	TSY1-073	放、绑软光纤 光纤分配架内跳纤(系数 1)	条	216	0.13		28.08	
9	TSY1-072	放、绑软光纤 设备机架之间放、绑 15m 以上(系数 1)	条	38	0.7		26.6	
10	TXL1-003	管道光(电) 缆工程施工测量(系数 1)	100 m	79.71	0.5		39.85	
11	TXL2-001	挖、松填光(电)缆沟、接头坑 普通土(系数 1)	100 m³	1.7		42		71.4

（续表）

序号	定额编号	项目名称	单位	数量	单位定额值 技工	单位定额值 普工	合计值 技工	合计值 普工
Ⅰ	Ⅱ	Ⅲ	Ⅳ	Ⅴ	Ⅵ	Ⅶ	Ⅷ	Ⅸ
12	TXL2-023	丘陵、水田、城区敷设埋式光缆12芯以下（系数1）	千米条	0.109	14.36	41.37	1.57	4.51
13	TXL2-025	丘陵、水田、城区敷设埋式光缆60芯以下（系数1）	千米条	0.015	25	46.41	0.38	0.7
14	TXL2-024	丘陵、水田、城区敷设埋式光缆36芯以下（系数1）	千米条	0.039	19.68	43.89	0.77	1.71
15	TXL2-028	丘陵、水田、城区敷设埋式光缆144芯以下（系数1）	千米条	0.02	43.63	55.23	0.87	1.1
16	TXL2-125	铺管保护塑料管（系数1）	m	46	0.01	0.1	0.46	4.6
17	TXL3-147	园区落地光交地线（直埋式）（系数1）	条	4	0.18	0.18	0.72	0.72
18	TXL4-006	布放光(电)缆入孔抽水积水（系数1）	个	54		1		54
19	TXL4-009	敷设管道光缆12芯以下（系数1）	千米条	1.484	11.3	21.63	16.77	32.1
20	TXL4-010	敷设管道光缆36芯以下（系数1）	千米条	0.396	13.66	26.16	5.41	10.36
21	TXL4-011	敷设管道光缆60芯以下（系数1）	千米条	0.123	16.3	30.7	2	3.78
22	TXL4-014	敷设管道光缆144芯以下（系数1）	千米条	0.115	22.88	43.71	2.63	5.03
23	TXL4-003	人工敷设塑料子管3孔子管（系数1）	km	0.95	11.1	18.98	10.54	18.03
24	TXL4-038	打穿楼层洞混凝土楼层（系数1）	个	446	0.3	0.3	133.8	133.8
25	TXL4-046	穿放引上光缆（系数1）	条	34	0.6	0.6	20.4	20.4
26	TXL4-049	架设吊线式墙壁光缆（系数1）	百米条	27.43	5.23	5.23	143.46	143.46
27	TXL4-050	布放钉固式墙壁光缆（系数1）	百米条	18.47	3.34	3.33	61.69	61.51
28	TXL4-059	定固式敷设室内通道光缆（系数1）	百米条	15.7	2	3	31.4	47.1
29	TXL4-061	槽道光缆（系数1）	百米条	5.78	0.84	0.84	4.86	4.86
30	TXL3-180	架设架空光缆丘陵、城区、水田12芯以下（系数1）	千米条	0.303	14.23	11.24	4.31	3.41
31	TXL5-001	光缆接续12芯以下（系数1）	头	12	3		36	
32	TXL5-002	光缆接续24芯以下（系数1）	头	13	4.98		64.74	
33	TXL5-004	光缆接续48芯以下（系数1）	头	51	8.58		437.58	
34	TXL5-006	光缆接续72芯以下（系数1）	头	1	11.7		11.7	
35	TXL5-008	光缆接续96芯以下（系数1）	头	2	14.34		28.68	
36	TXL5-010	光缆接续132芯以下（系数1）	头	1	15.6		15.6	
37	TXL5-015	光缆成端接头（系数1）	芯	1752	0.25		438	

设计负责人：李×× 　　　审核：张×× 　　　编制：王×× 　　　编制日期：2015年12月26日

图8.7　项目成果示范2

国内器材预算表(表四)甲
(主材)表

工程名称:1.×××公司FTTH新建工程(FTTB+LAN改造)线路　　建设单位名称:×××公司　　表格编号:B4JCL

序号	名称	规格程式	单位	数量	单价(元)	合计(元)	备注
Ⅰ	Ⅱ	Ⅲ	Ⅳ	Ⅴ	Ⅵ	Ⅶ	Ⅷ
1	单芯束状单模尾纤(双头)	FC/UPC−FC/UPC 3米	根	216	40	8640	
2	单芯束状单模尾纤(双头)	SC/UPC−SC/UPC 3米	根	356	40	14240	
3	单芯束状单模尾纤(双头)	SC/UPC−FC/UPC	根	38	40	1520	
4	FPS-1 单芯光纤保护管			712	1.3	925.6	
5	适配器	FC	个	72	11	792	
6	FPS-4 带状光纤保护管		根	6	13.3	79.8	
7	带状尾纤	12芯带	条	6	300	1800	
8	地线棒 1000X12		根	4	6.3	25.2	
9	光缆接头盒	8芯	个	2	185	370	
10	光缆接头盒	24芯	个	13	185	2405	
11	多股铜芯线	7/1.33	米	8	6	48	
12	光缆接头盒	48芯	个	51	185	9435	
13	光分路箱	32芯 GFL	个	132	485	64020	
14	光分路箱	16芯 GFL	个	1	330	330	
15	光缆接头盒	72芯	个	1	610	610	
16	光缆接头盒	96芯	个	2	610	1220	
17	光缆接头盒	120芯	个	1	720	720	
18	插片式分光器	1:16	个	10	658	6580	

设计负责人:　　　审核:　　　编制:　　　编制日期:2015年12月26日

图8.8　项目成果示范3

工程预算总表(表一)

项目名称:××公司FTTH新建工程(FTTB+LAN改造)线路　　建设单位名称:×××公司　　表格编号:B1

序号	表格编号	单项工程名称	小型建筑工程费	需要安装的设备费	不需要安装的设备、工器具费	建筑安装工程费	预备费	其他费用	总价值	
				总价值					人民币(元)	其中外币(元)
Ⅰ	Ⅱ	Ⅲ	Ⅳ	Ⅴ	Ⅵ	Ⅶ	Ⅷ	Ⅸ	Ⅹ	Ⅺ
		工程费		64950		676712		741662		
		工程建设其他费					86901	86901		
		合计							828563	
		总计							828563	

设计负责人:李××　　审核:张××　　编制:王××　　编制日期:2015年12月26日

图8.9　项目成果示范4

目 录

一、设计说明 …………………………………………………………………… 1
  1. 概述 ………………………………………………………………………… 1
    1.1 项目提出背景及工程概况 …………………………………………… 1
    1.2 设计依据 ……………………………………………………………… 3
    1.3 设计范围 ……………………………………………………………… 3
    1.4 主要工程量表 ………………………………………………………… 3
  2. 设计方案 …………………………………………………………………… 4
    2.1 组网方案 ……………………………………………………………… 4
    2.2 上联设计 ……………………………………………………………… 4
    2.3 小区线路设计 ………………………………………………………… 4
    2.4 光通道衰减核算 ……………………………………………………… 5
  3. 光缆材料的选择及参数 …………………………………………………… 5
    3.1 光缆中的 G652 光纤 ………………………………………………… 5
    3.2 光缆参数 ……………………………………………………………… 7
    3.3 室内型"8"字皮线光缆 ……………………………………………… 9
    3.4 光缆接头盒 …………………………………………………………… 9
    3.5 光分路器 ……………………………………………………………… 10
  4. 施工要求 …………………………………………………………………… 11
    4.1 线缆敷设要求 ………………………………………………………… 11
    4.2 楼内布线要求 ………………………………………………………… 11
    4.3 光分纤箱设置要求 …………………………………………………… 13
  5. 其他需要说明的问题 ……………………………………………………… 13

二、预算编制说明 ……………………………………………………………… 15
  1. 预算编制 …………………………………………………………………… 15
    1.1 工程概况、预算总价 ………………………………………………… 15
    1.2 编制依据 ……………………………………………………………… 15
    1.3 有关费用和费率的取定 ……………………………………………… 15
  2. 预算表格 …………………………………………………………………… 16

三、图纸
  1. 凌江尚府小区所在位置图 ………………………………………………… 01
  2. 一级光分及分片示意图 …………………………………………………… 02
  3. 光缆路由图 ………………………………………………………………… 03
  4. 光缆配线图 ………………………………………………………………… 04—05
  5. 皮线光缆系统图 …………………………………………………………… 06—14
  6. 交接箱能用图 ……………………………………………………………… 15—16
  7. 皮线光缆户内布放示意图 ………………………………………………… 17—22

图 8.10 项目成果示范 5

验收证书

表十八

建设项目名称	××××××		
单项工程名称	×××××××		
建设单位		设计单位	
监理单位			
工程内容	FTTH 宽带接入	施工地点	××××小区
开工日期		竣工日期	

验收意见及施工质量评语：

  本工程经 <u>常州×××建设投资有限公司</u> 按照经批准的设计文件、施工及验收技术规范的要求和施工单位的交工资料，对工程进行了检查验证，工程量已全部完成，工程质量达到部颁规定和设计要求，验收质量评定为：

□优良　　　　　□合格　　　　　□不合格

  特签发本证书。

其他意见：

设计单位(盖章)：　　　　　　　　监理单位(盖章)：
施工单位负责人(签名)：　　　　　监理单位负责人(签名)：
日　　　期：　　　　　　　　　　日　　　期：

建设单位(盖章)：
建设单位负责人(签名)：
日　　　期：

图 8.11　项目成果示范 6

8.3 通信类专业项目教学法应用二

  以 CDMA 无线网络的优化为例，CDMA 无线网络的优化要求学生能够充分应用所学的 CDMA 相关知识，解决现实存在的 CDMA 无线网络优化的各种问题。

1. 确定教学项目

  网络优化是整个无线网络建设中重要的一环，无线网络的性能随着网络的不断发展、用户数量的不断增长以及用户分布的变化而不断变化，适时的网络优化是网络性能满足用户要求的保障。CDMA 网络优化这个项目紧贴生活实际，因此项目的选取本身就非常有意义。

  教学项目确定之后，应向学生传授及巩固与项目相关的基本理论知识。根据 CDMA 无线网络的优化的要求，把理论知识的讲解分成三部分：

第一部分，对CDMA系统、功率控制、干扰分析、功率配置、切换规划、软切换等基础知识做一个讲解，帮助学生对CDMA网络有一个总体的认识；

第二部分，对网络优化的基本要求进行讲解，帮助学生理清项目所需的各种设备、各项条件，理解项目的要求；

第三部分，对优化过程中可能出现的各种情况以及常用的处理做讲解。

2. 协助制订项目计划

教师将参与CDMA无线网络优化项目的学生进行分组，学生根据所学知识以及项目的要求，制订项目计划。在制订项目计划的过程中，教师应给予协助指导。此处与前面的项目教学法案例类似，项目计划同样包含以下几项。

(1) 项目任务的进度时间表

本项目的进度时间表见表8.2(仅供参考)。

表8.2 CDMA无线网络的优化项目进度表

时间起始	任务内容	存在问题	完成情况
××××-××××	任务一：需求分析	××××	××××
××××-××××	任务二：频谱扫描	××××	××××
××××-××××	任务三：单站抽检	××××	××××
××××-××××	任务四：校准测试	××××	××××
××××-××××	任务五：基站簇优化	××××	××××
××××-××××	任务六：全网优化	××××	××××

(2) 项目任务拟达到的目标以及要解决的主要问题

此项目拟定达到的目标是学生可以利用CDMA的相关基础知识，完成CDMA无线网络的优化，学生在项目教学过程中可以得到综合锻炼，能力得到较大的提升，毕业后从事相关工作也能较快地上岗。

项目解决的主要问题有以下一些。

①做需求分析时，针对无线网络的优化，需要事先收集的信息或需要确认的内容有哪些？

②完整的频谱扫描包括路测和定点测试，做频谱扫描时需要执行的工作有哪些？

③为了保证网优工作有序执行，有必要进行单站抽检。单站抽检需要完成哪些工作？单站检查包含哪些内容？

④网络优化过程中，校准测试方式有几种？室内穿透损耗测试如何做？

⑤基站簇如何划分？多个基站簇优化如何进行？

⑥全网优化的工作流程是怎样的？

(3) 查阅的资料及资料来源

学生需要查阅的资料主要来自教材、图书馆和网络上的一切可用资源。

3. 项目的实施

学生根据制订好的项目计划，分小组进行 CDMA 无线网络的优化。学生分组进行讨论，制订工作计划，并按照计划认真完成每一项任务。教师组织和督导学生完成项目，对学生的疑难进行协助，整个项目以学生自主完成为中心，教师从旁协助。

①针对需要完成的第一项任务，学生在教师的引导下获取项目的具体需求，包括客户对优化效果的预期、优化验收标准等。由于本阶段执行时，网络已经开通，通过和客户交流可以收集到网络的具体信息。对于需要收集的信息，教师可从旁引导，例如覆盖和容量需求如何，现有网络站点信息如何，收集系统的参数设置情况如何等，从而协助学生完成需求分析阶段信息的收集。

②针对需要完成的第二项任务，教师仍以从旁指导为主，引导学生从常规的角度来思考问题，完成任务。例如，排除掉干扰查找的工作，对于频谱扫描这部分，测试路线如何选择；进行路测时，前向频段和后向频段测试时需注意的内容；在分析路测数据时，定点测试的测试点的选择；对选定测试点进行测试的方法；对测试数据进行处理，如何找出干扰信号，如何计算是否对 C 网系统产生干扰等。

③针对需要完成的第三项任务，教师应让学生明白此阶段进行的目的是确保单站的正常工作，避免单站问题影响整体网络性能。对于具体执行的内容，学生在教师的协助下，完成抽检站点的选择，抽检站点的检查。单站检查时，应对天馈系统、无线参数、前后台配置、告警、性能等各方面进行检查。具体如何检查，由老师引导学生自主完成。

④针对需要完成的第四项任务，教师应提醒学生注意多种不同的校准方式。比如，注意室内穿透损耗测试、车载天线校准测试、移动台外接天线测试、车体平均穿透测试等校准方式实施的差异。

⑤针对需要完成的第五项任务，教师应让学生明白此阶段进行的目的是分区域定位，解决网络中存在的问题，主要解决前期网络评估、分簇测试和其他途径发现的本簇的问题。对于基站簇优化的主要工作，学生在完成时，教师要引导学生思考基站簇划分的几种不同标准，针对实际情况如何选择较为适合的标准。基站簇优化可以串行或并行执行，引导学生思考这两种方式执行时有没有差异。针对本簇存在的问题信息，引导学生思考如何进行分析定位，进而给出调整方案，并实施调整方案。

⑥针对需要完成的第六项任务，教师应让学生明白此阶段进行的目的是考虑到在基站簇优化后，在局部区域，尤其是各个簇基站的重叠区，可能还有一些问题，需要对网络进行局部调整，进而达到网络优化的最终目标。对全网优化的工作流程，教师应指导学生确定，包括明确优化目标、测试路线的确定、全面路测的进行、测试数据的分析、实施调整方案等。

另外，教师还要负责监督整个项目的情况，对学生的积极思考、认真完成任务给予表扬。在完成所有任务后，学生完成相应的项目报告。

4. 评价总结

分组完成项目后,由组长或组长组织学生根据评价标准进行自我评估和小组评估,之后由教师对学生的项目报告进行检查及评分。教师可选取部分小组,向全班展示频谱扫描结果、单站检查结果、问题分析及优化方案、优化后的测试结果等。教师组织全班讨论项目实施过程中遇到的典型问题和特殊问题及解决方法,总结网络优化的一般过程和方法。

8.4 小结

项目教学法把教学内容与项目有机地结合在一起,使学生在接近工作实际的环境中进行实践学习,充分发掘了学生的创造潜能,提高了学生解决实际问题的综合能力。在教学过程中适当引入项目教学法,可以提高学生的实践动手能力、团队协作能力、自主学习能力和创新能力。

第九章　通信类专业引导文教学法

9.1　引导文教学法

引导文教学法是借助于一种专门的教学文件即引导性课文（常常以引导问题的形式出现），通过工作计划和自行控制工作过程等手段，引导学生独立学习和工作的教学方法。在职业教育中，引导文是一种常用的、有效的教学方法。

9.1.1　教学方法概述

引导文教学法是借助一种专门的教学文件（即引导文）引导学生独立学习和工作的教学方法。它的基本原则就是引导学生自主学习，使学生愿意更多地尝试以自己为主体去参与教学活动，让学生由模仿学习方式转变为认知学习，发挥学生在技能实践的主体作用，使学生形成独立获取知识与应用知识，并转化为独立操作的能力，最终实现素质教育的基本实施，使学生自己获得经验以及在学习过程中找到解决问题的适当方法。它是项目教学法的完善与发展，采用此种方法能促进学生独立工作能力的发展。在教学文件中包括了一系列难度不等的引导性问题，学生通过阅读引导课文，可以明确学习目标，清楚地了解应该完成什么工作、学会什么知识、掌握什么技能。引导课文教学法是项目教学法的发展和完善，采用此种方法的目的是促进学生独立工作能力的发展。

9.1.2　教学方法分析

在引导课文教学法中，培养学生的独立工作能力是一切教学活动的基本出发点，其教学过程一般可分为六个阶段：获取信息、制订计划、做出决定、实施计划、工作过程或质量的控制、评定。

1. 引导文教学法的特色

利用引导课文在获取信息、制订计划、做出决定等环节对学生进行规范化、有效的指导。

2. 引导课文教学法的种类

引导课文是引导课文教学法成败的关键，其种类很多，大致分为以下三类。

（1）项目工作引导课文。这种方法主要的任务是建立起项目及其所需要的知识能力间的关系,即让学生知道完成任务应该懂得什么知识、具备哪些技能等。典型的项目引导课文可以是一个独立的生产准备过程或产品加工过程。如机械加工专业中生产一套钻床夹具,信息技术专业中开发一个能独立完成特定要求的文字处理软件,木工专业中制作一套门窗等。

(2)知识技能传授性引导课文。这种方法的主要功能在于使学生不仅学习知识,而且还真正理解知识在实际工作中的作用。如计算机文字处理系统中的学习指南等。

(3)岗位描述引导课文。这种方法可以帮助学生学习某个特定方位所需要的知识、技能以及有关劳动、作业组织方式的知识。如与该岗位有关的工作环境状况、车间的劳动组织方式、工作任务来源、下道工序情况、安全规章、质量要求等。典型的例子如质量控制员、秘书、售货员等岗位的任务说明书。由于每个工作岗位的具体要求随着形势的变化不断发生变化,因此开发符合实际情况的引导课文常常有一定的难度。

3. 引导课文的构成

引导课文的构成,决定着教学所需要的教学组织形式、教学媒体和教材。不同职业领域、不同的专业所采用的引导课文也不尽相同,总的来说,引导课文至少应由以下几部分构成:任务描述、引导问题、学习目的描述、学习质量监控单、工作计划、工具需求表、材料需求表、时间计划、专业信息、辅导性说明。

9.2 通信类专业引导文教学法应用一

在上面章节中,我们介绍了引导文教学法的实质以及运用此教学法的详细步骤,现在通过通信工程制图与概预算课程学习单元教学引导文设计示例如下(见表9.1)。

表9.1 学习单元教学引导文设计案例

单元名称		认识架空线路工程图纸	学时	2课时
学习目标	知识目标	1.掌握架空线路工程图纸的组成 2.理解通信工程图纸的相关规范 3.领会架空线路工程图纸的读图方法 4.掌握架空线路工程图纸读图示例		
	能力目标	1.会架空线路工程图例的识读 2.会架空线路工程图纸的读图		

（续表）

任务描述	如图所示××通信架空线路工程施工图，按要求完成任务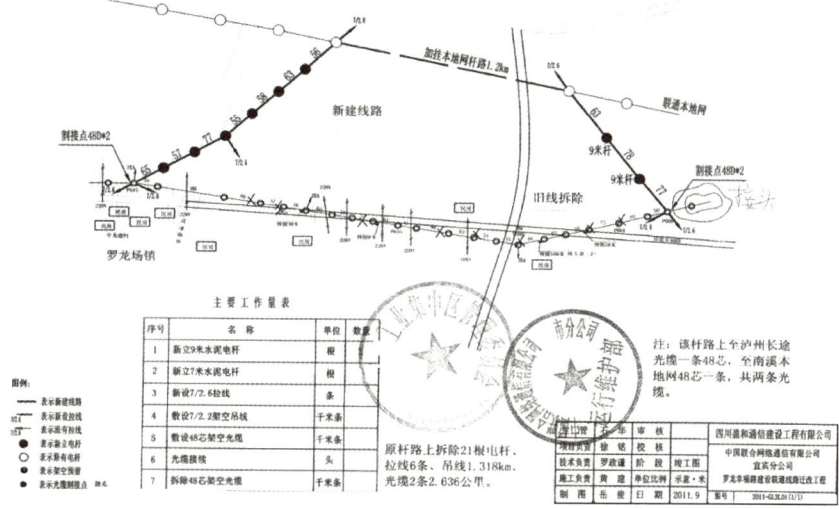 1. 架空线路工程图纸的组成 2. 通信工程图纸的相关规范 3. 架空线路工程图纸的读图方法与读图示例 4. 指定架空线路工程图纸读图实例1～实例5
引导问题	1. 信息 (1)需要学习哪些知识？ 什么是通信工程制图，什么是通信工程图纸，什么是通信工程制图的标准，架空线路工程图纸的读图方法等知识 (2)需要的参考资料有哪些？ 架空线路工程图纸范例、[国标]通信管道与线路工程制图与图形符号规范、[企标]通信管道与线路工程制图与图形符号规范 2. 计划 读图前由老师指导学生完成读图知识模块的技术储备与读图示例：先明确通信工程图纸的概念、工程制图的概念、通信工程制图涉及的制图标准和规范，然后明确架空线路工程常见工程图例符号的使用、通信工程制图的总体要求、通信工程制图的统一规定，最后将学生分组完成指定工程图纸的读图任务 3. 执行 由学生分组协作完成所有的任务，遇到问题时老师先进行引导，由学生进行讨论然后再给出正确答案 4. 评估 (1)是否按计划完成了所有任务？ (2)在完成任务过程中出现了什么问题？怎么解决的？ (3)过程中出现了哪些闪光点是值得别人借鉴学习的？ (4)还有哪些不足需要改进？ (5)自己对自己工作质量的评价

（续表）

信息来源	1. 教材：《通信工程制图与概预算》 2. 参考书：[企标]通信管道与线路工程制图与图形符号规范 3. 资料：架空线路工程图纸范例
教学过程设计及活动安排	
相关知识	1. 线路系统的组成 2. [国标]通信管道与线路工程制图与图形符号规范
任务分析	1. 工程图纸类型：××开发区架空光缆线路迁改工程 2. 工程图纸元素构成＝架空线路工程图例＋主要工作量表＋迁改情况说明＋新建架空杆路＋附挂本地网架空杆路＋拆除杆路＋线路沿线参照物＋图纸图签＋工程标注＋内外边框 3. 工程图纸承载的任务：新建架空光缆线路成功割接后，拆除原有架空光缆线路路由设施 4. 各组成部分的含义解释
执行任务	读图前老师统一进行读图知识储备讲授和读图示例，然后将学生分为每10人一组完成指定工程图纸的读图任务，过程中遇到问题学生之间要充分讨论，不能解决的问题再求助于老师 在老师讲解完相关的知识后学生就完成相应的那一部分任务，对于相对突出的问题，可在课堂上集中讲解，确保工程图纸读图过程能顺利进行
检查评估	在完成任务后每组先进行组内的检查、评估，看存在的问题和不足，接下来通过班上公开展示，其他组的同学再进行检查、评估，最后由老师进行总结，完善最终结果，为下一步的工程绘图环境设置、通信工程图纸图签模板绘制、架空线路工程图形实体绘制、架空线路工程样板图绘制做好基础
总结	整个工程图纸读图过程由学生充分参与到过程中来，各显特长，分工合作，既锻炼了专业能力又锻炼了分工协作的能力

9.3 通信类专业引导文教学法应用二（见表 9.2）

表 9.2　光传输设备（SDH/MSTP）以太网业务配置单元引导文

单元名称		SDH/MSTP 以太网业务配置	学时	10
学习目标	知识目标	1. 理解以太网交换机的工作原理 2. 理解 VLAN 的工作原理 3. 掌握 MSTP 的以太网业务类型及特点 4. 掌握光传输网以太网业务配置的流程和方法		
	能力目标	1. 具备配置以太网业务的基本理论 2. 具备使用传输网管配置以太网业务的能力		

（续表）

任务描述	××县电信分公司新建环网络如图所示。位于 NE1 的 A、B 两个公司需要通过 MSTP 设备传输数据业务到 NE6，要求 A、B 公司的业务完全隔离，A 公司和 B 公司均可提供 100Mbit/s 以太网电接口，A 公司和 B 公司均需要 10Mbit/s 的带宽 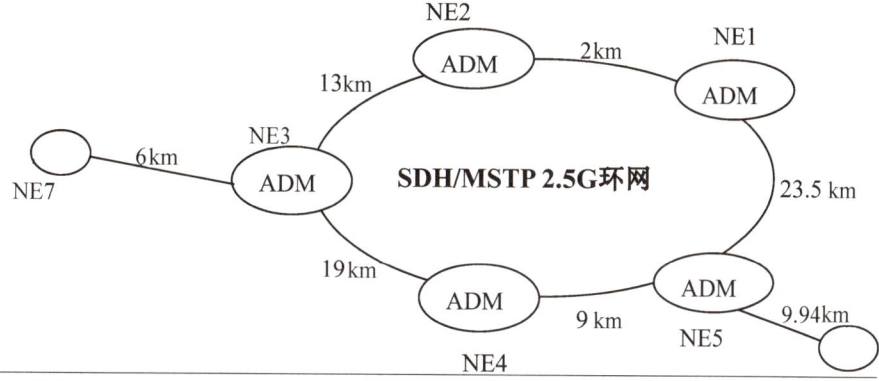
引导问题	1. 信息 (1)需要学习的知识点 以太网交换机的工作原理、VLAN 的工作原理、MSTP 的以太网业务类型及特点、光传输网以太网业务配置的流程和方法 (2)需要的参考资料 教材、专业参考书、网管软件 T2000 操作使用说明、optix155/622H、Metro3000 技术手册、设备说明书、单元考核记录表 2. 计划 将全班同学分成若干各项目小组，小组同学结合相关知识点进行自主学习（教师主要是引导作用），拟订以太网业务配置方案，完成计划的时间安排、前期工作准备阶段。在该阶段中的教师职责是负责准备相关资料，同时，列出本项任务需要同学们掌握的重要专业知识点，并对必要的知识点进行必要的讲解 3. 决策 在决策过程中注意的问题： (1)选择以太网专线还是以太网环网业务？ (2)绑定多少通道？ 4. 执行 由学生分组协作完成所有的任务，遇到问题时老师先进行引导，由学生进行讨论，然后再给出正确答案 5. 评估 每个小组应将自己小组的方案和如何完成数据配置的过程进行展示和讲解，老师完成对该小组的同学的考核 (1)是否按计划完成了所有任务？ (2)在完成任务过程中出现了什么问题？怎么解决的？ (3)过程中出现了哪些闪光点是值得别人借鉴学习的？ (4)还有哪些不足需要改进？ (5)自己对自己工作质量的评价
信息来源	1. 教材：《光传输系统的组建与维护》 2. 参考书：《通信机务》中传输部分 3. 资料：华为维护资料，教学 ppt 4. 网络：通信人家园

（续表）

	教学过程设计及活动安排
相关知识	1. 以太网交换机的工作原理 2. VLAN 的工作原理 3. MSTP 的以太网业务类型及特点 4. 光传输网以太网业务配置的流程和方法
任务分析	以太网业务在 MSTP 网络中的应用形式有以太网专线 EPL、以太网虚拟专线 EVPL、以太网专用局域网业务 EPLAN、以太网虚拟专用局域网业务 EVPLAN 四种。本次任务采用 OptiX 2500＋(METRO 3000)设备,完成以太网业务的数据配置。在这四种以太网业务类型中,根据 A、B 公司要求业务完全隔离,各自需要 10M 带宽,所以将选择以太网专线。那么将位于 NE1 的 A、B 两个公司的以太网交换机分别通过 100 Mbit/s 以太网电接口分别连接到 Optix 2500＋(Metro 3000)设备上以太网接口板的 100 Mbit/s 电接口——MAC1 端口和 MAC2 端口上,位为 NE5 的 A、B 公司同样这样连接到 MSTP 设备上。在 NE1 与 NE5 之间的线路上,A 公司的业务通过一条 VC-TRUNK1 通道传送,B 公司的业务通过另一条 VCTRUNK2 通道传送,VCTRUNK1 和 VCTRUNK2 均绑定 5 个 VC-12
执行任务	学生分为每 2~3 人一小组,按照计划及决策逐步完成任务,过程中遇到问题学生之间要充分讨论,不能解决的问题再求助于老师 在老师讲解完相关的知识后学生就完成相应的那一部分任务,对于相对突出的问题,可在课堂上集中讲解,确保设计过程能顺利进行 执行步骤 1. 配置各网元的单板 根据增加的业务类型和业务量,需要在网元上增加以太网单板。NE1 和 NE5 各增加 1 块 EFS0 板,其他网元不变 2. SDH 组网图 采用 Optix 2500＋(Metro 3000)设备,其组成的 SDH 组网图如图所示 

（续表）

执行任务	3. 以太网业务组网图 4. SDH 时隙分配图 Ring 	站点\时隙	NE1	NE2	NE3	NE4	NE5
---	---	---	---	---	---
	6-S16-1 5-S16-1	6-S16-1 5-S16-1	6-S16-1 5-S16-1	6-S16-1 5-S16-1	6-S16-1 5-S16-1
2♯VC4					VC12:1-10 4-EFS0:1-10 | Line | 站点\时隙	NE4	NE5
---	---	---
	9-SL4-1	9-SL4-1
2♯VC4		VC12:1-10 4-EFS0:1-10	 ──→ 转接  上下 5. 以太网业务配置图 6. 数据配置过程 (1)配置以太网单板：选用单板类型 EFS0(快速以太网交换处理板)，槽位第 4 板位 (2)配置以太网接口板：网管侧逻辑接口板类型选择 EMT8 (3)创建出子网光口 (4)配置以太网接口：选择外部端口，对 PORT1 和 PORT2 进行设置，端口使能设置为"使能"，工作模式为"100M 全双工"，TAG 属性为"TAG aware" (5)创建以太网专线业务 (6)配置绑定通道：VCTRUNK1 绑定 2♯VC-4 的 1-5♯VC-12，VCTRUNK2 绑定 2♯VC-4 的 6-10♯VC－12 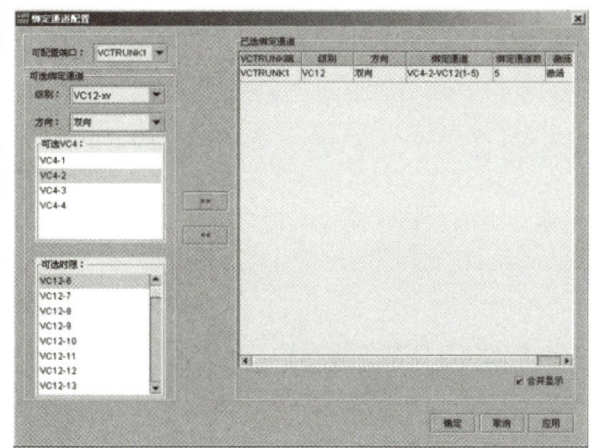

(续表)

执行 任务	【相关知识、知识应用、提问、总结等设计】 提问1：以太网的业务类型有哪些？ 提问2：VCtrunk是什么意思？ 提问3：绑定通道如何看？ 提问4：时隙分配应注意什么问题？ 运用1：改变业务需求，如何进行以太网业务配置？ 运用2：改变组网方案，业务配置该如何实现？ 课堂作业： 提交以太网业务配置方案 课后作业： 完善项目验收电子文档(2-2)
检查评估	在完成任务后每组先进行组内的检查、评估，看存在的问题和不足，接下来通过班上公开展示，其他组的同学再进行检查、评估，最后由老师进行总结，完善最终结果。改变组网具体需求，运用所学知识技能，解决工作问题
总结	整个配置过程让学生充分参与到过程中来，各显特长，分工合作，既锻炼了专业能力又锻炼了分工协作的能力

9.4 通信类专业引导文教学法应用三

9.4.1 案例概述

本案例以基站机房动力电源的日常巡检为教学内容，通过编制移动通信基站机房动力电源日常巡检维护引导文文件，指导学生按照引导文教学法步骤，获取信息、制订计划、决策并实施、检查并评估等，完成动力电源的日常巡检工作。

案例按照引导文教学法的要求，分步骤引导学生完成要求的维护工作。在教学过程中，突出了学生自主获取知识、制订工作计划、决策并实施工作、评估检查工作等方面的能力训练。

9.4.2 引导文教学法案例设计

【课题名称】通信基站机房动力电源日常巡检维护

1. 布置任务

(1) 任务名称

完成×××通信基站机房动力电源日常巡检维护。

(2) 新知识

①基站动力电源系统维护流程与规范；

②基站动力电源巡检维护表及其内容条目；

③基站动力电源巡检维护安全要求。

(3)新技能

①动力电源系统运行状态观察判断技能；

②万用表测量技能；

③地阻仪测试技能；

④蓄电池电压检测技能。

(4)教学进度

16课时。

(5)教学条件

①通信基站机房，正常运行的动力配套系统一套。

②日常巡检用工具一套。

(6)填写日常巡检维护记录表(见表9.3)。

表9.3 基站日常巡检维护记录表

巡检人：　　　　　巡检时间：　　年　　月　　日

项目	分类	维护内容	周期	维护内容	存在问题	处理结果
清洁	设备清洁	基站内所有设备机柜/架表面（包括机柜表面、柜顶、设备面板）的清洁	月			
		基站内馈线的清洁				
		基站内设备风扇组件及滤尘网的清洁（清洗后需晾干方可装入机柜），室外机冷凝器的清洗（必须用高压水枪）				
		蓄电池表面及连接条的清洁				
		消防器材设备表面的清洁，和每年动力监控数据的核对				
	室内环境	室内地面、门窗清洁				
		整理室内工程余料，清理室内杂物				
检查	基站内外设备检查	基站内各专业所有设备机械部分、设备外观完好情况检查	月			
		基站内各专业所有设备告警板及各设备单元工作状态检查				
		基站内所有设备电缆头、蓄电池连接条、插接件完整性和坚固				
		基站铁塔、桅杆外观检查				
		基站内所有电源、空调设备工作参数设置点的检查				
		蓄电池电压、容量的检查				
		接地电阻的检查				
		基站内室温及环境状况的检查				

(续表)

项目	分类	维护内容	周期	维护内容	存在问题	处理结果
检查		防火情况检查,包括消防器材状况及火灾隐患的检查,如发现已失火,则应首先救火,并通知相关部门	月			
		防盗情况检查,包括防盗设施(如防盗门窗)及失盗隐患的检查				
		烟雾街区设施检查				
		房屋密封/防尘状况(如门窗)检查				
		室内供电、照明情况检查				
		室内防水防潮情况检查,如发现室内积水或屋顶漏水,则应立即组织排水、隔离设备,并通知相关部门				
		室内温度、湿度检查				
		空调工作状况检查				
		电源柜工作状况检查(如整流器过压告警)				

填表说明:在所维护的内容格内打√号,详细记录存在的问题及处理结果。

2. 收集资料

(1)引导问题

①如何熟悉掌握基站动力电源日常维护巡检表内的内容?

②如何在巡检过程中完成这些巡检项目的要求?

(2)学生要做的事情

①学生根据任务的基本要求,搜集相关资料,完成对任务检查表的内容条目的熟悉与掌握。

②学生根据引导问题,查阅配套教材,学习相关知识,回答引导问题。

③教师审阅学生的作业。

注意:在学生查阅资料回答引导问题时,老师应尽量避免直接回答学生的问题,引导学生思考并独立完成作业。

3. 计划

(1)引导问题

①如何分组完成基站动力电源日常维护巡检任务?

②巡检内容要求我们做些什么准备工作?如何去做?

③如何制订基站动力电源日常巡检计划?

④巡检过程中应该注意哪些安全保障？如何制定安全措施？

（2）学生要做的事情

①在教师协助下，完成任务分组。

②学生讨论后，列出准备工作清单，并分工落实准备工作；老师检查准备工作清单及小组成员落实的情况，给出评审意见。

③小组组长带领组员讨论并制订巡检计划方案，老师检查方案并给出意见。

4. 决策

学生结合老师的意见，完善并最终制订好准备工作清单及巡检计划方案、安全措施保障计划等。

按照方案要求准备实施基站动力电源系统日常巡检维护工作。

5. 实施

（1）实施前的准备工作

①检查巡检维护表格是否准备正确妥当；

②检查巡检工具包是否准备到位，各种工具仪器是否电源充足、能够正常工作；

③安全措施是否准备到位，组长向各成员确认安全须知的准备工作；

④机房钥匙是否获取，业务流程表单是否启动。

（2）实施过程

第一步：按照下列检查项完成巡检内容：

①完成基站设备清洁和机房环境的检查并按照检查情况，填写巡检表对应内容；

②对基站内所有设备电缆头、蓄电池连接条、插接件完整性和紧固性的检查、测试和记录；

③基站内所有电源、空调设备工作参数设置点的检查和记录；

④蓄电池电压、容量的检查、判断及记录；

⑤接地电阻的检查、判断及记录；

⑥基站内室温及环境状况的检查及记录；

⑦防火情况检查，包括消防器材状况及火灾隐患的检查，如发现已失火，则应手先救火，并通知相关部门；

⑧防盗情况检查，包括防盗设施（如防盗门窗）及失盗隐患的检查；

⑨烟雾告警设施检查；

⑩房屋密封/防尘状况（如门窗）检查；

⑪室内供电、照明情况检查；

⑫室内防水防潮情况检查，如发现室内积水或屋顶漏水，则应立即组织排水，隔离设

备,并通知相关部门;

⑬室内温度、湿度检查;

⑭空调工作状况检查;

⑮电源柜工作状况检查(如整流器过压告警)。

第二步:汇总检查中出现的问题,给出处理方法。

(1)问题点 1:××××问题

问题产生的原因:

处理方法建议:

(2)问题点 2:××××问题

问题产生的原因:

处理方法建议:

……

第三步:按照处理方案实施问题点的处理。

6.检查

(1)学生自检:学生按照任务表检查巡视发现问题的处理结果,并给出自评分(见表9.4);

(2)老师检查:老师按照任务表发现问题,检查问题处理的结果,并给予评分(见表9.5)。

表9.4 基站动力电源系统日常巡检维护自评表

序号	问题名称	问题原因	处理结果	自评分
1				
2				
3				
4				
5				
6				
7				
8				
9				
10				
			总分	

表 9.5 基站动力电源系统日常巡检维护教师评价表

评分维度	序号	问题名称	问题原因	处理结果	自评分
动力电源日常维护巡检内容	1				
	2				
	3				
	4				
	5				
	6				
	7				
	8				
	9				
	10				
计划及决策方面	计划				
	决策				
实施分工及合作	分工				
	合作				
安全作业方面	安全措施				
	安全行为				
				总分	

7.评估

（1）比较差异

学生将自检结果与老师的检测结果做比较，对有疑问或差异较大的地方，与同学沟通或直接找老师沟通，以解决问题。

（2）工作总结

学生对自己的完成情况进行总结。

9.4.3 案例实施说明

（1）本案例按照引导文教学法的要求，从任务布置开始，结合咨询、计划、决策、实施、检查、评估等六要素环节进行。教师在实施过程中，可结合实际教学时长与教学内容的要求，对相关项目按照岗位技术要求进行适当修改。

（2）案例中的引导问题应结合本案例对应的相关课程设置。在实际实施过程中，结合前置课程的进行情况，需要学生自行获取的相关知识与技能训练要求不一定完全一致，可由老师结合专业教学的进度实施相应的匹配。

9.5 小结

引导文教学法具有的特点:一是在引导文教学法中,培养学生的独立工作能力是一切教学活动的基本出发点;二是在所有的阶段中,学生的行为都是独立(或尽量独立)的;三是引导文教学法是一种在理论上近于理想化的、全面系统的能力培训的方法;四是在整个教学过程中,学生的行为是主动的。

在通信类专业中采用引导文教学法,我们认为这种以自学为主的学习方式有以下突出的优点:(1)能极大地激发学生的学习欲望,充分调动学生的学习积极性,促进学生独立学习能力的发展;(2)通过学生独立提出问题、解决问题,可以帮助学生建立起知识与技能问题的内在联系,实现真正意义上的理论与实践的统一;(3)通过自学后的测验与谈话,教师可以确定学生理解的程度并能进行系统性的补充;(4)能力较强的学生主要通过自学来学习,教师可以抽出更多的时间帮助能力较差的学生,做到了真正意义上地面向全体学生;(5)通过与他人进行专业信息交流和共同制订工作计划,培养了学生的合作能力和其他社会能力;(6)培养了学生毅力、责任心、获取书面信息的能力,独立制订计划的能力,自行组织和控制工作过程以及检验工作成果的能力。

与传统的传授式教学相比,引导文教学法同样会依照引导课文开展教学,但是其目标不是停留在课文的理论分析上,而是要获得适用的知识结构和制订合理的行动方案,以为下一步的行动铺平道路,所以从引导文的导入最后完成行动,整套做下来,其比传统传授式教学要花费更多的时间。与其他基于行动导向的教学方法相比,引导文教学法让教师通过引导课文获得更多的主导权,当然也可能造成对学生主体作用发挥的限制。由于每个工作岗位的具体要求随着行业形势和技术的发展而不断有新的变化,因此开发符合实际情况的引导文常常有一定的难度,需要精心设计和不断更新完善。

第十章　通信类专业实习教学

10.1　实习教学方法的类型

实习是职业教育教学的一个重要环节。不同企业的实习环境和实习岗位存在很大差异,因此需要实习教学的形式灵活、方法多样。利用实习完成的教学,不仅有利于提高专业技能、技巧,而且能锻炼观察能力和分析能力,使思想觉悟和写作能力都不断提高。在实习中常用的教学方法包括讲解法、示范操作法、指导训练法、讨论法、实验法、参观法、观察法、实习日志法、阅读指导法等。

10.1.1　讲解法

讲解法是教师根据教学课题的要求,运用准确的语言向学生讲解教材,叙述事实,描绘所讲课题,说明意义、任务和内容,并说明完成这些工作的次序、组织和操作要领等。在讲解中,语言应有逻辑性、针对性和指示性。生产实习指导教师经常运用讲解法进行教学,在讲解过程中正确地运用概念进行判断和推理。专业理论知识的系统性工艺过程的连贯性是由它内在的、固有的本质联系所决定的,本身就具有严密的逻辑性,因此它不允许在讲解中丢掉任何一个必要的内容。那种认为生产实习教学中的讲述语言是零散的,遇到什么讲什么,不一定要有严密的逻辑性的说法,是不对的。在生产实习课的教学过程中,讲解语言的针对性主要表现在用讲指导练,讲中练,练中讲,边讲边练,边练边讲,讲练结合。可以是生产实习指导教师边示范操作边讲;也可以是工人师傅操作,生产实习指导教师讲解;也可以是工人师傅边操作边讲解,生动形象地指导学生如何操作。这种在学生生产实习课上讲解和操作的结合,正体现了讲解语言的针对性。指示性主要表现在生产实习指导教师在指导学生操作时,指出哪些必须这样做,哪些必须那样做,必须注意哪些问题,必须避免哪些可能出现的错误,否则,会全面影响产品的质量,影响操作技能技巧的形成,甚至还会造成生产事故或伤亡事故。对生产实习指导教师的指示性语言,学生一定要像军人对军令那样照办。这即为指示性。

10.1.2　示范操作法

示范操作法,是直观性的教学形式,也是生产实习教学的极为重要的教学方法。在生产实习教学中,教师只讲不示范操作,学生是很难掌握生产操作技能的。示范操作可以使学生直观、具体、形象、生动地进行学习。这样不仅易于理解和接受,而且可以清晰地把观察过的示范操作形象在头脑中重现,然后模仿练习。因此,示范操作就成为生产实习教学中十分重要的、经常采用的方法。按其内容可分为操作的演示、直观教具的演示和产品(实物)展示等。

1. 操作的演示

操作的演示也叫示范操作,可以由生产实习指导教师,也可由工人师傅做示范操作表演。不论谁做演示,动作一定要准确无误。

(1)慢速演示。有时平常速度演示不易看清演示的内容,可采用慢速反复演示的方法,这样可以收到良好的效果。

(2)分解演示。就是把完整的操作过程,划分为几个简单的动作进行分解演示。

(3)重点演示。对关键部分要重点演示,以加深学生的理解和记忆。

(4)边演示,边讲解。只演示不讲解,达不到预期的演示效果。因此在演示时,要讲清动作的特点和关键,还要向学生讲解在操作过程中如何防止出现废品和发生事故。教师在演示讲解时,一定要注意讲、做一致,在整个演示讲解过程中,对操作姿势、操作方法、工件装夹、刀具安装、切削速度、质量要求及工量卡具的放置,都要非常严格;否则,会使学生养成不好的习惯。

(5)正常操作的演示。即演示在开始和结束时,都要以正常速度,把几个不同的操作动作有机地衔接起来,形成一个完整的操作过程,以便使学生获得完整的正常的操作过程的概念。在正常动作演示后,生产实习指导教师最好把所演示的工件全部做完,这样一方面可以使学生对生产实习的兴趣,另一方面可以使学生对操作演示的工件有一个完整的概念,也可以作为今后教学的典型教具。

2. 直观教具的演示

直观教具是多种多样的,大体可以分为实物和图表两种。实物教具有设备、工具、卡具、量具、材料、毛坯、实习样品等。图表教具有图纸、画图资料、技术卡片、工艺卡片、表格等。

在生产实习教学中,实物演示更为重要,要充分发挥它的作用。图表的演示可以弥补实物演示的不足,便于教师讲解,是上课时不可缺少的方法。生产实习教师必须说明在演示过程中要求学生观察什么、掌握什么,通过演示给学生以鲜明、具体、生动形象的印象,从而帮助学生掌握知识与技能技巧。

3. 产品(实物)的展示

产品(实物)的展示,主要是通过产品或实物的形象给学生以实感,提高学生对产品(实物)的认识能力。也可以选择优良的产品进行展览,让学生同自己的生产实习产品进行比较,使学生学习到制作优质产品的经验,以进一步提高自己的生产实习操作技能。

10.1.3 指导操作训练法

指导操作训练法,是生产实习指导教师在生产实习教学中,指导学生应用理论知识反复地、多样地进行实际操作的方法。此法也是生产实习课教学中最基本、最常用的方法,是培养学生掌握最基本的生产实习操作技能的主要方法,也是在生产实习教学中占用时间最多的一种教学方法。

从学生入学到毕业的整个实习期间,操作练习都是通过生产实习的教学形式,划分成基本操作训练、综合训练和独立操作训练这三个不同的阶段,在不同水平上,提出不同的要求,用不同的方式进行的。

基本操作训练,是根据生产实习课的教学要求,对操作基本功的训练。它是训练基本功的阶段,即把完整的连贯的操作过程分解为许多个单一的最简单的操作动作,进行反复的、多次的练习,使知识转化为技能、技巧,达到动作自如,接近自动化的程度。在这个阶段,生产实习指导教师务必使学生的每个动作都姿势做得准确、协调,而绝不能让学生把不正确的动作、不文明的行为保留下来,从而形成不好的习惯。

综合操作训练,是根据生产实习教学的要求,使学生在生产实习中把已掌握的几个工序的操作技能和技巧加以综合运用,以进一步巩固和提高所学的技能,使技能和技巧逐步达到熟练的程度,同时完成一定的生产任务。

独立操作训练,是学生运用已掌握的知识、生产技能和技巧,按企业生产的要求,独立完成所规定的生产实习任务,并进一步熟悉企业的生产实际,以培养学生独立完成生产实习任务的能力。

生产实习课教学的直接目的,是把学生的专业知识转化为生产技能和技巧,而生产的技能和技巧是通过操作练习获得的。操作练习是学生形成准确概念的延续,是运用理论知识指导完成一定生产任务的实践活动。

因此,指导操作训练法是使学生形成感知技能、心智技能、动作技能和技巧的基本方法,是培养学生具有独立操作能力的极其重要的、必不可少的手段。

一是反复练习才能形成技能、技巧。从学生接受知识的过程看,知识来源于实践,在实践中获得感性认识,再经过多次反复实践,才能上升到理性认识。学生在操作训练中获得的感性认识,当然也要经过多次重复出现,才能真正理解,真正理解了的东西才能正确应用。所以,练习次数越多越熟练,技能、技巧形成也越快越正确。如熟练的钳工在錾削时,只用手和臂的肌肉,而初学者不仅用手和臂的肌肉,几乎还要用全身的肌肉。所以,工人熟练掌握操作技能,是长期练习的结果。对生产技巧,根据复杂程度可分为运用个别操作的技巧、执行工序的技巧、执行综合作业的技巧。这些技巧是互相联系、互为作用的。如钳工学生掌握了锉刀操作方法,再学习用手锯锯割的操作方法就容易得多了。

二是多样化练习有利于形成复杂的技能、技巧。在生产实习教学中,生产实习指导教师指导学生进行操作练习,必须多样化。因为操作练习的内容决定操作训练的形式与方法,通过简单工件生产和复杂工件生产,才能增强适应性。只采用单调的一种内容练习,会使人感到厌倦,影响效果;多种内容交替进行练习会引起兴趣,获得效果。

在多样化练习中,分段练习是很重要的。先选择个别种类和较简单的生产作业让学生练习，然后使实习内容逐步复杂化和逐步多样化。如生产实习指导教师在指导学生修理机械设备前，先指导学生对破旧机械设备拆卸、装配和调整，进行辅助性综合练习。这种多样化操作练习，会促进技能、技巧更快地形成。

10.1.4 参观法

参观法是根据教学目的组织学生对实际事物进行观察、研究，从而获得新知识或巩固验证已学的知识的一种教学方法。这种方法的好处是能有效地使教学和实际生产紧密地联系在一起。生产实习教学运用参观法，是根据生产实习目的，在生产实习指导教师指导下，在企业中直观地学习工业过程、操作方法、劳动组织等的教学活动。采用参观法，是因为校办实习工厂或校外对口工厂设备条件满足不了生产实习教学的需要（如特殊设备、新设备、新技术等），或者如化工、冶金、船员等特殊工种无条件进行操作实习。通过参观，使学生懂得生产设备与工艺过程的相互关系，扩大视野，因此它是生产实习教学的重要方法之一。

参观法是有组织、有计划的教学活动。参观前要上参观指导课，讲清参观目的、参观重点、方法及注意事项，同时介绍该企业的产品品种、工艺流程、生产规模、技术要求、设备特点等。要把参观实习真正作为课堂学习的继续。比如在学生刚入学进行专业教育时，可在生产实习课前先进行参观，以了解专业工种、设备、工具、加工过程等，对教育学生热爱本专业是很有意义的。其他参观根据实习教学的需要可安排在实习中期，也可在实习课后。在采用参观法教学时，一定要注意效果，做到几下几点。

(1)充分做好参观前的准备工作。向学生讲清参观目的、计划、重点及进行安全、纪律等方面的教育。

(2)参观内容不宜过多，和课堂教学一样要突出重点。因为内容过多、时间过长、重点不突出、目标不明确，会使学生疲劳，降低效果，达不到教学目的。

(3)参观应讲究效果，不要走马观花。对重点部分应多看、多占点时间，以达到教学目的为准。

(4)参观后要组织学生座谈讨论，写心得报告。教师要做参观总结，巩固参观成果。

10.1.5 观察法

观察是培养学生观察能力和思维能力的重要一环。观察法是指学生根据一定的学习目的，确定观察目标，制定（编制）观察表，用自己的感官和辅助工具去直接观察被确定的观察对象，观察过程中按照观察表进行逐项观察，记录观察数据和观察现象，观察结束后依据观察数据和观察现象进行分析，获得观察结果的一种方法。科学的观察具有目的性和计划性、系统性和可重复性。

在冶金、化工、仪表等专业中广泛采用这种方法，以培养学生的观察和思维能力，适应专业需要。运用此法时也要有重点，决不能漫无目的的、走走过场。

10.1.6　实习日志法

实习日志法,是在实习期间写日记、生产实习记录或典型分析报告等,这是参观、实验等法的具体运用。通过记日记,促使学生在生产实习中多观察、多思考、多探索,并及时记下来以积累资料,提高技术水平。

可写的内容十分丰富,如:个人在实习中遇到什么问题,如何解决的,有何体会和设想;工人师傅的先进思想、先进技术与经验;阅读技术书刊的体会等。此法可使学生养成正确的阅读习惯,提高阅读能力和分析理解能力。

10.2　实习教学的环节

实习教学的正常进行,必须遵循生产实习教学规律,这主要体现在课前准备、授课、作业、辅导和考核五个教学步骤。而生产实习教学课堂的基本规律则体现在所运用的基本教学环节上。

所谓教学环节,是指一节课(既一个科目)的组成部分,以及各部分进行的顺序,即阶段划分、时间分配、上课的开始和结束等。生产实习课堂教学的典型结构,由组织教学、入门指导、巡回指导和指导小结四个环节组成。

10.2.1　组织教学

在生产实习教学过程中,组织教学是重要的一环。没有良好的教学环境和纪律,教学就不能顺利进行,教学任务就无法完成。尤其是生产实习课入门指导前的组织工作,更为重要。组织教学的目的是使学生在思想上、物质上都做好上课的准备。具体做法是:组织学生听实习课,点名检查学生出勤情况,填写考勤簿,检查工作衣、帽、鞋等是否符合安全卫生要求等。在上课过程中,也需要做好各项组织工作,以便有计划、有组织地进行。任何类型的实习课,都必须做好组织教学工作。

10.2.2　入门指导

入门指导是在每个课题或分题授课开始,教师根据教学大纲和教材的内容进行指导,是向学生讲解理论知识和操作要求的过程。入门指导是一个课题的关键环节,包括检查复习、讲授新课示范操作、分配任务四部分。

1. 检查复习

检查复习的目的,在于引导学生运用已学过的理论知识和生产操作技能,加强新旧知识和操作技能的联系,以指导新课的实践。检查复习方法有问答、作业分析法和讲述法等。

2. 讲授新课

在学生有了思想准备、物质准备、技术准备之后,生产实习指导教师开始讲解课题内容,目的在于使学生了解本课学习的目的、重点、中心,掌握新知识、新技能。

(1)明确课题的目的、任务、意义和要求,对图纸的技术要求要进行必要的讲解;

(2)使用的机器设备和材料、工具等的基本知识要介绍清楚;

(3)确定最合理的工艺方案及工艺过程,讲清合理的操作方式、方法和如何防止操作中易出现的问题等;

(4)注意贯彻安全文明技术操作规程,检查机械电器设备的技术安全准备情况,说明可能发生的故障及如何防止的方法。

(5)讲授新课阶段要求教师做到:目的明确,内容具体,方法准确,语言简练,重点突出,条理清楚。

3.示范操作

它的作用是使学生获得感性知识,加深对学习内容的印象,把理论知识和实际操作联系起来。示范操作是重要的直观教学形式,也是实习教学的重要步骤,可以使学生具体、生动、直接地感受到所学的动作技能和技巧是怎样形成的。

教师在进行示范操作时,要组织好学生的观看位置,使每个学生都能看得清楚。教师的操作示范,要严格按照教材的要求进行,边示范,边讲解,使讲、做一致。可进行慢速演示、重点演示、重复演示、纠正错误的演示方法等。示范操作要求做到:步骤清晰可辨,动作准确无误。必要时,可叫学生按要求做一次或讲一遍。

4.分配任务

教师在讲解和操作示范后要给学生分配生产实习位置和实习工作,并要求学生对自己使用的设备、工具、电器安全、材料、图纸等进行全面检查,做好操作的准备。

上述入门指导、讲解示范的内容,不是每课必讲,要根据不同课题的需要灵活运用。比如上新课时,讲解示范要细致些;在进行综合作业课题时,有时对所选典型工作的工艺分析要讲得多些,不做示范或只示范关键操作;对独立操作训练,一般是启发学生自编工艺,自己研究应该注意的问题,再由教师重点提问或启示就行了。

课题讲解与示范在一定程度上要做好课前教案,同时要做好资料、工具、材料、设备上的准备。生产实习指导教师必须十分重视课题讲解与示范这个环节,切不可掉以轻心。不管在什么条件下上实习课,包括在校外企业进行生产实习,都应掌握好这个环节。

10.2.3 巡回指导

巡回指导,是生产实习指导教师在对课题讲解与示范的基础上,在学生进行生产实习操作的过程中,有计划、有目的、有准备地对学生生产实习做全面的检查和指导。通过这样的具体指导,使学生的操作技能和技巧不断提高。这个阶段的指导应根据不同年级、不同水平、不用学习内容分别进行。这是生产实习教学的中心环节,所用时间较长,是学生形成技能技巧的重要阶段。在这个阶段,生产实习教师主要指检查学生的操作姿势和操作方法、文明安全生产及产品质量。在指导中既注意共性的问题,又要注意个别差异。共性问题采取集中指导,个别问题做个别指导。

1. 目的明确

巡回指导要明确检查与指导的目的。巡回指导针对性要强,根据实习操作进度确定不同阶段的检查指导重点。

以加工一个工件的生产过程为例,根据工件特点,需进行这样的检查指导:首先以了解固定工件(卡活)是否正确和稳固、实习工作是否组织得合理得当为重点;其次以检查和纠正学生的操作姿势和实习位置、操作是否协调为重点;最后以检查验收加工好的产品质量为重点等。当然,这些重点不是固定不变的、依次进行的,而要按不同课题的要求,有所侧重。比如基本功训练,以检查学生操作姿势和操作方法为重点;综合作业训练,以检查工序操作巩固程度和综合操作能力为重点;独立操作训练以检查熟练程度为重点。其中对操作姿势、安全文明生产和工件质量的检查,应贯彻在整个生产实习过程之中。

2. 指导方式多样

巡回指导的方式多种多样,要视具体情况采取个别指导和集体指导相结合,以个别指导为主的方式进行。

(1)集体指导,也叫集中指导,是生产实习指导教师对全班或集中有关的学生,对实习过程中出现的共性问题进行指导。指导的内容主要是两个方面:一是在实习中有了一些感性知识和经验,需要综合提炼,进一步加深认识;二是在实习中发现学生存在的倾向性问题、理论上或操作上遇到的难点,或学生容易忽视、容易出现错误的地方,以及在操作过程中出现的偏差和缺点,教师需要及时提醒和纠正。集体指导可以统一在规定的时间内进行,也可以随时集中进行。

(2)个别指导,是指教师针对每个学生在掌握知识、技能、技巧过程中的个别差异进行指导。它突出体现了因材施教,能及时地帮助学生排除实习中的障碍,保证每个学生准确地掌握工艺过程,正确地掌握操作要领和使用机械设备。在个别指导中,要注意既肯定成绩,又指出不足,使学生对实习充满信心;要鼓励学生大胆细心地进行操作,既发挥创造精神,又确保安全生产。

(3)注意培养典型。榜样的力量是很有说服力的,特别是学生中的榜样更有说服力。因此,教师在课间指导检查中,要注意学生中能应用理论指导实践,学得快、操作好、不出事故等各方面的典型,及时总结推广他们的好思想、好做法,以点带面,增强全班学生搞好实习的信心。

(4)生产实习教师要做到五勤,即腿勤、眼勤、脑勤、嘴勤、手勤。教师应巡回检查指导全班学生的劳动组织和工作位置是否合理,操作方法是否正确,安全规程遵守得如何,是否会用工艺文件,劳动效果怎样,怎样预防废品和故障的发生,遇到技术、质量、事故等问题怎样处理等。学生常常在教师结合示范时听明白了、看明白了,甚至也记住了,可是一接触实际问题,就手足无措,出现不会应用理论指导实践、动作不协调等各种问题。实习指导教师决不能只坐办公室"指导",必须经常在生产实习现场及时指导。教师只有做到"五勤",才能充分发挥教师的主导作用。

10.2.4 指导小结

指导小结指在生产实习课题教学结束时,或一课时实习结束时,由生产实习指导教师验收学生工件,检查学生在课程进行时是否按文明生产要求,清扫现场和做好机器设备的维护保养。对于学生在整个生产实习过程中的各方面表现进行考核和讲评,并布置作业。通过指导小结对学生的实习情况进行总结,对学生起促进和鼓励作用。

生产实习教师在生产实习教学中要填写"实习成绩考查表",把学生在实习课中每个人的成绩和出现的质量问题以及其他方面的问题,及时填入表内,作为平时成绩考核的依据。生产实习指导教师进行此项工作时要注意以下几点。

(1)把学生的感性认识提高到理性认识上来。教师平时要全面、具体、准确地把握情况,课题总结才有说服力,指导才有价值。特别是要注意引导学生认真总结在生产实习中积累的生产经验,分析操作效果,找出消除缺点的办法,启发学生找出独立操作的最佳方法,并做出结论来。要帮助学生把实践经验提高一步,形成自己的知识技能。这样,教师就可以细致分析学生实习生产的产品,与熟练工人的产品加以比较,并让每个学生和各组工人比较,取人之长,补己之短,提高操作技能、技巧。

(2)日实习和课题实习区别对待。日实习小结课题总结既有共同指出,也有不同的地方。日实习小结课题总结的组成部分,除总结一天的实习情况,肯定成绩、指出不足,明确以后应注意的问题外,还要对工具、材料、技术文件的保管、卫生、文明安全生产等做出全面小结。课题结束时则要在日实习小结的基础上,全面总结课题的完成情况,肯定成绩,交流经验,分析存在的问题,为今后改进生产实习提供借鉴。最后要给学生布置必要的作业。

生产实习的四个环节虽有划分,但互相联系,相辅相成。生产实习指导教师应根据不同类型的课题,正确合理地组织教学环节,科学地设计教学内容,这对研究生产实习课堂教学规律、提高教学质量是极为重要的。

附　　录

FU LU

附录1　高职××专业人才培养方案

2015级高职电子商务专业人才培养方案

一、专业名称
电子商务(代码：620405)

二、教育类型及学历层次
教育类型：高等职业教育
学历层次：专科

三、招生对象
普通高中毕业生。

四、学制
学制3年。

五、培养目标与职业面向

1. 培养目标
本专业培养德、智、体、美全面发展，具备大专生应有的基本思想道德素质及相应的文化科学知识，熟悉经济管理与现代商务的基本理论，掌握现代电子商务技术与政策法规，了解电子商务活动基本流程，掌握一定计算机网络及信息技术的基本原理及应用能力，具有现代经营意识和战略眼光，能够在政府机构、企事业单位从事电子商务开发、应用与管理、网络贸易与营销活动、制造业企业信息化管理工作的高端技能型人才。

2. 职业面向
本专业主要从事岗位群包括企业网络营销岗位群、网络贸易业务操作岗位群、信息化建设与管理岗位群，其岗位描述见表附1.1。

表附1.1　专业岗位(群)描述

岗位(群)名称	岗位描述
企业网络营销岗位	1.进行市场细分、调查与预测
	2.开展营销策划与网络营销方案制订
	3.合理使用网络营销工具
	4.如何进行营销的渠道区域、团队和分销管理
	5.如何进行网络客户管理和服务管理
企业网络贸易业务操作岗位	1.进出口许可证的申请及目标市场选择
	2.交易磋商、报价核算、撰写外贸函电
	3.进出口买卖合同的撰写
	4.商品品质、数量及包装条款的磋商与签订
	5.国际货物运输的托运订舱及运输保险的投保

(续表)

岗位(群)名称	岗位描述
企业信息化建设与管理岗位	1. 电子商务网站的建设
	2. 电子商务网站的发布与维护,建设企业展示型网站
	3. 电子商务项目可行性分析、管理实施与管理软件应用
	4. 生产运作管理过程实施
	5. ERP 项目实施、执行、运营

六、人才规格要求

1. 社会能力

(1)沟通表达:在不同场合恰当地使用语言与他人交流,能合理地运用信息撰写较规范的应用文,如报告、计划、论文、总结等,且书写工整。

(2)自我管理:确定符合实际的个人发展方向并制订切实可行的发展规划。安排并有效利用时间完成阶段工作任务和学习计划,抑制不正当需求,集中精力不断获得新知识,适应新环境。

(3)创新能力:在学习和工作中,勤于思考,乐于提问,敢于发表自己的见解;在实训和毕业设计中,勤于动脑,勇于探索,有一定的创新意识。

(4)团队合作能力:能够与他人以及组织相互协调,互相合作完成工作任务。

2. 专业能力

(1)能熟练使用 Windows 操作系统和 Office 软件,在因特网上检索、浏览、下载和收发信息。

(2)能够利用英语熟练进行商务谈判、撰写外贸函电、填制贸易单据。

(3)能够创建并运营网上商店和网上商城。

(4)能够进行企业国际网络贸易的业务操作。

(5)能够组建并维护小型办公网络。

(6)能够进行企业信息化建设、运营与管理。

(7)能够利用网络营销工具实现企业网络营销。

3. 方法能力

(1)企业基本管理的技巧与方法。

(2)利用网络进行信息收集和处理的方法。

(3)主动学习、主动思考的方法。

七、毕业资格与要求

1. 学分

最低学分为 124 分。

2. 职业资格证书

本专业学习内容的选取参照了国家职业技术标准、行业资格考证要求的相关知识和技能。要求毕业生除获得专业学历毕业证外,还必须获得的资格证书见表附 1.2。

表附1.2 职业资格证书

职业范围	职业资格证书	备注
国家职业资格	电子商务师(三级)	必考(省人力资源与社会保障厅)
行业职业资格	网络营销经理	(三选一)
	国际贸易业务员	
	企业信息化管理师	

八、职业岗位核心职业能力分析及专业核心课程配置

专业建设委员会在专业调研报告的基础上,根据专业的岗位要求,对工作过程和典型工作任务进行了综合分析,提出了完成这些工作任务需具备的职业素质和职业能力,并进行行动领域归纳,根据认知及职业成长规律递进重构转换为专业课程。

1. 岗位职业能力分析(见表附1.3)

表附1.3 岗位职业能力分析表

岗位	主要工作任务	职业行动能力要求	
		知识要求	技能要求
网络营销岗位	1. 进行市场细分、调查与预测 2. 开展营销策划与网络营销方案制订 3. 网络营销工具与方法应用。 4. 进行营销的渠道区域、团队和分销管理 5. 进行网络客户管理和服务管理	1. 能够准确地进行网络信息收集、发布与分析处理 2. 能够开展网络市场调查与预测分析,撰写网络市场调研报告,提出合理的市场决策建议 3. 能够进行企业网络营销总体方案策划和产品网络促销策划 4. 熟悉网络营销导向性型企业网站建设流程 5. 能够熟练使用 E-mail 开展病毒式营销与许可营销	1. 掌握网络广告营销与效果评价技术 2. 能够恰当地使用网络实名开展网络营销 3. 能够利用营销型博客、网络会员、网络社区进行网络营销 4. 能够通过商务平台、网上商店和移动商务手段开展营销 5. 具有企业整合规划企业网络营销业务、构建网络营销团队、干预网络营销危机的能力 6. 能够完成搜索引擎注册,掌握搜索引擎优化技术,通过关键词广告、竞价广告进行网络营销
网络贸易业务操作岗位	1. 进出口许可证的申请及目标市场选择 2. 交易磋商、报价核算、撰写外贸函电 3. 进出口买卖合同的撰写 4. 商品品质、数量及包装条款的磋商与签订 5. 国际货物运输的托运订舱及运输保险的投保	1. 使学生掌握网络贸易的基本理论和基本方法,掌握商品网络贸易的基本环节 2. 使学生掌握网络商店建设与运营方面的基本理论和基本技能,能够利用专业知识解决网络贸易中存在的问题 3. 掌握电子货币的定义和种类,掌握电子货币对金融的主要影响 4. 掌握银行卡的概念和种类以及银行卡的分类和功能 5. 掌握电子支付工具的支付过程以及智能卡的结构和标准 6. 了解并掌握电子商务物流发展的脉络、企业供应链管理,以及现代电子商务技术 7. 掌握电子商务物流管理的整个流程	1. 使学生掌握电子支付与结算的基本程序和方式,了解如何利用现代化手段完成资金清算的技术与技能;掌握网上银行电子支付系统及第三方电子支付系统、网上电子支付工具及安全等方面的基本业务及流程 2. 使学生掌握网络贸易中商品的采购(订单)、储存、运输、配送、成本、物流服务模式与客户服务以及供应链管理等方面的操作技能 3. 使学生掌握企业网络外贸操作的基本流程,掌握外贸合同的各项交易条件,能够熟练地进行合同条款的谈判及外贸合同的签订与履行工作 4. ATM 系统和 POS 系统的使用方法和电子支付系统的构成

（续表）

岗位	主要工作任务	职业行动能力要求	
		知识要求	技能要求
信息化建设与管理岗位	1. 电子商务网站的建设 2. 电子商务网站的发布与维护，建设企业展示型网站 3. 电子商务项目可行性分析 4. 电子商务项目管理实施 5. 电子商务项目管理软件应用 6. 生产运作管理过程实施 7. ERP 项目实施、执行、运营	1. 了解关系数据库设计理论及数据库设计中关系范式的应用 2. 理解面向对象的数据库设计及应用系统的结构 3. 掌握电子商务项目管理的可行性研究、项目筹划、项目实施与监控过程、项目收尾、项目后评价等工作能力 4. 全面了解和认知信息化建设对企业经营决策、增强核心竞争力、提升企业管理水平等的重要意义，理解企业进行信息化建设的必要性和急迫性	1. 掌握电子商务网站的规划及设计 2. 掌握电子商务网站服务器的安装与配置 3. 掌握电子商务网站网页制作技术，能够完成对模板的修改 4. 熟练掌握后台数据库的连接与操作 5. 熟悉电子商务网站的测试与发布 6. 掌握数据库应用开发工具及数据库的实施、运行与维护 7. 熟练掌握电子商务网站的宣传与推广技巧 8. 企业 ERP 系统操作方法与流程

2. 典型工作任务与学习领域(课程)对应表(见表附 1.4)

表附 1.4　典型工作任务与学习领域对应表

序号	典型工作任务	学习领域(课程)
1	企业网络营销方案的制订与策略的策划	网络营销策划与管理
2	企业网络推广实施与网络广告发布	
3	企业网络营销工具的应用	
4	企业网络营销渠道设计	分销渠道管理
5	企业网络营销渠道构建	
6	企业网络营销渠道维护与管理	
7	企业网络客户关系建立	客户关系管理
8	企业网络客户管理	
9	企业网络客户维护	
10	网络贸易中资金的网络支付系统应用	电子支付与结算
11	网络贸易中电子支付工具的使用	
12	企业网络贸易物流配送与管理	电子商务物流管理
13	电子商务物流管理技术应用	

(续表)

序号	典型工作任务	学习领域（课程）
14	交易磋商、报价核算、撰写外贸函电	企业国际贸易电子化操作
15	进出口买卖合同的撰写	
16	企业国际贸易发盘、询价、合同订立	
17	国际货物的托运订舱及运输保险的投保	
18	企业信息化管理系统数据库构建	电子商务数据库应用
19	企业信息化管理系统数据库维护	
20	企业网站后台数据库维护	
21	企业商务营销类 Web 页面设计与制作	企业商务网站建设与运营
22	企业商务营销类网站建设与运营	
23	企业生产运作含义、选址和工作分析	企业生产运作管理
24	企业生产综合计划、主生产计划和作业计划的制订、分析和排序	
25	企业生产库存、现场和质量的控制分析	
26	企业 ERP 供应链业务分析和软件操作	企业 ERP 系统应用
27	企业 ERP 财务业务分析和软件操作	

九、专业核心课程简介

学习领域 1：企业网络营销策划与管理（见表附 1.5）

表附 1.5　企业网络营销策划与管理

学习领域（课程）	企业网络营销策划与管理	第四学期：基准学时 64 学时
目标描述：通过本课程学习使学生能够准确地进行网络信息收集、发布与分析处理；能够开展网络市场调查与预测分析，撰写网络市场调研报告，提出合理的市场决策建议；能够进行企业网络营销总体方案策划和产品网络促销策划			
内容(任务) 情境 1：网络信息的处理 情境 2：网络市场调查与预测分析 情境 3：企业如何开展营销策划与网络营销方案制订 情境 4：企业网络营销工具与方法应用			

学习领域 2：企业国际贸易电子化操作（见表附 1.6）

表附 1.6　企业国际贸易电子化操作

学习领域（课程）	企业国际贸易电子化操作	第三学期：基准学时 64 学时
目标描述：通过本课程学习使学生掌握网络贸易中商品的采购、储存、运输、配送、成本、物流服务模式与客户服务以及供应链管理等方面的操作技能；使学生掌握企业网络外贸操作的基本流程，掌握外贸合同的各项交易条件，能够熟练地进行合同条款的谈判及外贸合同的签订与履行工作			

（续表）

学习领域(课程)	企业国际贸易电子化操作	第三学期：基准学时 64 学时

内容(任务)
情境1：进出口许可证的申请及目标市场选择
情境2：进出口交易磋商
情境3：进出口货物报价核算
情境4：外贸函电的起草
情境5：进出口买卖合同的订立
情境6：国际货物运输的托运订舱及运输保险的投保
情境7：货款支付条款的磋商议定

学习领域3：企业ERP系统应用（见表附1.7）

表附1.7　企业ERP系统应用

学习领域(课程)	企业ERP系统应用	第三学期：基准学时 60 学时

目标描述：通过本课程学习使学生掌握ERP项目筹划的基本方法和流程，掌握如何对ERP项目进行实施、执行、监控，能够从整体上掌握对ERP项目的建设与运营

内容(任务)
情境1：企业ERP认知
情境2：企业ERP系统初始化
情境3：企业ERP采购、生产、销售系统应用
情境4：企业ERP财务系统应用

学习领域4：企业商务网站建设与运营（见表附1.8）

表附1.8　企业商务网站建设与运营

学习领域(课程)	企业商务网站建设与运营	第三学期：基准学时 96 学时

目标描述：通过本课程学习使学生掌握电子商务网站设计与维护的全过程，加深对电子商务网站全面系统的理解，得到电子商务网站设计与维护技巧的基本训练，掌握电子商务网站的规划及设计，掌握电子商务网站服务器的安装与配置，掌握电子商务网站网页制作技术，能够完成对模板的修改，熟练掌握后台数据库的连接与操作，熟悉电子商务网站的测试与发布

内容(任务)
情境1：电子商务网站网页设计与制作
情境2：企业商务WEB站点的构建
情境3：电子商务网站的发布
情境4：电子商务网站的维护

附 录

十、教学环节时间(周数)分配(见表附1.9)

表附1.9 教学环节时间分配表

环节\学期	学期教学总周数	理论教学周数	集中实践教学周数					考试	入学或毕业教育	社会实践	机动	军训及军事理论机动	放假周数	学期总周数
			实训实习	课程设计或大作业	其他	毕业实习	毕业设计							
1	15	11	4					1	1	(1)		3	0	4	24
2	18	16	2					1		(2)			1	8	28
3	18	16	2					1		(1)			1	4	24
4	18	16	2					1		(2)			1	8	28
5	18	12				6		1		(1)			1	4	24
6	20					20			1			2			23
合计	107	71	10			20	6	5	2	(7)	3	6	28	151

十一、2015级高职电子商务专业教学计划进程表(见表附1.10~表附1.14)

表2.10 2015级高职电子商务专业教学计划进程表

课程类别	序号	课程(学习领域)名称	学分	考核方式及学期	学时分配			第一学年		第二学年		第三学年	
					总学时	理论	实践	(一)11周	(二)16周	(三)16周	(四)16周	(五)12周	(六)0周
公共基础课程平台	1	思想道德修养与法律基础	2	A1-2	38	(10)	2	2/8					
	2	大学生心理健康	1	A2	16			2/8					
	3	毛泽东思想和中国特色社会主义理论体系概论	3.5	A3-4	64					2	2		
	4	形式与政策(以讲座形式实施)	1		(20)								
	5	计算机应用基础	3.5	A1	66	20	46	6					
	6	高等数学(经济数学)	6	B1、A2	108			4	4				
	7	大学英语	7.5	B1-2A3	140			4	4	2			

（续表）

课程类别	序号	课程(学习领域)名称	学分	考核方式及学期	学时分配 总学时	理论	实践	第一学年 (一) 11周	(二) 16周	第二学年 (三) 16周	(四) 16周	第三学年 (五) 12周	(六) 0周
公共基础课程平台	8	体育	6	A1—2	54	20	34	2	2	(2)	(2)		
	9	专业素质核心能力	3.5	A3—4	64					2	2		
	10	创业教育与就业指导	1	A5	24							2	
	11	军事理论	1.5	A1	(22)		(2)						
		小计	36.5		574	494	80	18	12	6	4	2	
专业群课程平台	12	现代企业管理	1	A1	22	11	11	2					
	13	经济活动分析	1	A1	22	11	11	2					
	14	职业形象设计	2.5	A1	48	24	24	2					
	15	统计技术应用	1	A1	44	22	22	4					
	16	账务处理技能	2.5	A5	48	24	24					4	
		小计	8		184	92	92	8				4	
专业课程平台	17	电子商务技术应用	1	A1	22	11	11	2					
	18	市场调查与预测	3.5	A2	64	32	32		4				
	19	★企业网络营销策划与管理	3.5	B2	64	32	32		4				
	20	电子商务数据库应用	3.5	A2	64	32	32		4				
	21	网络广告制作与管理	3.5	A3	64	32	32			4			
	22	外贸函电	3.5	A3	64	32	32			4			
	23	电子支付与结算	3.5	A3	64	32	32			4			
	24	★企业网页设计与网站制作	4	A3	96	48	48			6			
	25	电子商务项目管理	3.5	B4	64	32	32				4		
	26	电子商务物流管理	3.5	A4	64	32	32				4		

（续表）

课程类别	序号	课程(学习领域)名称	学分	考核方式及学期	学时分配 总学时	学时分配 理论	学时分配 实践	第一学年 (一) 11周	第一学年 (二) 16周	第二学年 (三) 16周	第二学年 (四) 16周	第三学年 (五) 12周	第三学年 (六) 0周
专业课程平台	27	★企业国际贸易电子化操作	3.5	A4	64	32	32				4		
	28	企业生产运作管理	2.5	A5	48	24	24					4	
	29	★企业ERP系统应用	2.5	A5	48	24	24					4	
		小计			790	395	395	2	12	18	12	8	
		企业网络营销方向(第四学期选开两门)											
	30	客户关系管理	2.5	A5	64	32	32				4		
	31	分销渠道管理	2.5	A5	64	32	32				4		
		小计	5		128	64	64				8		
专业方向课模块		企业网络贸易操作方向(第五学期选开两门)											
	32	供应链管理	2.5	A5	48	24	24					4	
	33	企业进出口报关	2.5	A5	48	24	24					4	
		小计	5		96	48	48					8	
		企业信息化建设与管理方向(第五学期选开一门)											
	34	企业管理信息系统应用	2.5	A5	48	24	24					4	
	35	企业ASP动态网站建设	2.5	A5	48	24	24					4	
		小计	2.5		48	24	24					4	
选修模块	36	专业拓展课程	4.5	A2-4	96	48	48		2	2	2		
	37	公共选修课	4		60	30	30		2	2	2		
		小计	8.5		156	78	78		4	4	4		
素质拓展模块		素质拓展模块	5										
		小计	5										

(续表)

课程类别	序号	课程(学习领域)名称	学分	考核方式及学期	学时分配			第一学年		第二学年		第三学年	
					总学时	理论	实践	(一)11周	(二)16周	(三)16周	(四)16周	(五)12周	(六)0周
专业课平台、专业集中实践课程	38	军事训练及军事理论教育	3	A1	(72)		(72)	3周					
	39	电子商务模拟训练	2	A1	48		48	2周					
	40	企业网络营销与创业训练	2	A2	48		48		2周				
	41	电子商务网站建设训练	2	A3	48		48			2周			
	42	企业国际贸易操作训练	2	A4	48		48				2周		
	43	毕业设计(论文)	4	B5	144		144					6周	
	44	顶岗实习	10		480		480						20周
		小计	25		816		816	5周	2周	2周	2周	6周	20周
		总计	137		2792	1195	1597	28	28	28	28	26	

注:1. 标有★的为核心课程。

2. 考核方式:A 为完全过程性考核,B 为过程考核+期末考评,C 为考证代替考核。

3. 军事理论课 2 学分,不少于 36 课时。其中在军事训练及军事理论教育中完成课时不少于 18 课时(0.5 学分)。

表附 1.11 选修模块 1:专业拓展课程(二选一)

序号	学习领域名称(课程名称)	学分	学时分配			考核方式		各学期周教学时数					
			总学时	课堂教学	实践教学	方式	学期	一	二	三	四	五	六
1	淘宝网店运营	2	32	16	16	A	2		2				
2	大学生创业行动	2	32	16	16	A	2		2				
3	计算机网络技术	2	32	16	16	A	3			2			
4	商务谈判	2	32	16	16	A	3			2			
5	Photoshop 平面设计	2	32	16	16	A	4				2		
6	电子商务安全与法律	2	32	16	16	A	4				2		
小计		6	96	48	48								

附　录

表附 1.12　选修模块 2:公共选修课程

序号	课程类别	课程名称	学分	总学时	开课对象
1	人文社科	第二次世界大战简史	1.5	24	全院
2		公共关系	1.5	24	全院
3		韩国语	1.5	24	全院
4		合同法	1	16	全院
5		劳动法	1	16	全院
6		礼仪常识	1.5	24	全院
7		人际交往的艺术	1	16	全院
8		人口资源与环境学	1.5	24	全院
9		三国演义的人生智慧	1.5	24	全院
10		商务礼仪	1.5	24	全院
11		社会心理学	1	16	全院
12		书法	1	16	全院
13		书画鉴赏	2	30	全院
14		素描	1	16	全院
15		文学名著欣赏	1	16	全院
16		职场三十六计	1.5	24	全院
17		演讲与口才	1.5	24	全院
18		应用文写作	2	30	全院
19		英语日常口语	1.5	24	全院
20		英语言国家风情介绍	1.5	24	全院
21		英语影视欣赏	1.5	24	全院
22		中国古代诗词鉴赏	1.5	24	全院
23		中国象棋初步	1	16	全院
24	经济管理	电子商务基础	2	30	全院
25		房地产开发与管理	1	16	全院
26		供应链管理	2	30	物流专业除外
27		国际贸易	2	30	经管类专业除外
28		基础会计	2	30	会计专业除外
29		经济学基础	2	30	经管类专业除外
30		客户关系管理	2	30	全院

（续表）

序号	课程类别	课程名称	学分	总学时	开课对象
31	经济管理	生产运作管理	1	16	全院
32		市场营销学	1.5	24	营销专业除外
33		推销技术实务	2	30	全院
34		网络商店建设	2	30	电商专业除外
35		网络营销	2	30	电商专业除外
36		网上支付	2	30	电商专业除外
37		物流基础	2	30	物流专业除外
38		现场管理	1	16	全院
39		现代企业管理	1	16	全院
40		质量管理	2	30	全院
41		证券投资实务	2	30	全院
42		珠算	2	30	全院
43	艺术体育	服装设计艺术	1	16	全院
44		广告评论	1	16	全院
45		国画	1	16	全院
46		篮、足、排球裁判入门	1	16	全院
47		篮球	1.5	24	全院
48		美术鉴赏	1	16	全院
49		民族艺术	1	16	全院
50		排球	1.5	24	全院
51		乒乓球	1.5	24	全院
52		设计基础	1	16	全院
53		网球	1.5	24	全院
54		音乐鉴赏	1	16	全院
55		影视欣赏	1	16	全院
56		羽毛球	1.5	24	全院
57		足球	1.5	24	全院

附　录

（续表）

序号	课程类别	课程名称	学分	总学时	开课对象
58	自然科学	DV 制作	2	30	全院
59		Internet 应用	1	16	全院
60		Visual Foxpro	2	30	计网专业除外
61		常用工具软件	1	16	全院
62		电路 CAD(protel)	2	30	电类专业除外
63		计算机辅助制图	2	30	全院
64		计算机网络基础	2	30	全院
65		空调原理与维修	2	30	制冷专业除外
66		汽车保险与理赔	1	16	汽车类专业除外
67		三维计算机辅助设计	2	30	全院
68		食品营养与保健	1	16	全院
69		室内空气环境	1	16	全院
70		数学建模	2	30	全院
71		图形图像制作	2	30	装潢专业除外
72		网络安全与病毒	1.5	24	计网专业除外
73		网络技术基础	2	30	计网专业除外
74		网页制作	1.5	24	计网专业除外
75		机械加工工艺基础	2	30	理工类专业
76		车工基础技能实践	2	30	理工类专业
77		普通机床电气线路维修	2	30	理工类专业
78		知识产权与自主创新	1	16	全院
79		多媒体工具应用	1	16	全院
80		节能减排与低碳生活	1	16	全院
81		现代信息检索	1	16	全院
82		计算机文字录入处理	1.5	24	全院
83		ASP 动态网页设计	2	30	全院
84		AutoCAD	2	30	全院
85		C 语言程序设计	2	30	全院
86		Dreamweaver 网页制作	2	30	全院
87		Flash 动画制作	2	30	全院

(续表)

序号	课程类别	课程名称	学分	总学时	开课对象
88	职业素质教育	大学生创业指导	1.5	24	全院
89		大学生职业生涯发展规划	1.5	24	全院
90		心理健康教育与成长	1.5	24	全院
91		职业核心能力	1.5	24	全院
92		职业素质提升教程	1.5	24	全院

表1.13　公共选修课选修要求

专业类别	公共选修课选修要求(≥4学分)			备注
	经济管理类	自然科学类	其他	
理工类	≥2学分			其他学分任选
经管类外语类		≥2学分		其他学分任选

表1.14　素质拓展模块:课外拓展学分

一级	类别	项目	二级	内容	工作要求及评分标准	学分	最低学分要求
一	校内	思想与道德	1	党团学习培训	1.参加业余党校学习并取得结业证,计0.5学分 2.参加团学干部培训学习并取得结业证,计0.3学分	0.5	本项要达到1学分
			2	公益活动义务劳动	参加校内外公益活动和义务劳动每次计0.1学分	0.5	
			3	教育活动	参加学院组织的法制报告会、安全教育、思想教育讲座等教育活动每次计0.1学分	0.5	
			4	课外阅读	每自修1本人文社会科学类书籍,并且写出3000字以上的读书笔记计0.2学分	0.5	
二	校内	科技与创新	5	科技讲座	听课外科技或专业讲座每次计0.1学分	0.5	2~7项目至少要取得2学分
			6	科技小组	参加科技小组、科技社团活动,每半天计0.1学分	0.5	
			7	技能竞赛	1.参加省级以上技能大赛计1学分 2.参加学院技能大赛一次计0.5学分	1	
			8	科研发明	获得各类(发明、实用新型、外观设计)国家专利计1学分	1	

附　录

（续表）

一级	类别	项目	二级	内容	工作要求及评分标准	学分	最低学分要求
二	校内	科技与创新	9	创新作品	创新项目或作品获得厅级以上各种奖项计1学分	1	2~7项目至少要取得2学分
			10	科技论文	1. 在正式出版的刊物上发表论文计1学分 2. 在其他合法刊物或学术会议上发表论文一篇计0.5学分	1	
			11	教学与文化建设	参与学院精品课程、网站建设等教学建设或学院文化建设工作，每半天计0.1学分	0.5	
三	校内	管理实践	12	学院管理	1. 担任院学生会、社联及院级学生组织的主席、副主席等主要干部一年以上计1学分 2. 担任院学生会部长、副部长及社团社长一年计0.8学分 3. 担任院学生会干事一年计0.5学分	1	2~7项目至少要取得2学分
			13	系部管理	1. 担任系学生会主席、副主席一年计0.8学分 2. 担任系学生会部长、副部长等计0.5学分 3. 担任系学生会干事一年计0.3学分	0.8	
			14	班级管理	1. 班级团支部书记、班长一年计0.5学分 2. 担任班支部委员、班委、宿舍长一年计0.3学分	0.5	
四	校内	文体实践	15	文化艺术	1. 参加市级以上辩论赛、知识竞赛、演讲比赛等比赛活动计1学分，学院级每次计0.5学分，系级每次计0.2学分 2. 报送影像、书画、征文等作品入选市级以上展览或比赛计0.8学分，学院级每次计0.5学分，系级每次计0.2学分 3. 在正式报刊上发表小说、散文、诗歌、通讯等文章每篇计1学分，在学院报刊、网站上发表文章每篇计0.3学分	1	2~7项目至少要取得2学分
			16	文艺表演	1. 参加市级以上各类比赛或会演计1学分 2. 参加学院各类比赛或会演每次计0.5学分 3. 参加系部比赛或演出每次计0.2学分	1	
			17	体育活动	1. 参加市级以上组织的体育比赛活动计1学分 2. 参加院级比赛活动每次计0.5学分	1	

（续表）

一级	类别	项目	二级	内容	工作要求及评分标准	学分	最低学分要求
五	校内	创业实践	18	自主创业	具有自主创业项目，实现校内自主创业	1	2~7项目至少要取得2学分
			19	创业论坛	大学生创业论坛主讲一次0.3学分	0.5	
			20	创业培训	参加创业培训每次2小时以上计0.1学分	0.5	
六	校内	专业能力拓展与提升	21	专业提升	1.考取比本专业计划要求高一层次的职业资格证书计1学分 2.参加专业技能培训讲座每次0.1学分	1	
			22	专业拓展	1.考取本专业之外的职业证书计1学分 2.参加专业计划外的校内短期培训每两学时计0.1学分	1	
七	校内	社团活动	23	社团组织	加入学院各类社团一年，出勤率达到80%，按要求参加社团活动计0.3学分	0.3	
八	校外	社会实践	24	社会调查（必选）	至少参加一次假期社会调查活动，并写出一篇调查报告，具体要求另文规定	1	参加活动次数3次以上，时间不少于2周，必须取得2学分
			25	社会服务	参加学院统一要求的"三下乡"等社会实践活动，每天计0.1学分	1	
			26	专业实践	假期参加与本专业相关的企业实践每周计0.5学分	1	
			27	生产劳动	假期参加本专业之外的企业实践每周计0.3学分	1	
说明	1.表中"学分"一栏的分数是该项目的最高分，低于该分按照实际分计，高于该分按该分计； 2."最低学分要求"一栏规定了各大类必须达到的最低学分，低于该规定的可在大类内增修其他内容，但必须达到或超过本大类规定的最低限； 3.1~4项可任选修满1学分，5~23项可任选修满2学分，25~27项可任选修满1学分。						

十二、专业实践教学体系（见表附1.15）

表附1.15　专业实践教学体系

实践类别	序号	实践课名称	学时	学分	场所	形式
基础技能层次实践	1	计算机应用基础	46	2.5	实验室	课内实践
	2	体育	98	5	体育场	课内实践
	3	军事训练及军事理论教育	72	3		
	4	现代企业管理	11	0.5	实验室	课内实践
	5	经济活动分析	11	0.5	实验室	课内实践
	6	职业形象设计	24	1	实验室	课内实践
	7	统计技术应用	11	0.5	实验室	课内实践
	8	账务处理技能	24	1	实验室	课内实践

（续表）

实践类别	序号	实践课名称	学时	学分	场所	形式
专业技能层次实践	9	市场调查与预测	16	1	实验室	课内实践
	10	★企业网络营销策划与管理	32	1.5	实验室	课内实践
	11	电子商务数据库应用	32	1.5	实验室	课内实践
	12	网络广告制作与管理	32	1.5	实验室	课内实践
	13	电子支付与结算	32	1.5	实验室	课内实践
	14	★企业网页设计与网站制作	32	1.5	实验室	课内实践
	15	电子商务项目管理	32	1.5	实验室	课内实践
	16	电子商务物流管理	32	1.5	实验室	课内实践
	17	★企业国际贸易电子化操作	32	1.5	实验室	课内实践
	18	企业生产运作管理	24	1	实验室	课内实践
	19	★企业ERP系统应用	36	1.5	实验室	课内实践
	20	专业方向课一	24	1	实验室	课内实践
	21	专业方向课二	24	1	实验室	课内实践
	22	专业拓展课程	48	2.5	实验室	课内实践
	23	公共选修课程	30	1.5	实验室	课内实践
综合与创新层次实践	24	电子商务模拟训练	48	2.5	实验室	集中实训
	25	企业网络营销与创业训练	48	2.5	实验室	集中实训
	26	电子商务网站建设训练	48	2.5	实验室	集中实训
	27	企业国际贸易操作训练	48	2.5	实验室	集中实训
	28	毕业设计（论文）	144	4	实验室	集中实训
	29	顶岗实习	480	10	校外实习	校外实习
	30	素质拓展（课外拓展学分）	0	5	课外拓展	课外拓展
实践教学总计			1571	64.5		

十三、各部分课程所占学时比例（见表附1.16）

表附1.16 各部分课程所占学时比例

课程类别	学时数	占总学时比例
公共基础课程	574	20.6％
专业群课程	184	6.6％
专业课程	790	28.3％
专业方向课程	272	9.7％
选修课程	156	5.6％
小计	1976	70.8％
随堂实践课	(781)	(28％)	实践学时/总学时＝57.2％
专业集中实践课程	816	29.2％
总计	2792	100％

附录2　专业人才需求调研报告

计算机网络技术专业人才需求调查报告

高等职业教育的培养目标、人才规格和培养模式一直是高职院校着力探讨的重要课题。高等职业教育如何适应21世纪社会对人才的要求,如何审视高等职业教育的培养模式等问题,是高等职业教育改革沿着正确方向发展的关键。

结合我院建设的实际情况,2009年6月,计算机网络技术专业相关教师通过走访用人单位、问卷调查、资料收集与分析等手段,对IT企业和非IT企业进行了专题调研,进一步了解了社会现有计算机网络专业人才需求状况及培养要求,从而为确定我院计算机网络专业的培养目标和课程改革提供基本的依据。

一、人才需求调查情况

1. 被调查企业的分布情况

被调查的企业近40家,其中有与计算机专业相关的单位(如电脑公司、软件公司)、服务类企业单位、制造业企业单位,有国有企业、三资企业、个体企业、民营企业及其他企业。从被调查企业的分布和性质来看,我们认为此次调查的安排是比较合理的,具有广泛的代表性。

2. 主要企业人才分析

首先针对主要企业人才需求我们进行了调研和分析。分析结果显示,不论网络公司的规模如何,主要的技术人员都分为两类:网络工程设计人员和网络工程实施技术管理人员。一些规模较大的网络公司都是采用具有一定工作经验或者高学历的人才进行网络的设计工作,而聘用的高职生主要是进行网络工程的实施和实施过程中的管理工作;而规模较小的网络公司则希望招聘的人才最好具有网络设计和网络实施管理双重能力。89.1%的企业认为聘用人才最优先考虑的因素是团队意识、81%的认为是职业道德、67.5%的认为是专业知识;56.7%的企业对IT类就业市场信息的了解主要通过各种媒体;70.2%的企业最希望的岗前培训方式是就地自己培训;普遍企业认为毕业生必须具备网络设备集成、网站管理、网络安全、系统安全保障等能力;企业认为计算机网络技术专业(以下简称计网)高职生应取得全国IT类职业资格证书(70.2%企业)、劳动保障部的网络管理员证书(40.5%企业)、CISCO的CCNA证书(45.9%企业);普遍企业认为计网高职专业课程至少应包括数据库开发、网页设计与开发、网络布线与工程、服务器配置、网络施工、网络管理与安全技术等课程;62.1%的企业认为高职学生工作月薪1200~1500元比较合适;大部分企业认为有必要让员工继续学习,可不脱产培训。

此次调研涉及的用人单位主要有湖南、广东、浙江等省的大中型企业,进驻湖南省长沙、株洲经济技术开发区的上市公司、外资企业、大中型国有企业以及具有一定影响力的民营企业,还涉及了省内及周边地区的人才交流中心和人才交流会,也访问了http://

51job.com/ 和 http://job168.com/ 等人力资源网站。

3. 企业对毕业生的评价

根据近40家被调查企业反馈的意见可以看出企业对毕业生的评价(见表附2.1)。

表附 2.1　企业调查分析表

调查方面	评分标准	百分比	调查方面	评分标准	百分比
职业道德	较强	85.5	沟通协调能力	较强	10.2
	一般	14		一般	35.2
	较差	0.5		较差	54.6
敬业精神	较强	80.7	基础理论知识	较强	30.5
	一般	18.5		一般	40.6
	较差	0.8		较差	28.9
工作态度	很好	87.5	动手实践能力	较强	42.3
	一般	12.5		一般	35.3
	较差	0		较差	22.4
思想政治素质	较强	40.5	适应能力	较强	50.2
	一般	53.9		一般	42.3
	较差	5.6		较差	7.5
吃苦耐劳精神	较强	86.9	创新能力	较强	8.3
	一般	11.9		一般	50.2
	较差	1.2		较差	41.3
心理素质	较强	45.2	独立工作能力	较强	35.3
	一般	49.5		一般	46.8
	较差	5.3		较差	17.9
自我约束能力	较强	56	组织管理能力	较强	20.5
	一般	41.7		一般	30.5
	较差	2.3		较差	49
竞争意识	较强	25.5	是否安心工作	是	62.2
	一般	68.9		否	22.8
	较差	5.6		不清楚	17

从表附2.1来看,一般企业认为毕业生在本专业知识方面基本掌握,能基本满足工作需要。但是对计算机类企业(如软件公司、电脑公司等)来说,学生的专业知识还是有待加深加强。同时沟通协调以及团队合作精神也是很重要的,特别是计算机公司非常注重合作意识培养,本专业毕业生在这方面有一定的欠缺。此外,毕业生在创新能力上还

是存在着很大的不足,对于发展迅速的计算机行业,创新能力是必不可少的能力之一。在校期间需要加强对学生以上能力的培养。

4. 企业需求情况分析

(1)毕业生主要从事岗位

在调查中,计算机网络技术专业毕业生就业在硬件维护岗位的约占18％、网络建设及管理的约占31％、技术服务的约占18％、软件编程的约占12％、网页制作的占9％、行政管理的占9％,有3％做普通技术工人。

(2)急需人才

目前企业急需的人才主要是(按先后顺序):软件编程、网络建设及管理、技术服务、硬件维护和产品开发。调研的这个结果对于我们以后开展教研教学、培养学生专业知识与指导学生就业方面都有了明确的导向。

二、计算机网络人才需求的宏观背景

对计算机网络人才的需求是由社会发展大环境决定的,我国的国家信息化进程已经并将继续对计算机网络人才的需求产生重要的影响。

"以信息化带动工业化、以工业化促进信息化",这是我国已经确定的长远战略发展目标。如何广泛应用互联网,并对企业现有业务流程进行现代化改造,是企业实现信息化发展的重要内容之一。有关调查数据显示,我国830万家中小企业中,目前只有47％的企业把业务接入互联网,并且大多数的企业只是在网上开设了主页和E-mail,网站的信息长期得不到更新,而在网上进行电子交易的企业则只有11.1％。这种现象在许多国内重点企业中,表现得相当明显,据一份针对国内500多家重点企业的调查显示,虽有98.6％的企业已经接入互联网,83.7％的企业建立了自己的网站,但企业网上的应用重点,主要是集中在发布产品服务信息、企业新闻以及收集客户信息等较低的层面。很明显,目前,我国的企业信息化应用离既定的目标还有很长的一段距离。距离的背后,有关专家认为,网络应用人才的普遍缺乏,是一个不容忽视的重要因素。专家指出,目前我国的信息化建设正处在初级阶段,其中有占八成的企业,其信息化发展面临着网络应用人才缺乏的困境。

网络人才的社会需求总量在计算机行业属于排名靠前的,每年需要大量的各种层次的网络人才。高职院校毕业生主要从事网络行业的基础工作,特别优秀的可以从事一些网络研究工作,但大部分是从事计算机网络系统的组建、维护和管理等业务工作。

21世纪,高科技时代的发展造就了新的专业需求,信息产业越来越离不开网络技术。平面媒体、广播媒体、电视媒体与网络媒体的融合也越发不可阻挡。但同时我们也看到,网络技术人才的大量短缺已经成为制约我国信息化发展的主要瓶颈之一。有关数据表明,目前全国每年高校为社会输送不足6万名计算机与信息类毕业生,而整个社会需要近100万的人员,输入远远小于供应。特别是,大专院校毕业生往往没有经过专业的职业培训,缺乏网络技术的实践知识和职业技能,不能完全胜任所担负的工作,在网络技术人员的供求之间形成巨大的缺口。

三、相关行业和企业对计算机网络人才的需求

随着我国互联网行业的全面复苏以及网络应用在更高层次上的大规模展开,我国的网络人才需求也在全新的层面上逐步呈现了出来。

从目前我国现有的情况来看,有较大网络人才需求的主要有以下几个方面。

一是政府机关上网工程的实施造就了人才和培训的巨大需求。我国电子政务建设也已进入实质性阶段。总投入达2500亿元,以"两网一站四库十二金"为主要内容的软硬件建设工程已经全面启动("两网"指电子政务内、外网,"一站"指政府门户网站,"四库"指人口、法人单位、空间地理和自然资源、宏观经济四个国家基础数据库,"十二金"指金税、金关、金财、金盾、金农、金水、金质等十二个国家重点业务系统);各级政府部门纷纷将电子政务建设与政府机构改革、理顺内部管理流程相结合,利用国家基础网络资源,大力铸造电子政务的软硬件环境,不断推进政府上网和网上办公,我国电子政务建设进入了快速发展的新阶段。现如今政府网站数量据不完全统计,全国已有2000余个地(局)级以上政府机关上网建立网站并逐步形成网上办公。县(处)级以下政府机关上网单位数量将更加庞大。粗略统计,实现上网的政府机关不足政府机关总数的5%,已经实现政府机关上网的数量超过1万个。全国政府网站待建设的需求将不少于15万个。保守估计每个政府网站的人按照2人计算,从业人员约2万人。未来从业总需求将不少于30万人。

二是企业上网需求量猛增。截至2005年12月31日,我国网站数为69.42万个,其中企业网站占60.7%,有企业网站40万个,按照每个企业网站1人计算从业人员共40万人,目前企业上网总数不足全部企业的5%。相比之下,美国有60%的小企业、80%的中型企业、90%的大型企业已借助互联网广泛开展商务活动。我国与国外相比还有相当大的差距,企业网站增长速度将还要大幅度地上升,未来从事企业信息化工作的网络人才需求将不少于100万人。

三是现有媒体的网站和商业、专业性质网站对专业人才的渴求更是迫不及待。网站今后的更大发展需要更加专业的人才来开拓。单就以上需求来看,媒体、政府和企业上网工程现在从业人数为42.5万人,未来10年潜在人才需求在135万人以上,平均每年人才需求将不低于13.5万人。

目前,我国网络人才培养方式,主要包括传统学历教育、短期的网络速成培训和课程内容较单一的厂商培训三大类,缺乏成系统的、面向更大众化的网络培训课程。有关专家表示,目前我国的IT职业教育和培训市场上,网络工程师培训课程虽然很多,但大多

数培训在课程设计上都普遍显得支离破碎,缺乏整体性和系统性。各种短期培训,最多只能讲授一些计算机应用入门的知识;而各个厂商的培训,则都只局限于自身的产品。

网络信息技术本身是一种应用技术,只有在全社会得到广泛而实际的应用,才能够发挥出其所固有的、推动社会发展的效能,而这种效能的发挥,首先必须有赖于大批高素质网络信息技术应用人才的培养和出现。

四川省在数字化建设方面相对全国发达地区而言较为落后,企事业单位的信息化建设进程不够迅速,特别是在网络基础建设方面比较薄弱。近年来,随着四川省经济的快速发展和信息化进程的加快,对 IT 人才,特别是网络人才存在巨大的需求。

四、高职计算机网络专业毕业生存在的主要问题

从调研情况看,高职计算机网络专业人才的培养工作距用人单位的要求尚有一定的差距,主要存在以下问题:

(1)缺乏基本的抽象分析问题的能力和独立解决问题的能力;

(2)仅有书本知识,不能解决实际问题,对工具和方法的应用不熟、经验不足;

(3)知识结构不合理,没有反映出业界的发展现实;

(4)价值取向和对职业生涯的规划不成熟;

(5)各高校的计算机网络技术专业差异太大,难以确定毕业生的能力特点。

五、对高职计算机网络专业人才培养工作的意见

1. 课程体系与教学方法相对陈旧

总的来说,目前职业院校计算机网络专业的课程体系,是根据学生的学习特点设计的。但有些课程的内容只是普通高校课程的简化,注重理论知识的培养,实用技能的训练相对不足。尤其是课程内容滞后于专业技术的更新与发展,案例教学、项目教学内容极少,导致学生在实际工作中分析问题和解决问题的能力较弱。同时,在职业技能培养方面,职业技能训练不成体系,力度不够,对职业素质的教育(如开拓精神、市场观念、管理技巧、团队精神、应变能力等)尚没有得到全面的实施。现有课程体系存在以上问题,与社会需求和行业发展相脱节,导致该专业毕业的学生不能很好地适应相关行业工作。

在教学方法方面,虽然基本上采用了理论与上机实践相结合的授课方法,但对学生职业技能以及动手能力方面的培养相对不足。社会需求的计算机网络人才强调具有较高的职业素质、较强的实践能力。因此,按传统方法培养的学生难以满足职业岗位的要求。

由于职业教育招生困难,导致生源的整体素质要比过去有所降低。有些学生文化基础素质较低,学习的自觉性比较差,但客观分析,并不是这批学生没有能力,而是需要有适合他们学习的课程和教学方法,要增强教材和教学方法的趣味性,给予学生更多动手的机会,激发学习的主动性。在实际访谈调研中人们发现,这批学生对于操作性比较强

的课程很感兴趣,并且能够很好地掌握,对于工具类的课程,学生的接受能力比较强。

2. 该专业师资缺乏,职业实践能力和经验不足,专业知识滞后

该专业具有良好职业实践能力和经验的教师严重缺乏,这样会导致他们在教学过程中无意识地偏离专业培养方向。现有教师缺少职业培训、技术更新滞后、缺乏教育创新机制等,也是影响教学质量的主要问题。

3. 专业实训条件以及软件教学资源不足

目前,大多数职业院校是改革开放近20年来,依靠政府教育经费建立发展起来的。虽然已普遍建立计算机房,但由于种种原因,上网条件、微机组装以及局域网组网实验室等还难以满足要求,也没有实训基地,整体表现出实践教学设施条件不足,特别表现为软件教学资源不足,现有硬件条件难以发挥应有作用。

4. 对学生就业指导和服务不够

职业教育的主要任务是就业前的职业准备教育,所以衡量职业教育水平的标准,应该是培养的学生能否满足职业岗位需要的能力。许多职业院校普遍存在重招生、轻就业的现象,对劳动力市场的实际需要缺乏研究,对岗位实际技能的要求把握不够,对就业信息掌握不足,对毕业生缺乏有效的就业指导和服务,一些院校计算机专业领域的毕业生就业存在困难。

附录3　中职××专业物理课程标准

一、适用对象

中职三年制焊接应用技术专业、机械加工技术专业、数控技术应用专业、汽车运用与维修专业和农业机械使用与维护专业。

二、课程性质

中等职业教育物理课程是义务教育后中等职业学校学生选修的一门公共基础课,是机械建筑类、电工电子类、化工农医类等相关专业的限定选修课。它包含了物理中最基本的内容,是培养公民素质的基础课程。

中等职业教育物理课程是研究物质运动最一般规律和物质基本结构的科学,是其他自然科学和当代技术发展的重要基础,其对于学生认识自然界和社会生产、生活的关系,认识物理的科学价值、文化价值、应用价值,提高提出问题、分析和解决问题的能力,形成理性思维,发展智力和创新意识具有基础性的作用。同时,它为学生的终身发展,形成科学的世界观、价值观奠定基础,对提高全民族素质具有重要意义。中等职业教育物理课程有助于增强学生的应用意识,形成解决简单实际问题的能力。

中等职业教育物理课程的任务是:使学生掌握必要的物理基础知识和基本技能,激发学生探索自然、理解自然的兴趣,增强学生的创新意识和实践能力;使学生认识物理对科技进步,对文化、经济和社会发展的影响,帮助学生适应现代生产和现代生活;提高学生的科学文化素质和综合职业能力,帮助学生形成正确的世界观、人生观和价值观。

三、参考学时

中等职业教育物理课程建议教学时数根据专业不同有所区别,各专业的教学时数分别为:

(1)28学时(适用于焊接应用技术专业、机械加工技术专业和数控技术应用专业);

(2)56学时(适用于汽车运用与维修专业);

(3)24学时(适用于农业机械使用与维护专业)。

这一课程的教学统一安排在第一学年第一学期,具体学时分配建议在"七、内容纲要"中。

四、课程的基本理念

中等职业教育物理课程根据社会发展、学生发展的需要,精选最基本的体现近现代物理思想方法的知识,增加一些问题探究等内容,构建简明合理的知识结构。

根据三年制中等职业教育学生的认知水平,提出与学生认知基础相适应的逻辑推理、空间想象、数据处理等能力要求,适度加强贴近生活实际与所学专业相关的物理应用意识,避免繁杂的运算。

在物理课程的实施中,要展现知识形成和发展的过程,为学生提供感受和体验的机会,激发学生兴趣,培养学生合作交流的能力。

五、课程设计思路

中等职业教育物理课程以"凸现学生是教学的主体地位,理论教学为实习服务,根据企业需要,本着必需、够用原则,将内容模块化,教与学进程一体化"为总体设计要求。本课程采用模块化设计方式,由基础模块、职业模块和拓展模块构成。以学会基本公式和图像,掌握力学、热学、电磁学、光学和原子物理学的基本概念和基本规律,彻底打破原有的学科体系设计思路,紧紧围绕专业工作任务完成的需要来选择和组织教学内容,突出工作任务与物理知识的联系,让学生在职业实践活动的基础上掌握物理知识,增强理论教学内容与职业岗位能力要求的相关性,提高学生的就业能力。

(1)基础模块是本课程的基础性内容和应达到的基本要求,主要包括物理基础知识和基本技能,教学时数为20学时。

(2)职业模块是适应学生学习相关专业需要的限定选修内容,主要涉及对物理基础要求较高的专业,分为机械建筑类、电工电子类、化工农医类三大类,教学时数分别为8学时(适用于焊接应用技术专业、机械加工技术专业、数控技术应用专业),或36学时(适用于汽车运用与维修专业),或4学时(适用于农业机械使用与维护专业)。

该模块是使学生在学习基础模块的基础上,根据专业学习的需要和行业的需求,有重点、有选择地进一步学习相关物理知识,培养相关技能。设计主线是学生在今后的工作领域所要掌握的基本技能,将这些基本技能作为具体的学习项目,并按照"学历证书与专业资格证书嵌入式"的要求,精心编排设计,体现模块教学较强的逻辑性。不同学校、不同专业可根据具体情况选择相应或相近类别模块中的全部或部分内容安排教学。依据各基本技能的内容总量以及难易程度分配各学习项目的课时数。

在基础模块和职业模块中,均设置了一些与生产、生活实际密切相关的实践活动,体现了物理课程贴近生活、为专业学习奠定基础的理念。

(3)拓展模块是满足学生个性发展和继续学习需要的任意选修内容,该模块是基础模块、职业模块的进一步拓展和延伸。拓展模块的教学时数不做统一规定,建议利用课余时间或晚自习时间教学,供参考。

六、课程目标

中等职业教育物理课程的总目标是:使学生在九年制义务教育物理课程的基础上,进一步提高作为技能人才所必须具备的物理素养,以满足未来职业岗位和个人发展的需要。具体目标如下。

(1)在九年义务教育的基础上,使学生进一步学习和掌握本课程的基础知识,了解物质结构、相互作用和运动的一些基本概念和规律,了解物理的基本观点和思想方法,使学生学习并掌握职业岗位和生活中所必要的物理基础知识。

(2)培养和提高学生的观察能力、实验能力、思维能力、空间想象能力、分析和解决问题的能力、自我发展和获取知识的能力。培养学生的计算技能、计算工具使用技能和数据处理技能。

（3）对学生进行科学思想、科学精神、科学方法和科学态度的教育，提高学生的科学素养。结合教学内容，对学生进行辩证唯物主义和爱国主义教育，激发和培养学生的创新意识与创新精神。引导学生逐步养成良好的学习习惯、实践意识和实事求是的科学态度，提高学生就业的能力与创业能力。

（4）为学生相关专业课程学习与综合职业能力培养服务；为学生职业生涯发展和终身学习服务；为学生学习现代科学技术，从事社会主义建设工作打下必要的基础。

七、内容纲要（见表附3.1）

表附3.1　内容纲要

模块	项目	任务	课程内容与教学要求	活动设计	参考课时
基础模块	项目一、运动和力	任务一、运动的描述；任务二、匀变速直线运动；任务三、重力，弹力，摩擦力；任务四、力的合成与分解；任务五、牛顿运动定律	1.了解质点的概念，知道质点是一种理想化的物理模型，体会物理模型在探索自然规律中的作用；理解时间和时刻、路程和位移、速率和速度（平均速度、瞬时速度）、标量和矢量等概念及它们之间的区别 2.了解匀变速直线运动，理解加速度的概念，能进行简单的计算；理解匀变速直线运动的速度公式和位移公式，能进行简单计算，体会数学在研究物理问题中的作用；了解自由落体运动规律 3.了解重力的概念，知道重力的方向；了解弹力的概念及其产生条件，了解胡克定律；理解静摩擦力和滑动摩擦力的概念，会判断简单情况下静摩擦力和滑动摩擦力的方向，并能用公式简单计算滑动摩擦力的大小 4.理解合力、分力的概念，理解力的合成与分解，能举出生产、生活中力的合成与分解的实例；理解力的平行四边形定则，并能进行简单计算 5.理解牛顿第一定律，知道质量是物体的惯性大小的量度，并能解释一些惯性现象；掌握牛顿第二定律，理解国际单位制中力学的基本量和基本单位，能运用牛顿第二定律进行简单计算；理解牛顿第三定律。能说出牛顿运动定律在生产、生活中的一些应用	实践活动一：观察生活中的自由落体运动 实践活动二：调查生产、生活中所用弹簧的形状及使用目的（如获得弹力或减缓振动等）；调查生产、生活中利用静摩擦力的事例和改变摩擦力大小的方法 演示实验一：合力和分力，两个共点力的合成 演示实验二：加速度与物体受力、物体质量的关系，作用力和反作用力 实践活动三：学习使用游标卡尺进行长度的测量，学习处理数据的方法，能用有效数字表示测量结果 演示实验三：简单介绍螺旋测微器的测量功能 实践活动四：学习、巩固气垫导轨或打点计时器的使用方法，用气垫导轨或打点计时器测量物体运动的平均速度、瞬时速度和加速度 实践活动五：用气垫导轨或打点计时器研究加速度与作用力、质量的关系，学习用控制变量的方法研究物理规律	

（续表）

模块	项目	任务	课程内容与教学要求	活动设计	参考课时
基础模块	项目二、机械能	任务一、功、功率；任务二、动能、动能定理；任务三、势能、机械能守恒定律	1.理解功,知道做功的两个必要因素,并能用公式进行简单计算;理解功率的概念,知道功率与速度的关系,并能用公式进行简单计算 2.了解动能和动能定理,能用动能定理解释生产、生活中的一些实际问题 3.了解重力势能和弹性势能,知道机械能是人类生活中常见的能量形式;理解机械能守恒定律,能进行简单计算,并能用机械能守恒定律分析生产、生活中的有关问题	演示实验一:动能与物体质量、速度的关系 实践活动一:通过查找资料,收集汽车刹车距离与车速关系的数据,尝试用动能定理进行解释 演示实验二:重力势能与物体质量、高度的关系;动能与势能的相互转化	
基础模块	项目三、热现象及应用	任务一、分子动理论；任务二、能量守恒定律	1.通过案例分析,了解分子动理论的基本观点,了解温度、气体的压强、热力学能等概念,知道一些在生产、生活中的温度、气体的压强的测量方法;了解改变热力学能的方法及其在生产、生活中的一些应用 2.通过案例分析,了解热力学第一定律,知道能量守恒是自然界中最基本、最普遍的规律之一,并能运用能量守恒定律解释一些自然界中能量的转化问题;了解能源与人类生存和社会发展的关系,知道可持续发展的重大意义	实践活动一:收集资料,讨论能源的开发和利用带来的问题及应该采取的对策;讨论永动机为什么不能实现 实践活动二:学习气体压强的测量方法,用U形管和大气压强计测量容器中气体的压强	
基础模块	项目四、直流电路	任务一、电阻定律；任务二、串联电路和并联电路；任务三、电功电功率；任务四、全电路欧姆定律；任务五、安全用电	1.理解电阻定律,知道金属导线的电阻与长度、横截面积的关系;了解超导现象 2.了解串联电路的特点,理解串联电路的分压作用,并能进行简单计算;了解并联电路的特点,理解并联电路的分流作用,并能进行简单计算 3.了解电功和电功率的概念,会估算常用电器的电功率;理解焦耳定律,能运用电功、电功率的公式和焦耳定律进行简单计算 4.了解电源电动势和内电阻的概念,掌握全电路欧姆定律,并能进行计算;知道实验室中常用的测量电源电动势和内电阻的方法 5.了解人体触电的类型,知道触电的常见原因及防范措施;了解电气火灾发生的原因,能正确选择防范和扑救措施;了解用电安全的基本常识,知道电气安全技术操作规程,学会保护人身与设备安全、防止发生事故的基本方法,了解触电急救方法	实践活动一:根据常用电器的额定功率估算其耗电量,用家用电能表查看家用电器的耗能情况 实践活动二:观察汽车发动机启动时,车灯亮度的变化情况,解释用电负荷增加时,电灯变暗的原因 实践活动三:学习多用电表的使用方法,能独立使用多用电表测量电阻、直流电流、直流电压,在教师指导下测量交流电压 实践活动四:利用所学知识和现有实验条件设计测量电源电动势和内电阻的实验方案,并进行实验	

241

(续表)

模块	项目	任务	课程内容与教学要求	活动设计	参考课时
基础模块	项目五、电场与磁场电磁感应	任务一、电场、电场强度；任务二、电势能、电势电势差；任务三、磁场磁感强度；任务四、磁场对电流的作用；任务五、电磁感应；任务六、自感、互感	1.了解点电荷、电场、电场强度、电场线、匀强电场的概念，能用电场线描述电场，能用电场强度的定义式进行简单计算 2.了解电势能、电势和电势差的概念，了解匀强电场中电场强度与电势差的关系，能进行简单计算 3.了解磁场、磁感线、磁感强度、匀强磁场、磁通量的概念，会用磁感线描述磁场，能用磁感强度和磁通量的定义式进行简单计算；了解电流的磁场，会用右手螺旋定则判断直线电流、环形电流及通电螺线管的磁场方向 4.理解左手定则和安培定律，会运用左手定则判断通电导线在磁场中的受力方向，能用安培定律进行简单计算 5.了解电磁感应现象，知道感应电流的产生条件；理解右手定则，能运用右手定则判断感应电流的方向；理解法拉第电磁感应定律，能运用法拉第电磁感应定律进行简单计算 6.了解自感、互感现象，能简叙日光灯、变压器的工作原理；了解自感电动势的概念，知道自感电动势的产生条件及影响自感电动势大小的因素	演示实验一：通电直导线周围的磁场，通电螺线管的磁场 演示实验二：磁场对通电直导线的作用 演示实验三：电磁感应现象 实践活动一：观察日光灯电路，分析日光灯镇流器的作用和原理，举例说明自感现象在生产、生活中的应用	
基础模块	项目六、光现象及应用	任务一、光的全反射；任务二、激光的特性及应用	1.通过案例分析，认识光的全反射现象，了解光导纤维的工作原理及其在生产、生活中的应用 2.通过案例分析，了解激光的特性，能简叙激光在生产、生活中的应用	实践活动一：收集资料，了解光导纤维在现代通信中的重要作用 实践活动二：收集资料，了解激光技术在科技和军事中的重要作用。分别用半圆形玻璃砖、全反射棱镜观察光的全反射现象，分析光的全反射的条件，体会光的全反射的应用	

（续表）

模块	项目	任务	课程内容与教学要求	活动设计	参考课时
基础模块	项目七、核能及应用	任务一、原子结构原子核的组成；任务二、核能、核技术	1.通过案例分析，了解原子的核式结构及原子核的组成，了解天然放射现象，知道α射线、β射线、γ射线及其特性，知道放射性物质对生物体的作用，以及放射性物质的危害和防护 2.通过案例分析，了解重核裂变和轻核聚变，初步了解核电站的工作原理	实践活动一：收集资料，了解物质的放射性在医疗实践和农业生产中的主要应用 实践活动二：收集资料，了解我国发展与利用核技术的成就和前景，了解核电站放射性废料妥善处理的必要性和方法	
基础模块总课时					20
职业模块	焊接应用技术专业 机械加工技术专业 数控技术应用专业		项目一、运动和力 项目二、机械振动与机械波 项目三、固体、液体和液晶 项目四、液体、气体的性质及应用		8
	汽车运用与维修专业		项目一、运动和力 项目二、静电场的应用 项目三、磁场的应用 项目四、电磁波		36
	农业机械使用与维护专业		项目一、液体、气体的性质及应用 项目二、声波及应用 项目三、电学知识及应用 项目四、光学知识及应用		4
拓展模块	焊接应用技术专业 机械加工技术专业 数控技术应用专业 汽车运用与维修专业 农业机械使用与维护专业		项目一、近代物理简介 项目二、航天技术简介 项目三、现代通信技术简介 项目四、新能源的开发利用与节能 项目五、物理与环境保护		建议利用课余时间或晚自习时间
总课时	焊接应用技术专业 机械加工技术专业 数控技术应用专业				28
	汽车运用与维修专业				56
	农业机械使用与维护专业				24

八、实施建议

1. 教学建议

教师应根据本教学大纲的教学目标，结合教学的实际情况，灵活地、创造性地选择教学模式、教学方法。可采用讲授、演示、实验、讨论、参观、制作等形式开展教学。

对基础模块中的"项目三、热现象及应用""项目六、光现象及应用"和"项目七、核能及应用"三个项目,建议采用案例教学法。

职业模块教学内容的选择应紧贴本专业教学需求,重点选择与本专业联系最密切、应用最广泛的教学内容。如果需要,也可以自行补充教学内容。

教学过程中应重视实践活动,突出职业能力培养。教学大纲和本课程标准中所设计的实践活动,供教师参考,教师还可以根据专业需求、职业能力培养的需要,自行设计实践活动内容。

2. 评价建议

(1) 目的和功能

物理教学考核与评价的目的不仅是为了检测教学目标的达成情况,更重要的是及时向教师和学生提供反馈信息,有效地改进和完善教师的教学和学生的学习活动,激发学生学习热情,丰富学生的知识、技能和情感。

物理教学考核与评价应体现检查、诊断、反馈、激励、导向和发展的功能,尤其要注重发挥诊断、激励和发展的功能,以达到本课程教学目标的要求。

(2) 方法建议

要坚持终结性评价与过程性评价相结合、定性评价与定量评价相结合、教师评价与学生评价相结合的原则,注重考核与评价方法的多样性和针对性,并结合学生的态度和情感进行。

①教师应在教学的全过程中采用多样化、开放式的评价方法,如采用笔试、实验操作、专题研究、行为观察、成长记录档案、实践活动等方式综合评价学生的学习与发展水平。积极创设学生参与评价活动的氛围和条件,学生通过记录学习过程,记录有代表性的事实,展示自己学习的进步。

②评价结果以定量与定性相结合的形式呈现,定量评价与定性评价的具体评价方式与标准,可根据评价对象和内容来确定。要充分体现以学生发展为本,以职业能力的形成为核心的职业教育评价理念,更多地关注学生做了什么,已经掌握了什么,获得了哪些进步,具备了什么能力。

③本课程教学内容由基础模块、职业模块、拓展模块构成,不同地区、不同类别的学校可根据不同专业、不同学生的特点,对课程教学目标与教学要求进一步细化,形成不同层次的具体教学目标,按照分层教学的要求,实施分层、分类的考核与评价。

3. 教科书编写建议

教科书编写要依据教学大纲和本课程标准,覆盖相应的基础模块、职业模块及拓展模块的内容,应能满足课程教学目标,且符合本教学大纲规定的难度,并与教学时数安排相匹配。

教科书应体现职业教育特色,既要具有通用性,又要体现针对性,处理好模块之间的关系。

教科书要坚持以学生为中心,内容反映新知识、新技术、新工艺和新材料,注重理论与实践相结合。要符合中等职业学校学生的认知特点、心理特征和技能形成规律,适应不同教学模式的特点。

教科书在形式上应符合中等职业学校学生的阅读特点,图文并茂;名词术语、文字、符号、数字、公式、计量单位等的运用要准确、规范、统一,符合我国相关标准与规范;应努力提供多介质、多媒体,满足不同教学需求的教材及数字化教学资源,为教师教学与学生学习提供比较全面的支持。

4. 课程资源的利用与开发

教师应重视现代教育技术与课程的整合,努力推进现代教育技术在物理教学中的应用,更新观念,改变传统的教学方法,充分发挥计算机、互联网等现代媒体技术的优势,合理运用多种媒体组合,为教师教学和学生学习提供丰富多样的教学资源、教学工具和教学环境。提倡在物理教学过程中,利用数字化教学资源与各种教学要素和教学环节有机结合,提高教学的效果和效率。数字化教学资源可作为辅助教学的工具,也可用于情境创设、协作交流等教学活动,有利于创建符合个性化学习及加强实践技能培养的教学环境。

九、教学条件

中等职业教育物理课程一般应配备力学、热学、电磁学、光学、原子物理学演示实验和学生实验相关设备。

附录4 高职××专业核心课程标准

数据通信与计算机网络课程标准

一、课程定位

数据通信与计算机网络是计算机通信、移动通信技术、通信系统运行管理专业必修的专业核心课程,主要培养数据通信与计算机网络的基本操作和基础知识。要求学生通过学习本课程,熟悉数据通信和计算机网络的结构、网络协议、常见的网络命令等;掌握常见的数据通信与计算机数据网络设备的安装、调试、维护和基本的网络知识。本课程是在学习了计算机应用基础、数字通信原理等前续课程的基础上,介绍现行的、较成熟的数据通信与计算机网络技术的基本理论、基础知识、基本技能和基本方法,为学生进一步学习宽带接入技术、软交换技术、多媒体技术与应用、PTN网络技术等后续课程,成为数据通信工程师与计算机网络管理员、网络工程师、宽带维护员等专业技术人员打下扎实的基础。

二、教学目标

通过学习,使学生掌握数据通信与计算机网络基本理论知识,掌握数据通信与计算机网络硬件、软件安装方法,能进行故障处理、性能分析、勘测设计,具有数据通信与计算机网络设计、调试、维护、管理的能力。

(1)具备数据通信与计算机网络硬件、软件安装、配置能力;

(2)具备数据通信与计算机网络日常维护、典型故障处理能力;

(3)具备数据通信与计算机网络测试能力;

(4)具备基本的数据通信与计算机网络规划设计能力;

(5)具备团队协作能力和可持续发展能力。

三、教学内容(见表附4.1)

表4.1 教学内容

学习情境	工作对象	工具	工作方法	劳动组织	工作要求
认识数据通信系统和计算机网络	数据通信系统和计算机网络	计算机网线测试仪	实地调查与分析	团队合作	1.根据用户需求组建数据通信系统 2.正确选用和制作常用数据传输线缆 3.能够绘制常见网络拓扑结构图 4.具备计算机网络协议安装、配置与测试能力
组建计算机网络	计算机网络	计算机网线、交换机	规划设计、实施配置	团队合作	1.能够设置和使用异步通信过程 2.通信参数以及计算机串口直连 3.能够使用HUB组建共享式局域网 4.能够组建交换式局域网 5.能够管理交换机和规划配置VLAN组网能力

（续表）

学习情境	工作对象	工具	工作方法	劳动组织	工作要求
互联IP网络	IP网络	计算机、网线、交换机、路由器	规划设计、实施配置	团队合作	1.根据网络互联需求规划与管理IP地址 2.根据网络互联需求确定子网划分方案 3.根据网络互联需求进行路由器管理与配置 4.根据用户需求搭建与配置DHCP、Web和E-mail等应用服务器
网络安全与维护	计算机网络	计算机	规划设计、实施配置	团队合作	1.根据用户需求制订网络安全与保护方案 2.根据用户需求安装与维护防火墙

四、学习情境设计说明

1.学习情境划分（见表附4.2）

表附4.2　学习情境划分

序号	学习情境	情境描述	参考学时
1	认识数据通信系统和计算机网络	分析用户需求,确定数据通信系统与计算机网络类型及拓扑结构,并绘制数据通信系统计算机网络结构图	20
2	组建计算机网络	根据用户需求和网络设计方案,正确选用传输介质和网络设备,并正确连接配置设备,组成对等式或交换式网络	24
3	互联IP网络	根据用户组网要求,按照规范进行路由器选型及配置管理,并在组建的网络上完成各种网络服务平台的搭建与管理	32
4	网络安全与维护	针对用户提出的网络安全需求,制订网络安全管理方案,正确选用加密、认证与签名等手段,并能实现防火墙安装与维护	4

2.学习情境教学设计（见表附4.3～表附4.6）

表附4.3　学习情境1

学习情境1	认识数据通信系统和计算机网络	建议学时	32
授课教师	专兼职双师团队		

教学目标

1.具备数据通信系统组建能力
2.具备常用数据传输线缆类型识别和制作能力
3.具备绘制常见网络拓扑结构图的能力
4.具备计算机网络协议安装的能力
5.具备计算机协议配置与测试能力
6.具备与用户沟通的能力
7.具备按照规范进行操作的能力

（续表）

学习性工作任务
1.掌握数据通信系统组成 2.认识计算机网络 3.计算机网络问题的处理
教学内容
1.掌握数据通信的基本组成与数据传输原理 2.了解计算机网络的定义、组成、功能及分类与应用 3.了解计算机网络常用传输介质的分类、特点及应用 4.了解计算机网络的拓扑结构类型 5.掌握常见拓扑结构的特点及应用 6.掌握计算机网络协议的基本概念、常用的网络通信协议类型、网络通信协议的选用原则
教学方法
宏观:项目教学法 微观:任务驱动法、问题引领法、讲授法、小组讨论法、演示法等
教学流程图
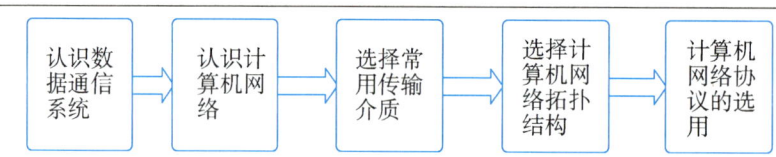
教学条件(资源要求)
教材、实训指导书、教案、多媒体课件、黑板、多媒体教室、实训基地等
学生已有的学习基础
1.计算机应用基础 2.数字通信原理 3.光纤通信原理
教师应具备的能力
具备搭建数据通信系统组成,规范进行网线制作和光纤连接器使用操作,绘制计算机网络结构图,安装计算机网络协议的能力
考核与评价
考核方式:课堂提问、实际操作技能、项目任务完成能力,理论考试(笔试)等 考核标准:见各环节评价标准 成绩比例:占本课程总分的30％。其中理论知识考核(笔试)占30％,实际操作技能考核(单独操作考核)占30％,项目成绩(以完成各项工作任务为依据)占30％,平时课堂表现占10％

表附4.4　学习情境2

学习情境2	组建计算机网络	建议学时	18
授课教师	专兼职双师团队		

教学目标
1．具备异步通信过程中通信参数的设置和使用，以及计算机串口直连的能力 2．具备使用HUB组建共享式局域网的能力 3．具备组建交换式局域网的能力 4．具备交换机管理和VLAN组网能力

学习性工作任务
1．组建共享式网络 2．组建交换式网络

教学内容
1．了解物理层的基本功能，掌握物理层常见协议及接口的应用 2．掌握组建共享式网络的组网规范，了解快速以太网和高速以太网的组网规范 3．掌握交换机的工作原理、分类及功能，掌握MAC地址的概念和以太网帧的结构 4．掌握交换机网络设备的管理和交换式网络的扩展方法；5．掌握VLAN的划分方法

教学方法
宏观：项目教学法 微观：任务驱动法、问题引领法、讲授法、教学做一体化法、演示法等

教学流程图
基于工作过程组建的计算机网络教学流程 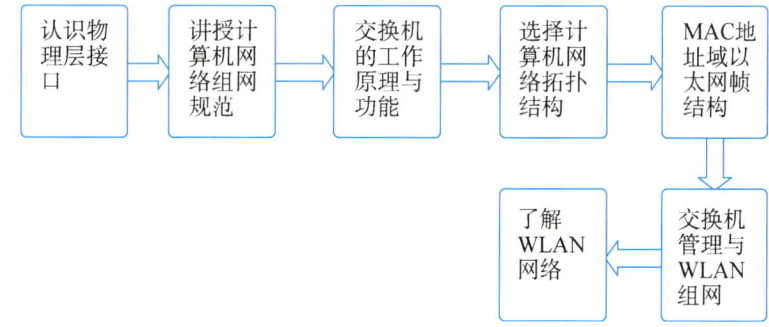

教学条件（资源要求）
教材、实训指导书、教案、多媒体课件、黑板、多媒体教室、实训基地等

学生已有的学习基础
1．计算机硬件组成 2．计算机超级终端功能的应用

教师应具备的能力
具备规范组建计算机网络，熟练进行交换机管理和VLAN的规划的能力

（续表）

考核与评价
考核方式：课堂提问、实际操作技能、项目任务完成能力、理论考试（笔试）等。 考核标准：见各环节评价标准。 成绩比例：占本课程总分的 30％。其中理论知识考核（笔试）占 30％；实际操作技能考核（单独操作考核）占 30％；项目成绩（以完成各项工作任务为依据）占 30％；平时课堂表现占 10％。

表附 4.5　学习情境 3

学习情境 3	互联 IP 网络	建议学时	26
授课教师	专兼职双师团队		
教学目标			
1. 具备网络协议分析能力 2. 具备 IP 地址规划与管理能力 3. 具备子网划分选择能力 4. 具备路由器管理能力 5. 具备静态路由配置能力 6. 具备动态路由配置能力 7. 具备安装和配置 DNS、DHCP、Web 和 E-mail 等应用服务器的能力			
学习性工作任务			
1. 网络规划与管理 2. 路由器管理与配置 3. 组建网络服务平台			
教学内容			
1. 了解网络互联的类型和互联的层次 2. 了解 IP 协议族的作用，掌握 IP 数据包格式和在 Windows 操作系统中用 ping、arp 命令的方法 3. 掌握 IP 地址的基本概念、组成、分类和管理方法 4. 掌握子网划分的作用，划分子网的方法、子网掩码的作用和划分子网的规则、超网和无类域间路由 CIDR 的概念 5. 了解路由器的结构，掌握路由器的作用、路由协议和路由表的概念，路由器的管理和配置方法 6. 掌握网间路由协议，静态路由和动态路由的工作原理和配置方法 7. 掌握传输层的功能、提供的服务、传输层的寻址、TCP 的三次握手过程及 TCP 和 UDP 的报文格式 8. 掌握 DNS 相关理论和技术，能够熟练配置 DNS 服务器和客户机，并判断和处理简单故障 9. 掌握 DHCP 使用目的、工作原理和相关属于，能够配置 DHCP 服务器和客户机 10. 掌握 Web 服务相关概念，Internet 信息服务器的功能和使用方法，掌握 Web 站点的建立和管理方法以及各种客户端对 Web 站点的访问技术 11. 了解网络邮局、电子邮件的基本知识，电子邮件的工作方式、组成，掌握邮件服务器的安装流程和组建方法			
教学方法			
宏观：项目教学法 微观：任务驱动法、问题引领法、讲授法、教学做一体化法、小组讨论法、演示法等			

(续表)

教学流程图
基于工作过程的互联 IP 网络教学流程 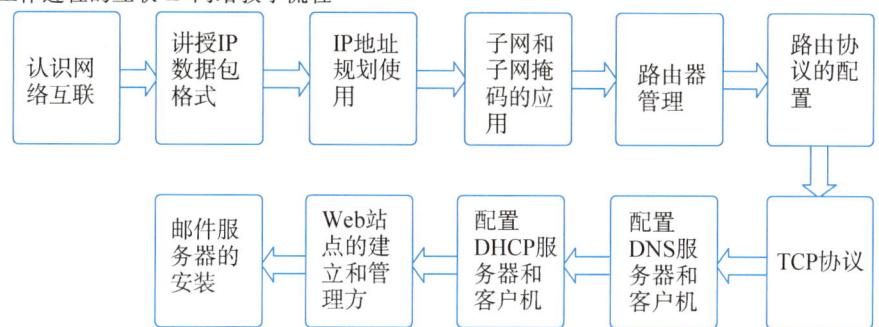

教学条件(资源要求)
教材、实训指导书、教案、多媒体课件、黑板、多媒体教室、实训基地等

学生已有的学习基础
1. 计算机硬件组成 2. 计算机软件的安装与应用 3. 计算机专业英语

教师应具备的能力
具备正确选用网络互联方案,合理规划 IP 地址和路由器管理与配置的能力

考核与评价
考核方式:课堂提问、实际操作技能、项目任务完成能力、理论考试(笔试)等 考核标准:见各环节评价标准 成绩比例:占本课程总分的 30%。其中理论知识考核(笔试)占 30%,实际操作技能考核(单独操作考核)占 30%,项目成绩(以完成各项工作任务为依据)占 30%,平时课堂表现占 10%

表附 4.6　学习情境 4

学习情境 4	网络安全与维护	建议学时	4
授课教师	专兼职双师团队		

教学目标
1. 具备利用 PGP 实现加密、认证与签名能力 2. 具备防火墙安装与维护能力

学习性工作任务
1. 利用 PGP 实现加密、认证与签名 2. 防火墙安装与维护

1. 了解网络安全、网络存在的安全威胁、网络安全策略、网络安全体系结构等基本概念 2. 掌握对称加密技术和非对称加密技术的工作原理、特点和使用场合 3. 掌握数字签名的功能,了解认证技术的概念和方法 4. 掌握防火墙的概念、功能和存在的不足,掌握防火墙的体系结构

（续表）

教学方法
宏观：项目教学法 微观：任务驱动法、问题引领法、讲授法、小组讨论法等

教学流程图
基于工作过程的网络安全和维护教学流程 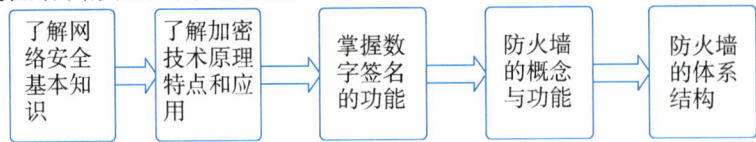

教学条件（资源要求）
教材、实训指导书、教案、多媒体课件、黑板、多媒体教室、实训基地等

学生已有的学习基础
1.计算机硬件组成 2.计算机软件的安装与应用 3.计算机专业英语

教师应具备的能力
具备制订网络安全方案，运用各种加密技术和防火墙安装与维护的能力

考核与评价
考核方式：课堂提问、实际操作技能、项目任务完成能力、理论考试(笔试)等 考核标准：见各环节评价标准 成绩比例：占本课程总分的10%。其中理论知识考核(笔试)占30%，实际操作技能考核(单独操作考核)占30%，项目成绩(以完成各项工作任务为依据)占30%，平时课堂表现占10%

五、实施建议

1.学习材料开发建议

(1)注重实训指导书和实训教材的开发和应用。

(2)充分利用诸如电子书籍、电子期刊、数据库、数字图书馆、教育网站和电子论坛等网上信息资源，使教学从单一媒体向多种媒体转变；教学活动从信息的单向传递向双向交换转变；由学生单独学习向合作学习转变。

(3)充分发挥校外实训基地的作用，为学生的综合实训和顶岗实习提供实训场所。

(4)建立本专业开放式实训中心，使之具备现场教学、实训、职业技能证书考证的功能，实现教学与实训合一、教学与培训合一、教学与考证合一，满足学生综合职业能力培养的要求。

(5)推荐学习资源。

①《数据通信与计算机网络》，作者：邢彦辰，人民邮电出版社，2011年9月1日第1版。

②《数据通信与计算机网络(第4版)》，作者：杨心强，陈国友，电子工业出版社，2012年5月1日第1版。

③《数据通信与计算机网络》,作者:张曙光,人民邮电出版社,2011 年 3 月 1 日第 1 版。

2. 课程考核建议

考核中注重实操,考虑项目实施的过程与使用的方法。实训和期末可选题目的设置为少数学生提供展现的空间,平时成绩及过程考核为多数学生以鼓励和适当保障。具体考核分值分配如表附 4.7、表附 4.8。

表附 4.7 分值总体分配表

期末考试		实训	平时成绩
理论笔试 30%	实操 30%	20%	20%
必答 100 分	可选 20 分	小组实操,以小组计分	考勤、提问、作业等

表附 4.8 平时分分配表

加分项		扣分项	评分项
主动回答问题并正确	实验完成次序	出勤	作业 40% 提问 20% 实验 40% 分值计算:加权取平均
每次加 3 分, 最多加 10 分	前 3 组, 完成并讲解正确, 每人每次加 3 分, 最多加 10 分	每次扣 5 分, 3 次扣 20 分, 4 次扣 30 分, 5 次无平时分	

3. 师资配备建议

担任本课程的理论实践一体化教学的主讲教师应熟练掌握数据通信与计算机网络的各方面知识,并在现场有过较长时间的实践锻炼,同时应具备较丰富的教学经验和课堂组织能力。担任本课程的实践教学指导的企业现场专家应具备丰富的现场工作经验和一定的教学经验和较强的责任心。

4. 条件配备建议

建有 PTN 网络专用实验室,确保实验室能模拟典型网络组建与业务配置,计算机台套数应保证学生能够 1~2 人使用一台计算机进行操作。

5. 其他说明

附录5 职业学校专业教学标准调研方案及要求

一、调研目的

调研是中等职业学校专业教学标准制订工作的必要环节,为标准制订工作奠定基础。

二、调研框架

1. 调研对象

主要包括行业企业及职业学校两类主体。

2. 总体要求

通过企业调研,主要反映出相应行业的人才结构现状、行业企业人才需求状况、企业岗位设置及对人才结构类型的要求、岗位对知识技能的要求、相应的职业资格要求。通过学校调研,了解现行专业教学情况、学生就业去向、学生继续学习的要求与培养现状、企业对现行专业教学的要求与建议等,为制订中等职业学校专业教学标准提供比较全面、客观的依据。

3. 调研范围

以所承担的专业为主,重点调查相应的岗位或岗位群。

4. 重点调研范围与内容

(1)行业发展研究

①相关行业发展规划要求(以国民经济和社会发展"十二五"规划为依据)。

②相关行业发展现状(行业经济增长方式转变及国际化发展趋势)、行业人才结构现状及需求,中高等职业教育供求状况。

③相关行业文化、职业道德素养状况。

(2)企业调研

重点调研相关企业技术变化(工艺、设备、材料等)、运营方式变化(商业业态、分销系统发展、服务类型)、劳动组织变化(流水线、小组工作、岗位轮换、一人多岗等)等内容,重点研究上述三个方面变化提出的专业培养目标变化要求,以及岗位职业能力的变化情况,要求列出专业能力和非专业能力各不少于10项。

(3)学校调研

①现行专业教学计划的实施情况(专业教学计划的执行情况、存在问题、课程结构比例等)。

②学校生源状况。

③就业与升学情况(专业就业率、对口就业率、升入高一级学校的比例及对口率)。

5. 毕业生调研

对本专业课程设置、职业技能训练等教学过程与效果的意见和建议。

三、基本要求

(1)采用直接调研、间接调研、材料搜集等形式,要求对调研结果进行分析,形成相应的研究报告,并从产业、专业调研出发,分析工作任务和职业标准,确定职业能力,填写任务与职业能力分析表(见表附 5.1)。

(2)企业调查要兼顾地域的发达欠发达、规模的大中小、技术密集型和劳动密集型。企业数不少于 10 个。

(3)学校调查要兼顾地域的发达欠发达,类别的国重与省重,中专与职高、技工等。学校数量不少于 20 所。

(4)调查时限为近 5 年的相关内容。如有近 3 年内的相关调研报告,可以做补充调查后采用。

(5)本报告作为专业教学标准的附件内容,字数要求在 10 000~15 000 字。

表附 5.1 工作任务与职业能力分析表

工作项目	工作任务	职业能力
1	1.1	1.1.1
		1.1.2
		……
	1.2	1.2.1
		……
	……	……
2	2.1	2.1.1
……	……	……

参考文献

[1]邓泽民.职业教育教学设计.北京:中国铁道出版社,2006

[2]姜大源.职业教育的教学方法论.中国职业技术教育,2007(25)

[3]黄甫全.现代教学论学程.北京:教育科学出版社,1998

[4]邓泽民.职业学校学生职业能力形成于教学模式研究.北京:高等教育出版社,2002

[5]百度百科,http://baike.daidu.com

[6]Wilbert J. McKeachie,Research on Teching at College and University Level in Handbook of Research on Teaching,1980

[7]Wilbert J. McKeachie,Effective College Teaching,Review of Research in Education,1975

[8]徐少红.模拟教学法及其实施.机械职业教育,2007(4)

[9]蒋国涛.成人高等教育教学特点及实施方法.中国成人教育,2004.

[10]刘永忠.计算机课程项目教学法研究.文教资料,2005,(5)

[11]王有明.什么是项目教学法.职业技术教育,2003,7

[12]冷淑君.关于项目教学法的探索与实践.江西教育科研,2007,(7)

[13]乐文行.浅谈项目教学法在计算机软件教学中的应用.广西教育学院学报,2005,(6)

[14]单维峰等.项目教学法在ASP.NET课程教学中的应用.教育与教学研究,2008,(12)

[15]欧文锐.项目教学法在Corel Draw课程中的应用.建筑教育研究,2009(8)

[16]李建忠.国际职业教育发展现状、趋势及中国职业教育的基本对策.职业技术教育,2005(1)

[17]王锦.电话机原理、装调与维修.北京:电子工业出版社,2005

[18]王继平.30年中国职业教育的回顾、思考和展望.职业技术教育,2008(30)

[19]桑宁霞.美国的职业指导理论对我们的启示.教学与管理(理论版),2006(15)

[20]何文明.我国职业教育教学方法研究述评.职业技术教育,2011(25)